SCHWENKFLÜGEL FLUGZEUGE

Heiko Thiesler

Motor
buch
Verlag

Einbandgestaltung: Joachim Schreiber

Bildnachweis: Sofern nicht anders vermerkt stammen die Bilder vom Autor bzw. aus dessen Archiv. Titelbild Foto: Jewgeni Kazennow; Rücktitel Foto: Dassault Aviation

ISBN 978-3-613-04504-0

1. Auflage 2022

Sie finden uns im Internet unter www.motorbuch-verlag.de

Lektorat: Alexander Burden
Innengestaltung: WS – WerbeService Linke, 76185 Karlsruhe
Druck und Bindung: Graspo CZ, 76302 Zlin
Printed in Czech Republic

Inhalt

General Dynamics EF-111A (Foto: Ken LaRock)

Vorwort und Dank

Als mich Alexander Burden vom Motorbuch-Verlag fragte, ob ich ein Buch über Schwenkflügelkampfflugzeuge schreiben würde, war ich zunächst eher skeptisch. Gibt es da so viel zu berichten? Bei etwa zehn Typen, die mit diesem Konzept Serienreife erlangten? Gut, da stehen sich die mit Schwenkflügeln ausgerüsteten strategischen Bomber Tu-160 aus Russland und B-1 aus den USA als wahre Giganten gegenüber. Mit der etwas kleineren Tu-22M gibt es einen weiteren Marschflugkörper tragenden Langstreckenbomber, der seit den 1970er-Jahren im Dienst steht und seinerzeit unter dem Codenamen Backfire die SALT II-Abrüstungsverhandlungen wesentlich mitbestimmte. Ein weiterer Bomber mit Schwenkflügeln, diesmal für taktische Zwecke, fliegt mit der auf Tiefflugangriffe perfektionierten Su-24 in mehreren Staaten einschließlich dem Herstellerland, wenn dort auch zunehmend durch modernere Einsatzmuster verdrängt. Der als Äquivalent anzusehende Tornado als eine Gemeinschaftsentwicklung von Deutschland, Großbritannien und Italien steht etwa genauso lange im Dienst und kann noch immer als leistungsstarkes Mehrzweckkampfflugzeug punkten, abgesehen davon, dass auch hier ein Einsatzende vermutlich mit Auslaufen des Jahrzehnts abzusehen ist. Polen nutzt als letzter Betreiber, zumindest in Europa, den Schwenkflügeljagdbomber Su-22, doch mit der Umstellung auf westliche Einsatztypen wird wohl die Außerdienststellung ebenfalls in den nächsten Jahren erfolgen. Und der Iran fliegt noch immer die legendäre F-14 Tomcat, für viele das beste, jemals in Dienst gestellte Jagdflugzeug überhaupt und wiederum mit Schwenkflügeln. Vereinzelt fliegen auch noch Vertreter der MiG-23-Familie, die auf mehr als 5000 gebaute Exemplare verweisen kann und damit zum meist gebauten Schwenkflügler überhaupt avancierte. Eigentlich doch alles faszinierende und leistungsstarke Typen, deren Werdegang es einmal näher zu beleuchten lohnt. Sie alle beeindrucken durch ihr äußeres Erscheinungsbild, dass sich dank den schwenkbaren Tragflächen immer wieder ändert und somit bis heute für Begeisterung bei Luftfahrtenthusiasten, gleichfalls den inzwischen als Spottern bekannten Flugzeugfotografen sorgt. Hinzu kommt die spannende Geschichte der variablen Tragflügelgeometrie, die praktisch mit der Entwicklung der ersten verstellbaren Tragflächen in Deutschland Fahrt aufnahm, zur Flugerprobung von Versuchsmaschinen in den Vereinigten Staaten bis zur Indienststellung des ersten einsatzreifen Schwenkflüglers, der Mach 2,5 schnellen General Dynamics F-111 führte und die bereits oben genannten Flugzeuge folgen ließ.

Auch wenn die meisten der in Serie gebauten Schwenkflügelkampfflugzeuge in absehbarer Zeit aus dem aktiven Dienst verschwinden und die Vorteile des Schwenkflügels durch andere Mittel umgesetzt werden, so sind die noch im Einsatz befindlichen Typen weiterhin ernstzunehmende Jets mit beeindruckenden Eigenschaften, brauchbaren Sensorsystemen und wirkungsvollen Waffen. Alle hier beschriebenen Muster sind ein wesentlicher Bestandteil der Luftfahrtgeschichte und für den Flugzeugbau gleichermaßen bedeutend. Bis in die heutige Zeit sind die konstruktiven Lösungen des Schwenkflügels und ihre praktische Anwendung bei den in diesem Buch vorgestellten Flugzeugen von Innovation und zeitgemäßer Nützlichkeit gekennzeichnet. Sie werden für immer zu den bedeutenden Abschnitten der Militärfliegerei zählen.

Für die stets willkommene, unschätzbare Unterstützung möchte ich mich bei Eric Bannwarth, Alex Beltykov, Alexander Golz, Jan Graichen, Detlev Grass, Eric Krikke, Juri Kiseljow, Chris Lofting, Scott Rathbone, Rob Schleiffert, Philip Stevens, Vadim, Johan Visschedijk, Akira Watanabe sowie Dr. Andreas Zeitler für die erstklassigen Fotos, bei Srecko Bradic und Manfred Meyer für die vorzüglichen Zeichnungen und Grafiken und nicht zuletzt bei Alexander Burden vom Motorbuch-Verlag sowie Marcus Linke für die grafische Umsetzung bedanken.

Heiko Thiesler

Nordhausen im August 2022

Die amerikanische Bell X-5 wurde von der deutschen Messerschmitt P1101 abgeleitet und war das erste Flugzeug, dass Schwenkflügel in der Praxis beim Fliegen erprobte. Der Erstflug des Musters fand am 20. Juni 1951 statt. Das aus mehreren Einzelaufnahmen zusammengesetzte Foto verdeutlicht die unterschiedlichen Pfeilwinkel von 20,2, 40 sowie 58,7 Grad und zeigt zugleich die Verschiebung der Tragflächenwurzel bei zunehmender Pfeilung nach vorn auf. Trotz einiger Mängel leisteten die beiden im Flug getesteten Prototypen bis 1955 wichtige Pionierarbeit auf dem Gebiet der veränderlichen Tragflügelgeometrie und gerade im Bereich der Schwenkflügeltechnologie. (Foto: NASA)

Einleitung

Spätestens zum Ausklang der 1950er-Jahre erreichten Kampfjets die zweifache Schallgeschwindigkeit und dabei war das Ende der Fahnenstange noch nicht erreicht. Noch höhere Leistungen wurden anvisiert, stärkere Triebwerke sollten es möglich machen. Tatsächlich schritt hier die Entwicklung weiter voran, doch offenbarten sich mit einem starken Triebwerksschub zugleich auch mehrere Nachteile. Die Triebwerke, erst recht mit Nachbrennern ausgestattete Aggregate, waren durstig und verbrauchten somit schnell die intern vorhandene Kraftstoffmenge. Unter Rumpf und Tragflächen mitgeführte Zusatztanks wurden bald zu einem gewohnten Anblick und erlaubten überhaupt erst eine brauchbare Flugdauer, alternativ dazu erlangten auch Vorrichtungen zur Betankung in der Luft Serienstandard. Während die Bestückung mit Zusatztanks die Kampfmittelzuladung und natürlich auch die Manövrierfähigkeit einschränkten, erforderte das Nachtanken in der Luft einen großen logistischen Aufwand. Bei zahllosen Missionen müssen sich Tankflugzeuge sogar untereinander betanken, damit in gestaffelter Form letztlich die zu unterstützenden Kampfjets versorgt werden können. Schließlich waren Strahltriebwerke auch für immer längere Start- und Landestrecken verantwortlich. Zusätzliche Raketentreibsätze bzw. Starthilfsraketen beim Start sowie nach dem Aufsetzen ausgestoßene Bremsschirme bei der Landung stellten neben der Verwendung von Landeklappen eine gewisse Abhilfe dar. Auch hatte sich in der Zeit nach dem Zweiten Weltkrieg die konzeptionelle Auslegung der Militärflugzeuge stark verändert, gepfeilte Tragflächen und Leitwerke hatten sich größtenteils durchgesetzt und waren wiederum hohen Geschwindigkeiten und Steigleistungen dienlich. Andererseits erhöhten sich die Geschwindigkeiten bei Start und Landung, was ebenfalls zu längeren Start- und Landestrecken führte. Bei geringen Geschwindigkeiten limitierten sie ferner die Manövrierfähigkeit, hier boten sie zu wenig Auftrieb. Und je höher die Geschwindigkeit war, umso größer fiel auch der Kurvenradius eines Flugzeugs aus – zweifellos ein wichtiger Aspekt im Luftkampf oder bei einem erneuten Anflug während eines Angriffs auf Bodenziele. Probleme, auf die man eigentlich schon seit der frühen Epoche des Motorflugs traf. Das Jahr 1903 ist bekanntlich mit einem der bedeutendsten Ereignisse, nämlich dem ersten Motorflug verbunden. Zehn Jahre später wurde die 200 km/h-Marke überschritten und bereits zu diesem Zeitpunkt war auch den an der Flugzeugtechnik interessierten Militärs klar, dass eine hohe Fluggeschwindigkeit nicht alles ist. Schon damals wurden Start- und Landestrecken immer länger, ebenso hatten sich die Geschwindigkeiten zum Abheben und während der Landung vergrößert. Die Pisten erreichten wie die gesamten Flugplatzanlagen in den Folgejahren immer größere Dimensionen.

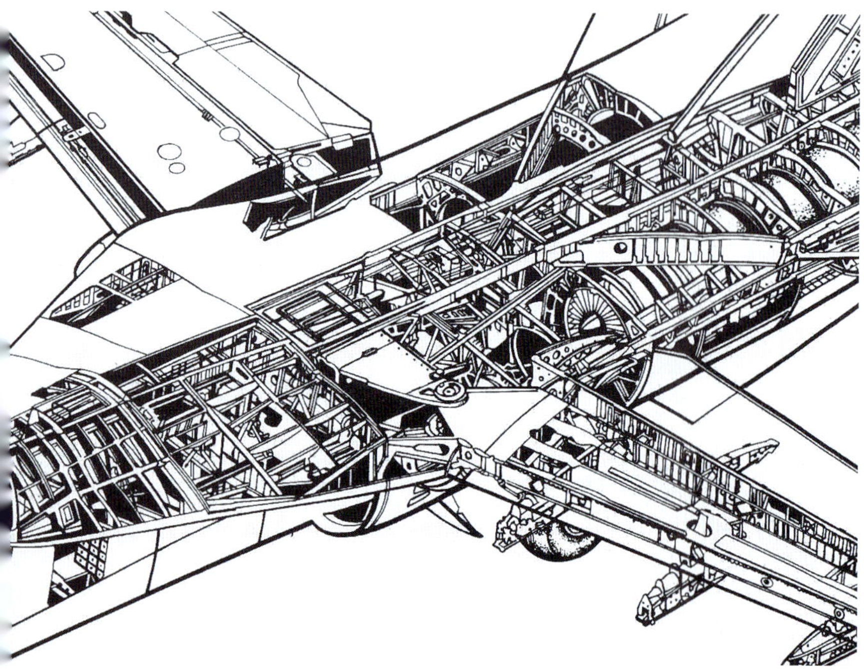

Diese Grafik zeigt gut die Verbindungselemente zwischen starrem und beweglichem Tragflügelsegment inklusive Schwenklager.

Kleine Tragflächen erzeugten wie später auch die Pfeilflügel einen niedrigen Widerstandsbeiwert, was ganz nützlich für hohe Fluggeschwindigkeiten ist. Zugleich verringern sie den Auftriebsbeiwert und führen zu den bereits genannten Nachteilen. Zum Vergleich erzielt man mit einer großen Tragfläche einen höheren Auftriebsbeiwert und damit gute Langsamflugeigenschaften, geringere Landegeschwindigkeiten und Landestrecken und bei Bedarf eine längere Flugdauer im wirtschaftlichen Marschflug. Es galt, die nützlichen Eigenschaften miteinander zu verbinden. Die Suche nach einer optimalen Lösung führte zu zahlreichen Innovationen und prägt die konzeptionelle Ausrichtung bis heute. Seit Beginn der Luftfahrt präsentieren sich die Tragflügelkonstruktionen recht vielseitig, inbegriffen eine gewisse Anzahl mit variabler Geometrie. Als offenbar beste oder praktischste Lösung variabler Tragflächengeometrie erscheint der Schwenkflügel, der es schließlich in den 1960er-Jahren zur Serienreife brachte.

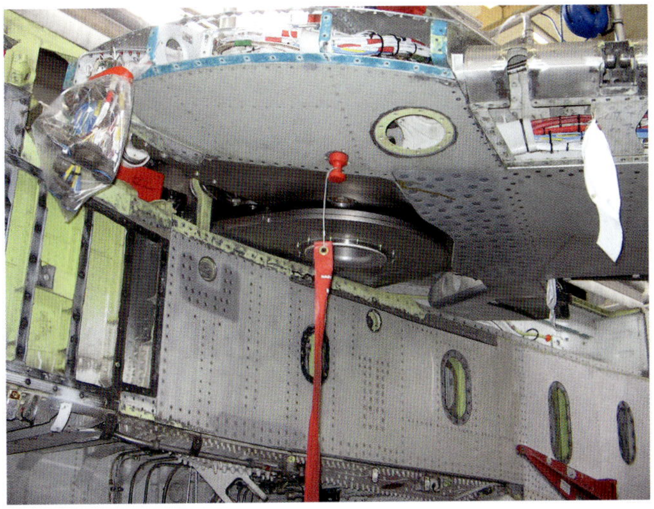

Hier ist die Tragflügelaufhängung samt Schwenklager und Schwenkbolzen an einem Tornado zu sehen. (Foto: SOVXX)

Teile des Schwenklagers einer MiG-23 mit starrem (links) und beweglichen (rechts) Teil des Schwenklagers. (Foto: Cold War Air Museum Lancaster, Texas)

Schwenkflügel sind eine kostspielige und anspruchsvolle Angelegenheit. Es gilt gewaltige Kräfte und andere Einflüsse, die auf das Tragwerk eines Flugzeugs einwirken, richtig einzuschätzen und dem jeweiligen Flugregime, aber auch während Start und Landung anzupassen bzw. wenn möglich optimal auszunutzen. Hier ist eine unbedingte Synchronisation beim Schwenkvorgang erforderlich, da sonst nicht beherrschbare Rollkräfte wirksam werden. Auch wandern Schwer- sowie Druckpunkt beim Schwenken nach hinten, hier müssen die Höhenruder ganze Arbeit leisten und/oder Kraftstoff in Richtung Heck umgepumpt werden. Da bei hohen Geschwindigkeiten Flugzeugzelle samt Tragwerk hohen Temperaturen ausgesetzt sind, können nur hitzebeständige und schwingungsfeste Schwenklager etwa aus Titanlegierungen verbaut werden. Damit sollen Resonanzschwingungen an den Tragflächen, ebenso eine Reibung und das Auftreten von unregelmäßigen Kräften bis hin zu hohen Biegemomenten vermieden werden. Die Schwenklager stellen das Hauptelement der Tragflächenverstellung dar. Sie verbinden den beweglichen mit dem starren Teil des Tragwerks und werden über ein Gestänge bzw. eine Spindel und hydraulikverstärkte oder elektromechanische Stellmotoren angetrieben. Hinzu kommen entsprechende Hydraulikpumpen und spezielle Schmiermittel für die Schwenklager sowie eine Synchronisiereinrichtung. Außerdem ist der Übergang vom Rumpf zum beweglichen Tragflügelteil mit Gummimatten bzw. -Manschetten oder aufblasbaren Luftsäcken ausgestattet und ergeben so bei jedem Flugregime einen bündigen Abschluss. Je nach Flugzeugtyp erfolgt das Schwenken der Tragflächen durch manuelle oder automatische Steuerung und dadurch eine optimale Anpassung an das geforderte Flugverhalten. Die nötigen Komponenten eines Schwenkflügeltragwerks erhöhen natürlich den Wartungsaufwand, die Anfälligkeit von Defekten und damit die Kosten gegenüber einem Flugzeug in herkömmlicher Bauweise. Hinzu kommt eine durchschnittlich 5% größere Leermasse. Die komplexe Technik sorgt andererseits für Vorteile gegenüber herkömmlich ausgelegten Flugzeugen. Das geht mit einem verkürzten Start los, führt über einen langsamen Marschflug mit großer Reichweite, bezieht hohe Beschleunigungswerte für Tiefflugangriffe oder die Abfangjagd bis in den Überschallbereich ein und endet mit einer vergleichsweise geringeren Landestrecke.

Am gefragtesten waren Schwenkflügelkampfflugzeuge ab Mitte der 1960er- bis in die 1980er-Jahre. Das hängt zweifellos mit den Zeiten des Kalten Krieges zusammen, als es vordergründig darum ging, wichtige militärische Einrichtungen wie bspw. Flugplätze und dort abgestellte Flugzeuge, Luftabwehrstellungen, Kommandozentralen, Versorgungslinien oder Schiffsverbände möglichst unerkannt im Tiefflug mit hoher Geschwindigkeit attackieren und ausschalten zu können. Schwenkflügler konnten sich im langsamen Marschflug dem Ziel nähern und dieses mit hoher Geschwindigkeit angreifen bzw. das gegnerische Territorium möglichst schnell wieder verlassen. Außerdem konnten sie dank ihrer kürzeren Startstrecke möglicherweise von angegriffenen und dabei beschädigten Pisten aus operieren und nicht zuletzt im Luftkampf mit hoher Manövrierfähigkeit überzeugen. Natürlich wurden auch Lehren aus verschiedenen „heißen" Konflikten etwa in Nahost oder Vietnam gezogen und berücksichtigt. Mittlerweile haben sich die Einsatzszenarien und -anforderungen aber geändert, sodass die

Vorteile des Schwenkflügelflugzeugs weniger relevant sind. Man setzt nicht mehr auf möglichst hohe Geschwindigkeiten von Mach 2+ und auch Tiefflugangriffe sind nicht unbedingt ein Muss für einen modernen Kampfjet. Die weiter fortgeschrittene Technik hat dabei einen großen Anteil. Warn- und Störsysteme oder der Einsatz von präzisen Lenk- und Abstandswaffen gehören dazu. Strahltriebwerke erzeugen heutzutage ein besseres Schub-Masse-Verhältnis, digitale Kontrollen sorgen hierbei für einen wirtschaftlichen Einsatz und für eine größere Flugdauer. Einer hohen Manövrierfähigkeit dienen heutzutage auch Triebwerksdüsen mit veränderlichem Schubvektor, hinzu kommen bspw. verlängerte Flügelwurzeln (LERX) und Canard-Vorflügel, Hochauftriebshilfen und andere Klappen- und Rudersysteme an Trag- und Leitwerk sowie nicht zuletzt die zum Standard gewordene Fly-by-Wire-Steuerung. Damit können Flugzeuge von vornherein instabil und für eine beeindruckende Agilität ausgelegt werden, die höchstens noch durch die Belastbarkeit des Piloten limitiert ist.

Die meisten Typen der in Serie gebauten Schwenkflügelkampfflugzeuge stehen noch immer, wenn z.T. auch nur noch in kleinen Stückzahlen im regulären Dienst und werden sicher in den kommenden Jahren verstärkt ausgemustert. Einige davon, in erster Linie die großen Langstreckenbomber, werden es womöglich auch über das Jahr 2030 hinausschaffen, im Einsatz zu bleiben. Neuentwicklungen erscheinen derzeit unwahrscheinlich. Die große Zeit der Schwenkflügler ist wohl vorbei, ihr Abgesang ist eingeleitet. In ihrer Glanzzeit zählten diese Konstruktionen hingegen zu den vergleichsweise besten und leistungsstärksten Kampfjets und, wenn man genauer hinsieht, zu den aufregendsten überhaupt!

Diese polnischen MiG-23 zeigen verschiedene Pfeilwinkel auf, die Schwenkflügel ermöglichen und damit unterschiedliche Flugregimes wirkungsvoll abdecken. (Foto: Pavel Gogsch)

Die ersten Versuche mit variabler Tragflächengeometrie

Es ist schon erstaunlich, wie früh man sich damit befasste, die Tragflügelgeometrie eines Flugzeuges zu verändern, um damit gewisse Eigenschaften zu verbessern oder eben auch Nachteile auszumerzen. Allerdings entsprachen die frühen Versuche variabler Tragflächengeometrie keinesfalls dem Prinzip eines Schwenkflügels. Veränderungen am Tragflügel wurden praktisch schon bei den Wright-Brüdern angewandt, als sie die Hinterkante ihrer Flugzeuge über Kabel und Riemenscheiben verdrehten und damit die seitliche Rollsteuerung beeinflussen konnten. Die auch als „wing warping" bekannte Methode wird zudem häufig mit dem 1914 als Patent angemeldeten Konzept verstellbarer Tragflächenenden in Verbindung gebracht, das vom US-amerikanischen Physiker und Luftfahrtingenieur Edson F. Gallaudet stammte. Hierbei wurden die äußersten Enden des Tragflügels verdreht, um Anstellwinkel und Auftriebswirkung zu verändern. Man kann diese Entwicklung als eine frühe Form von Querrudern ansehen, Gallaudet testete sie an Drachen und etwa ab 1912 an einem Motorflugzeug.

Der Brite Geoffrey Hill entwickelte ab den 1920er-Jahren mehrere Versuchsflugzeuge unter der Bezeichnung Pterodactyl, namentlich und in gewisser Weise auch äußerlich angelehnt an die mit großen geschwungenen Flügeln bekannten Pterosaurier aus der Kreidezeit. Allerdings waren es schwanzlose Flugzeuge ohne Höhenleitwerke, dafür aber mit schwenkbaren Flügelspitzen. Hill wollte damit vor allem die Steuerbarkeit und die Zuverlässigkeit beim Fliegen verbessern und realisierte sein Konzept ab 1924 zunächst an einem Segelflugzeug. Später flossen verschiedene Modifikationen und auch eine Motorisierung ein, zudem übernahm bald die Firma Westland die Herstellung weiterer Entwürfe. Im März 1931 flog mit der Pterodactyl IV ein dreisitziges Modell zum ersten Mal, angetrieben von einem 90 kW starken De Havilland-Motor Gipsy III mit Schubpropeller. Das auffällige Tragwerk war für eine gute Sicht des Piloten an der Wurzel sehr schmal ausgelegt, zugleich konnten die Flügelenden um knapp fünf Grad verstellt werden. Hills Konstruktionen erhielten große Anerkennung, gelangten aber wie auch nachfolgende Projekte nicht in die Serienfertigung.

Um einiges Aufsehenerregender gestalteten sich schließlich Versuche zur Veränderung der Tragflügelgeometrie, deren Flugerprobung ebenfalls ab den 1930er-Jahren anlief. Ganz vorn die Flugzeuge des Iwan Makhonine. Der im russischen St. Petersburg geborene Konstrukteur war im Waffen- und Maschinenbau sowie in der Luftfahrt tätig und emigrierte 1921

Eine praktische Anwendung des sogenannten Teleskopflügels stellte die Makhonine MAK-10 von 1931 dar. Zur Veränderung der Tragflügelgeometrie war der äußere Abschnitt der Tragflächen ein- und ausziehbar, in eingefahrenem Zustand erreichte das beim Start 5000 kg schwere Flugzeug maximal 300 km/h.

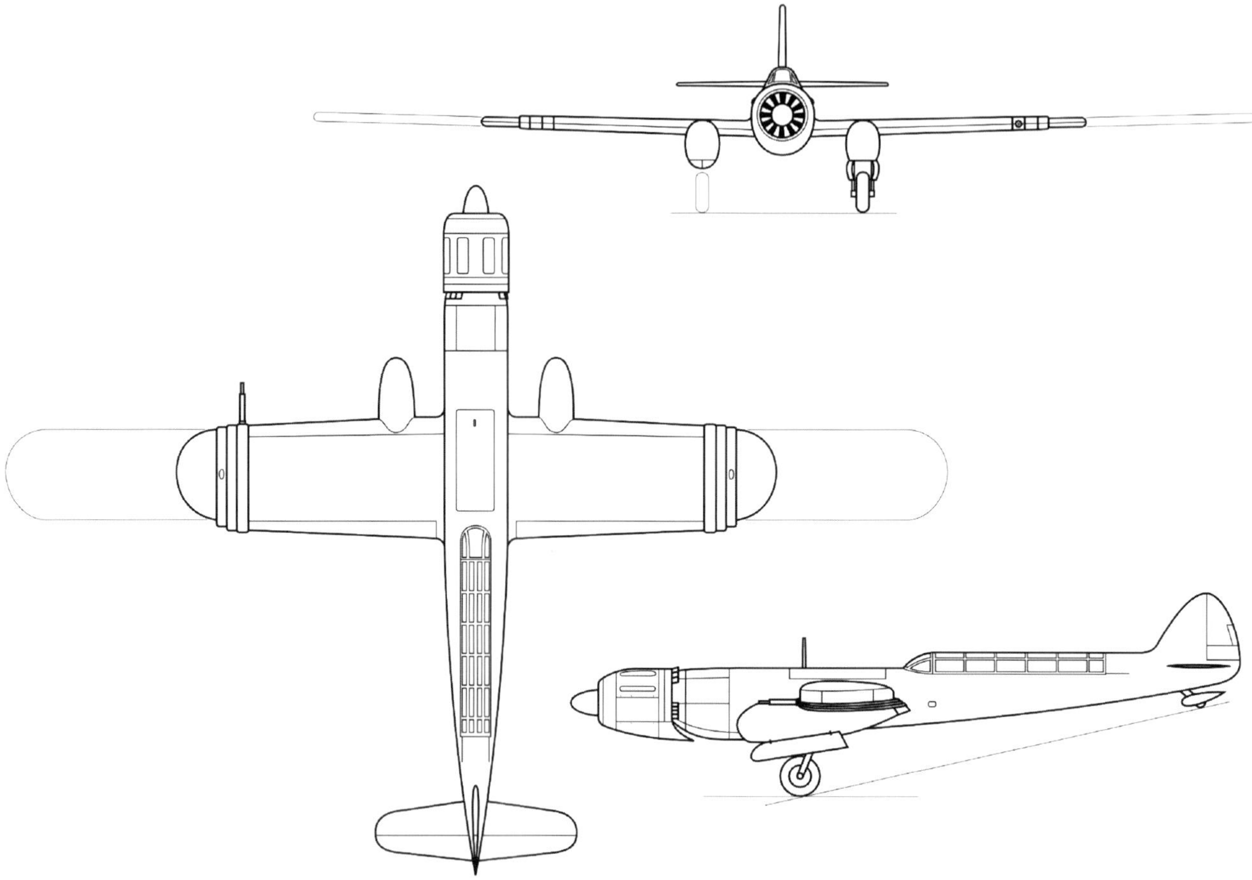

Dreiseitenriss der MAK-123. (Zeichnung: ML Watts)

nach Frankreich. Hier rückte die Finanzierung und die Verwirklichung seiner Projekte in greifbare Nähe, die Bindungen zur Sowjetunion blieben erhalten. Schon bald hatten die Entwicklungsarbeiten zu einem als Teleskopflügel bezeichneten Tragwerk begonnen, bei dem sich der äußere Teil während des Fluges aus- oder einfahren ließ. Das nachfolgend als MAK-10 bezeichnete und am 11. August 1931 zum Erstflug gebrachte Flugzeug verfügte damit über einen dreiteiligen Tragflügel, der seine Spannweite von 13 auf 21 m und zugleich die Flügelfläche von 21 auf 33 m^2 verändern konnte. Über Führungsschienen, Seilzüge und Laufrollen zogen die äußeren Tragflügelstücke in den hohlen mittleren Abschnitt des Tragwerks ein, Spannweite und Flügelfläche verkleinerten sich. Damit ließen sich 50 km/h mehr herausholen. Umgedreht verbesserten sich die Langsamflugeigenschaften im ausgefahrenen Zustand mit größerer Flügelfläche. Doch die Leistungssteigerungen wurden als zu gering empfunden und ursächlich der mit 360 kW Leistung versehene Lorraine 12Eb-Motor dafür verantwortlich gemacht. Makhonine konnte die französische Regierung von seinem Konzept und außerdem von der Bereitstellung zusätzlicher Staatsfinanzen überzeugen, sodass die Erprobung als modifizierte MAK-101 ab 1935 fortgesetzt wurde. Mit einem stärkeren, 708 kW leistenden Gnome-Rhone-Motor erreichte das Flugzeug mit verkürztem Tragwerk 378 km/h. Die Testflüge fanden auch noch zur Anfangszeit der deutschen Besetzung ihre Fortführung, selbst das Reichsluftfahrtministerium zeigte sich interessiert und forderte die Überführung der MAK-101 zur Erprobungsstelle Rechlin. Über den weiteren Verlauf gibt es unterschiedliche Versionen. Eine besagt, dass Testpilot und Flugzeug tatsächlich nach Rechlin gelangten und die Erprobungen für sechs Monate bis ins Jahr 1941 weiterliefen, bis der französische Flugzeugführer mit Absicht einen Crash verursachte und das Flugzeug zerstörte. Eine andere Variante spricht von der Unzufriedenheit der Deutschen mit den Testergebnissen und der nachfolgenden Einlagerung des Flugzeugs, bis dieses durch alliierte Bombenangriffe zerstört wurde. Wegen wenig überzeugender Flugeigenschaften wurde der Bau eines zweiten Erprobungsmusters verworfen. Anders Makhonine. Nach dem Zweiten Weltkrieg startete er einen weiteren Versuch zur Umsetzung der veränderlichen Tragflächengeometrie und wiederum mit einem Teleskopflügel. Das Flugzeug erhielt die Typenbezeichnung MAK-123 und wurde 1947 eingeflogen. Den Antrieb leistete ein BMW 801-Motor mit 1342 kW, das Startgewicht betrug 10.000 kg. Mit ausgefahrenem Tragwerk konnte die Flügelfläche um mehr als 50%, von 20 auf 36,5 m^2 erhöht werden. Auffällig war neben dem von einem Elektromotor angetriebenen Teleskopflügel vor allem die etwa ab Rumpfmitte installierte, stark verstrebte Kabine, die sich bis zum Seitenleitwerk erstreckte und hintereinander bis zu vier Personen aufnahm. Das Konstruktionsprinzip bestätigte sich

Die von Jaques Gerin konstruierte Varivol war sicher kein Kandidat für einen Schönheitswettbewerb, interessant war allerdings der Rollflügel, hier in eingefahrenem Zustand.

schon frühzeitig, als der Testpilot während des zweiten Erprobungsfluges den Motor abstellte, in 4000 m Höhe die Nase nach unten neigte, in den Gleitflug überging und die MAK-123 für eine Stunde mit ausgefahrenen Tragflächen antriebslos steuerte. Allerdings hinterließ eine durch Triebwerksprobleme verursachte Notlandung irreparable Schäden und das gesamte Programm wurde nachfolgend eingestellt. Letztlich fielen die Leistungszuwächse und Vorteile des Konzepts zu gering, die technischen Aufwendungen für den Teleskopflügel andererseits als zu hoch aus.

Ebenfalls in den 1930ern arbeitete der Franzose Jaques Gerin an der Realisierung einer anderen Idee der veränderlichen Tragflügelgeometrie und baute das Versuchsflugzeug Varivol. Die als Doppeldecker ausgelegte Maschine verwendete einen sogenannten Rollflügel. Unter Zuhilfenahme eines Elektromotors wurden in den Rumpfseiten untergebrachte Tragflügelsegmente ausgerollt und vergrößerten die Flügelfläche von 6,30 auf 26 m^2 und damit um mehr als 400%, was hauptsächlich bei Start und Landung Vorteile generierte. Die Spannweite blieb unverändert, wobei der obere Tragflügel eine kleinere als der untere besaß. Die Varivol verfügte über einen 172 kW starken Kolbenmotor und wog beim Start 1300 kg. Nach Windkanalversuchen wurde die Flugerprobung im März 1936 eingeleitet, endete aber bereits im November desselben Jahres mit dem Absturz des Musters. Der Rollflügel hatte daran keinen Anteil. Als V-6E, auch als Varivol 2 oder Varivol Racer bekannt, gab es 1938 noch eine Fortführung des Rollflügel-Konzepts, diesmal als Eindecker. Während des Zweiten Weltkriegs gebaut und als Rennflugzeug gedacht, erfolgten 1946 Windkanaltests. Eine Flugerprobung schloss sich diesmal nicht an, das Flugzeug lagerte Jahrzehnte in einer Scheune, wurde im Jahr 2000 wiederentdeckt und zu einem Ausstellungsstück im Regionalen Luftfahrtmuseum in Angers-Marce.

Bei diesem Foto erkennt man die ausgefahrenen Rollflügel der Varivol mit nunmehr größerer Flügelfläche für bessere Langsamflug- sowie Start- und Landeeigenschaften. Das 7,74 m lange und 3,50 m hohe Flugzeug war hauptsächlich aus Sperrholz gebaut worden und besaß eine Spannweite von 11,77 m.

Luftfahrtingenieur Georgi Baksajew vom Leningrader Institut für Zivilluftfahrt präsentierte ab Mitte der 1930er-Jahre eine weitere Lösung variabler Tragflächengeometrie. Seine Schiebeflügel bestanden aus ineinander verschachtelten Segmenten in der Tragwerkswurzel, die stufenweise ein- oder ausgefahren werden konnten. Über Seilzüge gesteuert, dauerte dieser

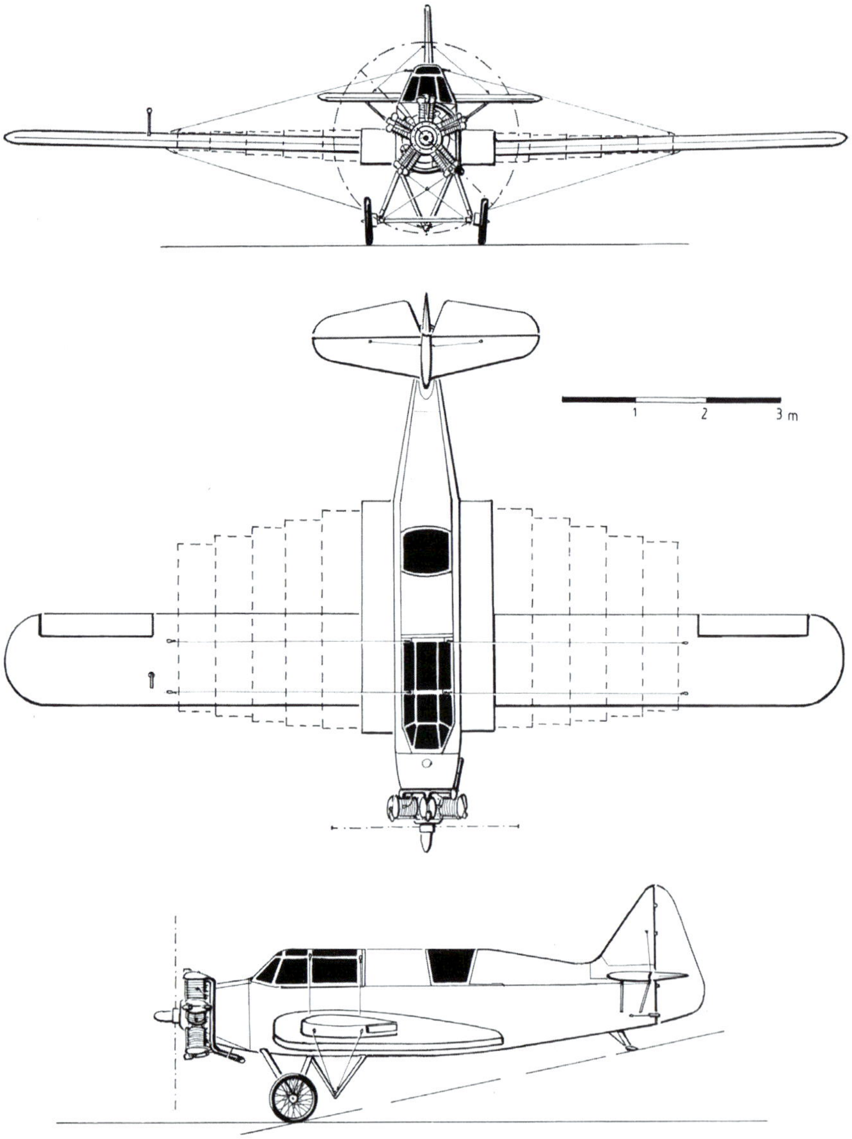

Dreiseitenriss der LIG-7. (Zeichnung: Manfred Meyer)

Unter der Bezeichnung Schiebeflügel nutzte die sowjetische LIG-7 ineinander verschachtelte, bewegliche Segmente zur Veränderung der Tragflächengeometrie. Die Abbildung zeigt das Tragwerk des Flugzeugs in ein- sowie ausgefahrenem Zustand.

Typ	LIG-7
Verwendung	Versuchsflugzeug
Besatzung	1-2
Triebwerk und Leistung	ein Schwezow M-11 mit 75 kW
Spannweite	11,30 m
Länge	7,34 m
Höhe	k.A.
Flügelfläche	16,52 bis 23,85 m²
Leermasse	667 kg
Startmasse	897 kg
Höchstgeschwindigkeit	156 km/h
Landegeschwindigkeit	68 km/h bei ausgefahrenem Tragwerk
Startstrecke	250 m
Landestrecke	110 m bei ausgefahrenem Tragwerk
Dienstgipfelhöhe	3100 m
Reichweite	400 km
Bewaffnung	keine

Vorgang bis zu 40 Sekunden. Ähnlich dem Teleskopflügel von Iwan Makhonine konnte so z.B. bei der Landung die Flügelfläche vergrößert und damit Geschwindigkeit und Landestrecke verringert werden. Erstes Versuchsmuster in dieser Konfiguration war die einmotorige LIG-7. Die auch unter dem Kürzel RK bekannte Maschine besaß auf jeder Seite fünf ausfahrbare Flügelsegmente von jeweils 0,5 m Breite, welche die Flügelfläche von 16,52 auf 23,85 m² vergrößerten, während die Spannweite unverändert blieb. Bei der ab August 1937 begonnenen Flugerprobung demonstrierte die beim Start knapp 900 kg schwere LIG-7 eine zuverlässige Funktionsweise sowie ein gutes Handling, mit ausgefahrenem Tragwerk eine um 30% verringerte Landegeschwindigkeit sowie beinah halbierte Start- und Landestrecken. Zwischenzeitlich machte sich Baksajew zum Jahresende 1938 unter der Bezeichnung RK-1 an den Entwurf eines Versuchsjägers mit zwei hintereinander angeordneten Tragflächen. Diese sollten mit im Rumpf untergebrachten Segmenten verbunden werden und so eine um 235% erhöhte Flügelfläche ergeben. Die sowjetische Führung unterstützte das Projekt, wurden schließlich enorme Geschwindigkeiten von weit mehr als 700 km/h in Aussicht gestellt. Verzögerungen gab es durch Schwierigkeiten bei der Bereitstellung eines geeigneten, leistungsstarken Antriebs. Letztendlich wurde nie ein Motor eingebaut, die Anfang 1940 fertig gestellte Zelle der RK-1 im Folgejahr durch deutsche Bombenangriffe zerstört.

Wiederum aus der Sowjetunion förderte Wladimir Schewtschenko eine weitere Konzeption zur Veränderung der Tragflächengeometrie zu Tage, die allerdings ein völlig anderes Prinzip anwendete. In den Arbeiten von Konstrukteur Wassili Nikitin unterstützt, handelte es sich um ein Doppeldeckertragwerk, dessen untere Tragfläche zu einem Drittel in den Rumpf sowie zu zwei Dritteln in die obere einziehen sollte. Dabei wurde das erste Drittel der unteren Tragfläche zum Einfahren geknickt, die Flügelfläche verringerte sich von 20,83 auf 13 m². In der Tat wurde so ein Doppeldecker zu einem Eindecker, der damit die zeitgemäßen Vorteile wie bspw. hohe Geschwindigkeiten ausnutzte, andererseits in umgekehrter Konfiguration Landegeschwindigkeit und -strecke verringern konnte. Die interessante Idee stellte Schewschtenko im November 1938 vor und ließ im nächsten Jahr Modellversuche in Moskau folgen. Die sowjetische Führung unter Josef Stalin stellte Geld für die weitere Konstruktion und Erprobung sowie die räumlichen Erfordernisse zum Bau zweier Prototypen zur Verfügung, der Entwicklungsstab wuchs schnell an. Als IS-1 startete das Versuchsjagdflugzeug am 29. Mai 1940 zum Erstflug und erprobte beim sechsten Flug am 21. Juni erstmals das Einziehen der unteren Tragfläche. Der Einziehprozess dauerte etwa sieben Sekunden und verlief völlig problemlos. Vier 7,62-mm-MG mit je 250 Granaten Munitionsvorrat waren als Bewaffnung in der oberen Tragfläche vorgesehen, den Antrieb übernahm ein 670 kW starker M-63-Motor mit einem 2,80 m durchmessenden Hamilton-Propeller. Damit wurden während der Testflüge 453 km/h erreicht, die Reichweite betrug 600 km. Die Leistungen waren fürs Erste akzeptabel, wenn auch nicht überragend und keinesfalls besser als bei anderen zeitgenössischen Jagdflugzeugen. So sollte eine zweite, als IS-2 bezeichnete Maschine von einem stärkeren Schwezow-Motor M-88 mit 800 kW Leistung sowie verschiedenen aerodynamischen Verfeinerungen profitieren und nahm die Flugerprobung im Januar 1941 auf. Der Überfall auf die Sowjetunion noch im selben Jahr stoppte sämtliche Arbeiten an diesen innovativen Flugzeugen, zugleich wurden damit die weiterentwickelten Varianten IS-3 und IS-4 zu Reißbrettstudien verdammt und eine anvisierte Serienproduktion kam nie zustande. Immerhin galten sie bis zur praktischen Anwendung von Schwenkflügeln als beste Lösung zur Veränderung der Tragflächengeometrie. Selbst Schewtschenko hatte schon 1947 ein Design erarbeitet, das einen IS-14 genannten, strahlgetriebenen Jäger unter Einbeziehung von Schwenkflügeln vorsah. Details sind leider kaum bekannt, es blieb bei einer Studie.

Erwähnenswert noch ein anderer Versuch, aus zwei Tragflächen eine zu machen: die von der britischen Firma Hills & Son (Hillson) gebaute Bi-Mono. Wenig effektiv und wirtschaftlich nicht zu vertreten, wurde hier versuchsweise einem Kleinflugzeug, später dann einer Sea Hurricane ein zweiter Tragflügel über dem ersten montiert, der dann nach einer kurzen Startstrecke abgesprengt wurde. Die im Juli 1941 bzw. Mai 1943 aufgenommenen Testflüge verliefen schlussendlich im Sande, die Kosten für einen „Wegwerfflügel" waren schon damals einfach zu hoch.

An diesem offensichtlich retuschierten Foto der IS-1 sind die Aussparungen an der Unterseite des oberen Tragflügels zur Aufnahme der kleineren, unteren Tragfläche gut zu erkennen.

Typ	IS-1
Verwendung	Versuchsjagdflugzeug
Besatzung	1
Triebwerk und Leistung	ein Schwezow M-63 mit 670 kW
Spannweite	8,60 m obere und 6,72 m untere Tragfläche
Länge	6,79 m
Höhe	2,74 m
Flügelfläche	20,83 m² als Doppel- und 13 m² als Eindecker
Leermasse	1400 kg
Startmasse	2300 kg
Höchstgeschwindigkeit	453 km/h
Steiggeschwindigkeit	10 m/s
Landegeschwindigkeit	115 km/h
Startstrecke	250 m
Dienstgipfelhöhe	8800 m
Reichweite	600 km
Bewaffnung	vorgesehen waren vier 7,62-mm-MG SchKAS mit je 250 Schuss

Messerschmitt P1101 und Bell X-5

Beim damaligen Kriegsgegner der zuvor benannten Entwürfe hatte man sich ebenfalls Gedanken zur variablen Tragflächengeometrie gemacht und Messerschmitt in Deutschland lieferte schließlich den entscheidenden Anstoß zur Umsetzung des Schwenkflügelkonzepts. Eine ganze Reihe durchgeführter Studien bei Messerschmitt bezogen 1944 unterschiedliche Jagdflugzeugprojekte mit Strahl- und Raketenantrieb ein, die sich wesentlich von den bekannten Typen Me 163 und Me 262 abgrenzten. Unter der Projektnummer P1101 entstanden mehrere, verschieden ausgelegte Studien, auch mit geteilten und ungeteilten Schwenkflügeln und auch mit mehreren Triebwerken, die aber alle nichts mit der später bekannten P1101 zu tun hatten. Die Bezeichnung wurde durch die Aufnahme des damaligen Jägernotprogramms und durch die Zurückstufung der Bomber- und anderer Kampfflugzeugprogramme wieder neu vergeben und sollte zu einem technologisch überlegenen Jagdflugzeug führen – einstrahlig, mit starker Bewaffnung, neuester Bordelektronik, kurzen Start- und Landestrecken und zudem unter Berücksichtigung der zur Verfügung stehenden Materialien. Eine entsprechende Spezifikation wurde im Juli 1944 veröffentlicht, doch beeinflusste die teilweise schon prekäre wirtschaftliche und militärische Situation Deutschlands die Entwicklung. Verzögerungen beim vorgesehenen Heinkel-Triebwerk HeS 011 kamen hinzu. Im September 1944 entschloss sich Willy Messerschmitt unter Berücksichtigung der neuesten aerodynamischen Erkenntnisse zum Bau eines Versuchsmusters, dass als Ausgangspunkt eines Serienjägers dienen sollte. Im November konkretisierten sich die technischen Einzelheiten und sahen Tragflügel vor, die von 35 bis 45 Grad verstellbar ausgelegt werden sollten. Die Verstellung sollte am Boden erfolgen und nachfolgend im Flug getestet werden. Wegen des noch nicht zur Verfügung stehenden Strahltriebwerks HeS 011 war zunächst die Verwendung eines Jumo 004 mit maximal 9,8 kN Schub vorgesehen. Um die Aufnahme der Erprobung zu beschleunigen, war zum Bau der nun definierten P1101 die Nutzung bereits vorhandener Komponenten der Me 262 in ursprünglicher oder geringfügig modifizierter Form vorgesehen. Dazu zählten der Außenflügel der Me 262 mit demselben Profil und Klappen-Profilschnitt, aber mit verlängerten Außenquerrudern sowie dem Verzicht auf die inneren Querruder bzw. deren Ersatz durch Landeklappen. Auch musste der Tragflügel verstellbar ausgelegt und deshalb mit einem Drehpunkt ausgestattet sein. Außerdem gelangten die Steuerung und die Funkausrüstung der Me 262 zum Einbau, während vereinzelt Baugruppen von der Me 109 etwa im Bereich des Fahrwerks übernommen wurden. Das Fahrwerk besaß Bugradanordnung, zog komplett in den Rumpf ein und war an jedem der drei Teile einfach bereift. Im Rumpfbug befand sich der zentrale Lufteinlass und versorgte das Strahltriebwerk. Der Rumpf war in Ganzschalenbauweise hergestellt, nahm nachfolgend die einsitzige Druckkabine, den internen Kraftstoffvorrat von 900, anderen Angaben zufolge 1000 l, Triebwerk und Fahrwerk auf. Eine Panzerung im Rumpf sollte später in Form von Rüstsätzen mit gut 120 kg Gewicht zur Anwendung gelangen und auf eine Bewaffnung sollte beim Versuchsflugzeug verzichtet werden. Der Rumpf verjüngte sich zum Heck, dort befanden sich zudem die um 40 Grad gepfeilten Flossen von Höhen- und Seitenleitwerk. Der Tragflügel mit seinen am Rumpf befindlichen Anschluss-

In diesem Zustand fanden die Amerikaner den nicht fertiggestellten Prototyp V1 der P1101 bei ihrem Einmarsch in Oberammergau vor. Nachdem erkannt worden war, um was es sich handelt, erfolgte die Überführung in die USA. Instandsetzungsversuche bei Bell scheiterten jedoch. (Foto: USAF)

punkten war austauschbar und konnte am Boden in drei verschiedenen Pfeilwinkeln arretiert werden – 35, 40 und 45 Grad. Als Ausgangsstellung galten 40 Grad, die Flugerprobung sollte aber mit einem Pfeilwinkel von 35 Grad beginnen. Die unterschiedlichen Tragflügelkonfigurationen dienten in erster Linie zur Findung des optimalen Pfeilwinkels und der damit verbundenen Flugeigenschaften insbesondere im schallnahen Bereich. Die Untersuchungen sollten weiterführend zum Bau eines möglichst schnell zu realisierenden Jagdflugzeugs dienen, das auch bei schlechtem Wetter oder gar als Jagdbomber, nun aber mit feststehendem Tragwerk, zum Einsatz kommen sollte. Noch zum Jahresende 1944 wurde die Teilefertigung und die Montage des Versuchsflugzeugs P1101 aufgenommen, als Fertigstellungstermin zunächst der 15. März 1945 benannt. Die Bauteile wurden in Werkstätten in Ausgburg, Leonberg und Oberammergau hergestellt und bearbeitet, der Zusammenbau erfolgte in zuletzt genannter Location, Abteilung Attrappenbau. Teile der Oberbayerischen Forschungsanstalt Oberammergau waren unterirdisch angelegt und direkte Angriffe der vorrückenden Alliierten gab es bisher nicht, auch nicht aus der Luft. Doch mittlerweile häufte sich der Luftalarm, die Arbeiten mussten immer wieder unterbrochen werden und verliefen kaum noch in geordneter Form. Benötigte Materialien blieben aus, als Triebwerk konnte lediglich ein beschädigtes Jumo 004 bereitgestellt und für Anpassprüfungen an dem noch nicht vollständig verkleideten Rumpf genutzt werden.

Im April 1945 war das Versuchsmuster P1101 V1 zu annähernd 80% fertig gestellt, im Angesicht der deutschen Niederlage plante man noch zum Monatsende die Zerstörung und damit Nutzlosigkeit der Zelle für die Alliierten. Am 29. April waren die ersten US-Infanteristen in Oberammergau angelangt und besetzten die Anlagen von Messerschmitt. Die P1101 erschien ihnen mysteriös, der Einsatzzweck unklar. Im Mai trafen schließlich Spezialisten ein, Ende des Monats mit Robert J. Woods sowie weiteren Kollegen auch eine zivile Abordnung des Flugzeugherstellers Bell Aircraft Corporation. Hier war man sich schnell einig, dass die Arbeiten an dem Flugzeug fortgeführt werden sollten. Die Idee, einen einsatzfähigen Kampfjet daraus zu entwickeln, führte später allerdings in Bell-Firmenkreisen zu hitzigen Debatten bis hin zu Personalwechseln.

Konstruktionsunterlagen und andere Dokumente über die P1101 fielen 1945 großteilig in die Hände der französischen Armee und wurden erst später den Amerikanern zugänglich gemacht. Im nach dem Leiter der zivilen Abordnung genannten Woods-Report fanden sich nach den Befragungen von Messerschmitt-Mitarbeitern weitere Einzelheiten zur P1101 und ebneten den Weg zur Wiederaufnahme der Arbeiten mit dem Ziel zur Wiederherstellung und Versetzung in einen flugfähigen Zustand. Fehlende Unterlagen und der Zustand der Flugzeugzelle vereitelten letztlich diesen Versuch. Die P1101 gelangte per Schiff in die Vereinigten Staaten und wurde zunächst auf der Wright Air Force Base in Dayton, Ohio eingelagert. Während des Transports in die Bell-Werke nach Buffalo, New York kam es zu weiteren Beschädigungen und der Aufwand zur Instandsetzung lohnte sich nicht mehr. So schlug

In den Vereinigten Staaten ist der Prototyp der P1101 offenbar mit einer Triebwerksattrappe sowie am Vorderrumpf mit Schablonen, die MG 151 andeuten, versehen worden. (Foto: USAF)

Typ	Messerschmitt P1101 V1 (Leistungsdaten sind Schätzwerte)
Verwendung	Versuchsflugzeug
Besatzung	1
Triebwerk und Leistung	vorgesehen ein Jumo 004B mit bis zu 9,8 kN, später Heinkel HeS 011 mit 12,74 kN
Spannweite	8,06 m bei 40 Grad Pfeilung
Länge	8,98 m
Höhe	3,50 m
Flügelfläche	13,60 m² bei 40 Grad Pfeilung
Leermasse	2184 kg
Startmasse	3205 kg
Höchstgeschwindigkeit	860 km/h
Steiggeschwindigkeit	12-20 m/s
Landegeschwindigkeit	180 km/h
Startstrecke	700 m
Landestrecke	900 m
Dienstgipfelhöhe	10.000 m
Reichweite	1000 km
Bewaffnung	keine

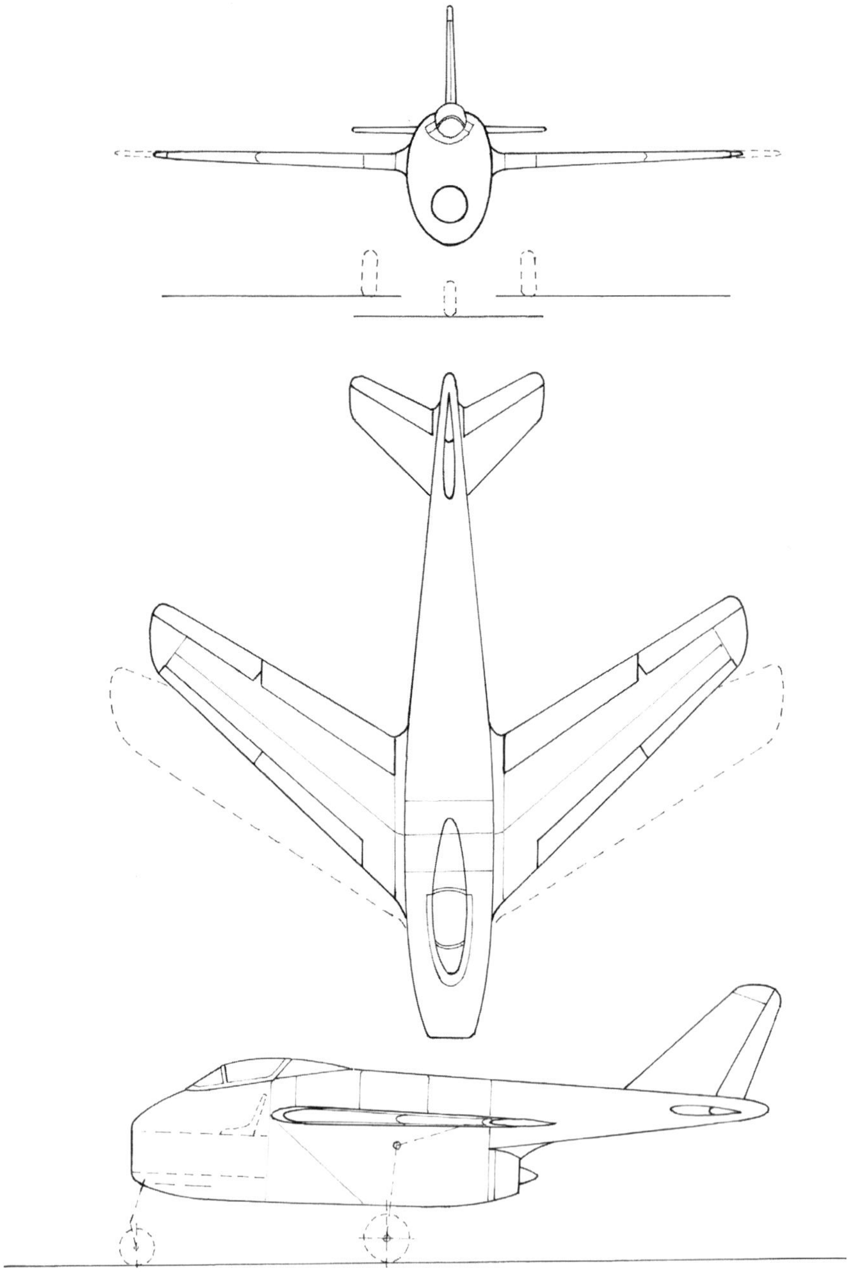

Dreiseitenriss der P1101. (Zeichnung: Manfred Meyer)

Die britische Shorts S.B.5 nutzte die bei der Messerschmitt P1101 angedachte Methode, den Tragflügel am Boden in verschiedenen Pfeilwinkeln von 50, 60 sowie 69 Grad zu montieren und dann die besten Eigenschaften herauszufinden. (Foto: Johan Visschedijk Collection)

Robert Woods 1948 als kostengünstigere Alternative den Bau einer modifizierten Variante der P1101 vor, die im Flug den Pfeilwinkel der Tragflächen verstellen sollte. Mit einem geteilten Schwenkflügel, der das gesamte Tragwerk während des Schwenkens auf Schienen vor- und zurückschieben konnte, wurde zugleich die sich ändernde Schwerpunktlage ausgeglichen. Das gesamte Tragwerk fiel nun wesentlich komplexer aus und konnte den Pfeilwinkel zwischen 20,2 und 58,7 Grad verstellen. Beim Zurückschwenken in die 58,7 Grad-Position schoben sich die Tragflügel bis zu 0,69 m nach vorn, der Antrieb erfolgte dabei über ein Synchrongetriebe durch Elektromotor und Spindel. Die Arbeiten an dem anspruchsvollen Verstellmechanismus kosteten viel Zeit. Zugleich hielten Vertreter der US-Luftwaffe die zu erwartende geringe Zuladung inklusive Tankvolumen oder eine begrenzte Armierung mit Bordwaffen für nicht serientauglich und bestellten im Juli 1949 lediglich zu Forschungszwecken zwei Flugzeuge. Bis Ende 1949 war eine Attrappe fertiggestellt, nachfolgende Windkanaltests mit drei (statt ursprünglich neun vorgesehenen) Modellen zeigten die Notwendigkeit nach aerodynamischen Änderungen auf, die u.a. eine Stabilisierungsflosse unter dem Rumpfheck beinhalteten.

Am 9. Juni 1951 gelangte die erste der beiden nunmehr X-5 genannten Flugzeuge zur Edwards Air Force Base in Kalifornien und Testpilot Jean Ziegler unternahm am 20. Juni den Erstflug. Nach vier Testflügen wurde erstmals der Schwenkmechanismus der Tragflügel betätigt, der bei Bedarf (Ausfall des Elektroantriebs) auch mit einer Handkurbel im Cockpit bewerkstelligt werden konnte. Bei diesem Flug betrug der Pfeilwinkel bis zu 30, beim nächsten 40 Grad und beim neunten erprobte man den kompletten Schwenkvorgang und wieder zurück. Ein kompletter Schwenkvorgang von 20 bis 58,7 Grad dauerte knapp 20 s. Am 10. Dezember 1951 begann in Edwards auch die zweite X-5 mit der Flugerprobung. Die Versuchsreihen wurden von mindestens neun Piloten, darunter dem späteren Astronauten und erstem Menschen auf dem Mond, Neil Armstrong, bestritten und von der US Air Force (USAF) sowie dem National Advisory Committee of Aeronautics (NACA) zur

In dieser Stellung sind die Tragflügel der X-5 mit maximalem Pfeilwinkel von 58,7 Grad zu sehen. (Foto: NASA)

Die Bell X-5 stammte von der P1101 ab und erprobte als erstes Flugzeug Schwenkflügel. Hier der erste Prototyp bei einem Testflug mit mäßig gepfeiltem Tragwerk. (Foto: NASA)

Verfügung gestellt. Untersucht wurden bspw. verschiedene Pfeilwinkel bis 58,7 Grad, die Flugstabilität bei unterschiedlichen Pfeilwinkeln, Veränderungen der vertikalen Hecklasten, das Verhalten bei Böen, ferner Höchstgeschwindigkeitsflüge, langsame Landeanflüge oder auch das Trudelverhalten. Letzteres war unbeliebt und bei der X-5 schwer in Griff zu bekommen. Mangelnde Längsstabilität während eines ungewollten Trudelns führte am 13. Oktober 1953 bei maximaler Flügelpfeilung zum Verlust des zweiten Versuchsmusters und zum Tod des Piloten. Die Testreihen fanden bis Ende Oktober 1955 ihre Fortführung mit der verbliebenen X-5 und endeten nach insgesamt 159 Flügen. Die US-Luftwaffe hatte bereits 1952 das Interesse an der X-5 verloren, hinzu kamen mehrmals Kostensteigerungen. Angedeutete Umrüstungen auf stärkere Triebwerke wie das Westinghouse XJ46 oder das Wright J65 für Überschallfähigkeiten konnten nicht realisiert werden. Das Flugzeug gelangte 1958 ins USAF-Museum in Dayton, Ohio, während die P1101-Zelle schon Jahre zuvor nach einigen statischen Versuchen verschrottet worden war.

Das Flugverhalten der X-5 wurde mehrfach bemängelt, woran die konzeptionelle Auslegung insbesondere die Platzierung des Triebwerks großen Anteil hatte. Hier fand ein Allison J35-A-17 mit 21,8 kN Schub Verwendung und galt eigentlich als zu schwach. Trotzdem hatte man einige Erfahrungen mit dem veränderlichen Tragwerk sammeln können, hohe Geschwindigkeiten mit einem hohen Pfeilwinkel oder langsame Landegeschwindigkeiten mit einem geringen Pfeilwinkel erreicht. Eine Landung mit mehr als 40 Grad Flügelpfeilung erwies sich als unmöglich. Auch die Methode des Vor- und Zurückschiebens des ganzen Tragwerks während des Schwenkvorgangs erwies sich nicht als die geeignetste Variante, künftig sollten hierzu Schwenklager in einer starren Tragflügelwurzel und mit einem gewissen Abstand zum Rumpf zum Einsatz kommen, die Veränderung der Druck- und Schwerpunktlage anderweitig

Typ	X-5
Verwendung	Versuchsflugzeug
Besatzung	1
Triebwerk und Maximalschub	ein Allison J35-A-17 mit 21,8 kN
Spannweite	6,33 m bei 58,7 Grad Pfeilung, 10,21 m bei 20,2 Grad Pfeilung
Länge	10,16 m
Höhe	3,60 m
Flügelfläche	16,26 m²
Leermasse	2880 kg
Startmasse	4536 kg
Höchstgeschwindigkeit	1045 km/h
Startstrecke	550 m
Landestrecke	900 m
Dienstgipfelhöhe	12.800 m
Reichweite	800 km
Bewaffnung	keine

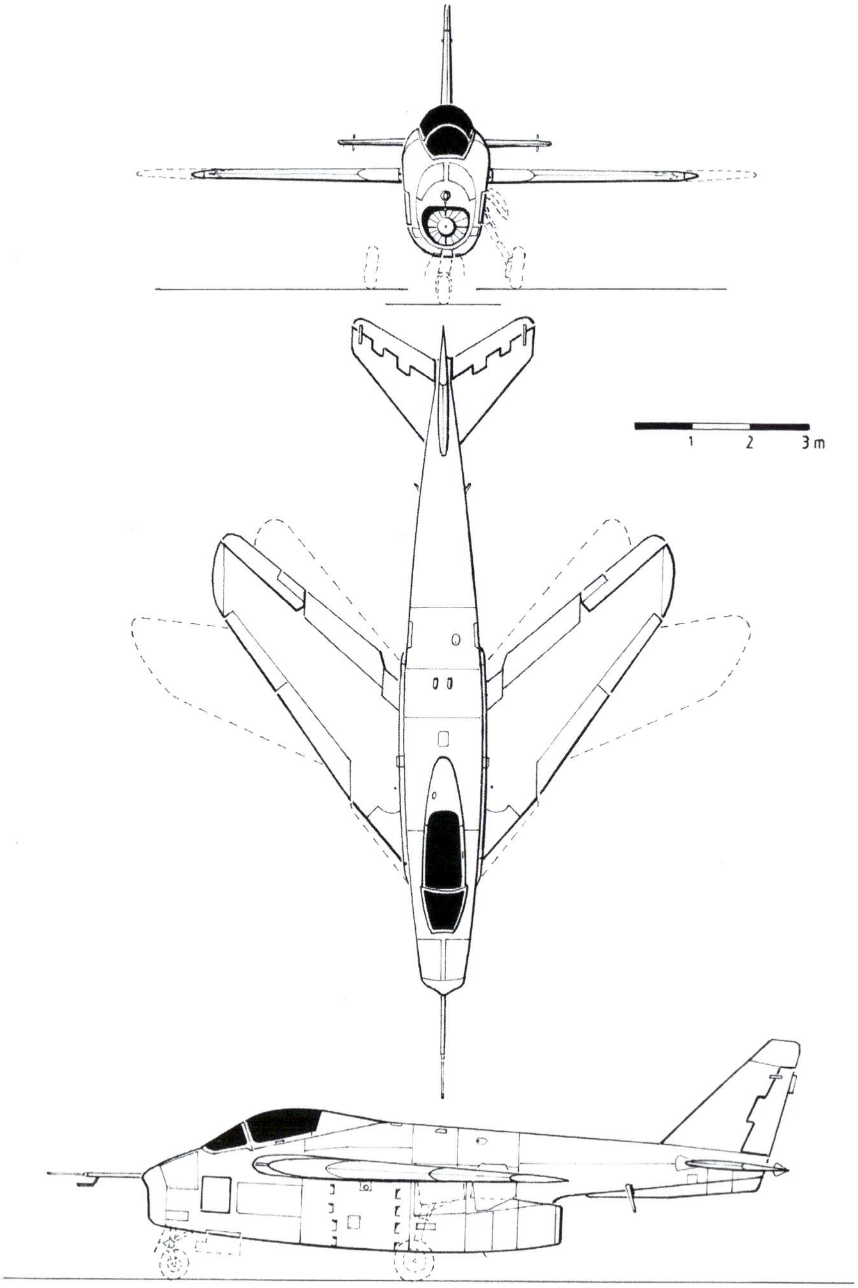

Dreiseitenriss der X-5. (Zeichnung: Manfred Meyer)

Die US Air Force, später die NACA nutzten die X-5 für verschiedene Tests. Hierzu trägt die Maschine am Bug einen langen Ausleger als Datensammler. Wie man sieht, erfolgte die Betankung über einen Einfüllstutzen auf der Rumpfoberseite. (Foto: NASA)

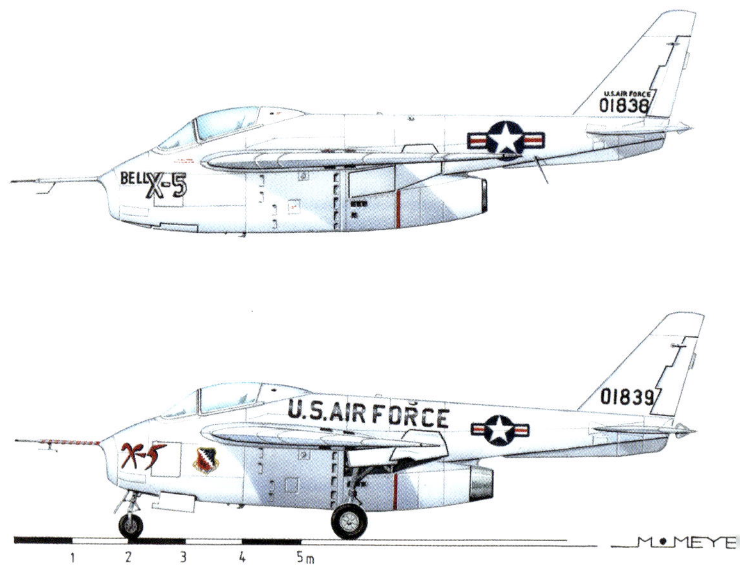

Die Profilansichten zeigen oben die erste und unten die zweite Versuchsmaschine der X-5. Unterhalb der Kabine trägt die zweite ein Emblem des im Juni 1951 auf der Edwards AFB aktivierten Air Force Flight Test Center mit dem Schriftzug „Ad Explorata"// „Auf dem Weg zum Unerforschten". Dieses Emblem fand ebenso wie die große Aufschrift U.S. Air Force nur temporär an dem Flugzeug Verwendung. (Grafik: Manfred Meyer)

ausgeglichen werden. Letztendlich hatte die Bell X-5 als erstes Flugzeug die Funktionsweise des Schwenkflügels in die Praxis umgesetzt, konnte im Flug seine Flügel schwenken und damit den Pfeilwinkel ändern.

Die Navy erprobt Grummans XF10 Jaguar

Die Jaguar hätte als F10F-1 das erste in Serie gefertigte Kampfflugzeug mit Schwenkflügeln werden können, denn recht optimistisch bestellte die US Navy noch vor dem Erstflug des Typs insgesamt 82 Exemplare. Doch mehrere Probleme während der Erprobung und vor allem mit dem eingebauten Westinghouse-Triebwerk J40 ließen die hoch gesteckten Ziele nicht in Erfüllung gehen. Das J40 schien unausgereift und ließ in der Version mit Nachbrenner auf sich warten. Wegen verschiedener Mängel und Unfälle war es für Verzögerungen auch anderer Programme von bordgestützten Jagdflugzeugen wie der F4D Skyray oder der F3H Demon und deren Einführung in den regulären Dienst sowie für Millionenverluste in den Kassen der US Navy verantwortlich. Letztendlich veranlasste der Misserfolg mit dem J40 den Hersteller Westinghouse sogar zum Ausstieg aus der Triebwerksproduktion. Immerhin blieb die Jaguar zum Schluss das erste für den Einsatz konzipierte Schwenkflügelflugzeug, zugleich waren die Schwenkflügel nicht für das Scheitern verantwortlich.

Nachdem Grumman eine Designstudie zu einem neuen Jagdflugzeug vorlegte, wurde seitens des Bureau of Aeronautics schnell die Bezeichnung XF10F-1 gewählt und im April 1948 eine Absichtserklärung über zwei zu bauende Versuchsmuster abgegeben. Ein Jahr später erfolgte die Präsentation einer Attrappe, Änderungswünsche führten zur Einbeziehung von Schwenkflügeln und eines T-Leitwerks. Hier wurden die Vorteile des Schwenkflügeltragwerks für den bordgestützten Einsatz deutlich hervorgehoben. Inzwischen war auch in der US Navy die Modernität des Strahlantriebs erkannt worden, was allerdings auch zahlreiche Veränderungen, gerade im Flugzeugträgereinsatz, mit sich brachte. Mit Strahlantrieb ausgerüstete Flugzeuge besaßen eine höhere Masse, eine höhere Start- und Landegeschwindigkeit, benötigten längere Start- und Landebahnen. Die Flugzeugträgerdecks waren bisher mit Holz beplankt und stellten nun eine Gefahrenquelle dar. Auch waren die Strahltriebwerke durstiger als Kolbenmotoren und zuzüglich weiterer Materialien mussten diese in größerer Menge vom Flugzeugträger oder seinen Begleitschiffen mitgeführt werden. So übernahm die US Navy für den Bordeinsatz strahlgetriebener Flugzeuge in den nächsten Jahren weitere Neuerungen wie das Dampfkatapult, das spiegelbasierte optische Landesystem oder auch das Winkeldeck für einen gleichzeitigen Start- und Landebetrieb. Ende der 1940er-Jahre jedoch

Der einzige fliegende Prototyp der XF10F-1 im Landeanflug. Das Dreipunkt-Einziehfahrwerk ist am Bug doppelt und an den Hauptbaugruppen je einfach bereift. (Foto: National Museum of Naval Aviation Pensacola)

Die Jaguar mit dem passenden artwork am Rumpf. Auffällig zudem der große Stabilisierungsausleger auf der Seitenflosse, der einige Probleme verursachte. (Foto: National Museum of Naval Aviation Pensacola)

stellten Schwenkflügel durchaus eine Alternative dar und die US Navy gab am 14. Dezember 1950 wohl etwas voreilig eine erste Bestellung über zwölf Flugzeuge vom Typ Jaguar ab, ergänzt um eine weitere Order über nochmal 70 Exemplare am 10. Februar 1951. Anfang des nächsten Jahres konnte die erste XF10F-1 fertiggestellt werden und absolvierte danach Rollversuche auf dem Grumman-Werksgelände in Bethpage, New York. Im April wurde das Flugzeug zur Edwards Air Force Base gebracht und sollte von da aus die Flugerprobung bestreiten. Das vorgesehene J40-Triebwerk mit Nachbrennerstufe war noch nicht verfügbar und war es während der gesamten Erprobung nicht, sodass man statt der erwarteten 45 kN mit 30 kN Schubleistung auskommen musste. Natürlich wurde dadurch das Schub-Masse-Verhältnis unvorteilhaft beeinflusst und limitierte die Leistungen der Jaguar. Die Tragflügel der Maschine ließen sich hydraulisch über Spindeln und Drehzapfen von 13,5 bis 42,5 Grad verstellen und verkrafteten Lastvielfache von 7g. Sie verursachten 5,5% mehr Masse am Flugzeug, der Vorgang dauerte während der Bodenerprobung etwa 10 s. Die Tragflächen waren über fast die gesamte Spannweite mit Vorflügeln, Fowler- und Landeklappen ausgestattet. Die Mitführung von zwei bis vier Zusatztanks sollte ermöglicht und damit die interne Kraftstoffkapazität in zwei Flügel- sowie drei Rumpftanks ergänzt werden. Als wesentliche Avionikbestandteile waren ein Suchradar, Höhenmesser, Funknavigation und andere Komponenten vorgesehen, für spätere Bau- und Erprobungsphasen wurde außerdem eine Bewaffnung mit vier 20-mm-Kanonen, Abschussbehältern mit ungelenkten Raketen oder Bomben bis zu einem Gewicht von 1816 kg vorgeschlagen. Das meiste davon dürfte aber nicht mehr zur praktischen Anwendung gekommen sein, denn das Testflugprogramm fiel letztlich weniger umfangreich als geplant aus. Es begann am Morgen des 19. Mai 1952 mit Testpilot Corwin Meyer am Steuer, zum Schluss der Einzige, der das Flugzeug jemals flog. Das lag zum einen daran, dass die XF10F in vielen Belangen neuartig und sehr komplex ausfiel und sich die Umschulung von Testpiloten als sehr aufwendig erweisen würde. Zum anderen war der Einstieg zusätzlicher Piloten aufgrund der wenigen Testflüge zeitlich gar nicht machbar. Insgesamt 32 Flüge absolvierte Corwin Meyer letztlich mit der Jaguar, den kürzesten mit 15 min und den längsten, zugleich der letzte, am 25. April 1953 mit 67 min. Während der Erprobung traten zahlreiche Probleme auf, hauptsächlich mit dem fehlerhaften Triebwerk, aber auch am Kraftstoffsystem, dem Leitwerk oder in Bereichen der Steuerung, Kontrolle und Stabilität. An der Wurzel des deltaartigen Höhenleitwerks war eine gleichförmi-

Typ	XF10F-1 Jaguar
Verwendung	Versuchsflugzeug
Besatzung	1
Triebwerk und Maximalschub	ein Westinghouse J40-WE-6 mit 30,2 kN
Spannweite	je nach Flügelpfeilung 11,18 bis 15,42 m
Länge	16,59 m
Höhe	4,95 m
Flügelfläche	je nach Flügelpfeilung 41,81 bis 43,39 m²
Leermasse	9265 kg
Startmasse	max. 16.080 kg
Höchstgeschwindigkeit	1024 km/h
Steiggeschwindigkeit	35 m/s
Landegeschwindigkeit	180 km/h
Startstrecke	900 m
Dienstgipfelhöhe	9600 m
Reichweite	2300 km
Bewaffnung	keine

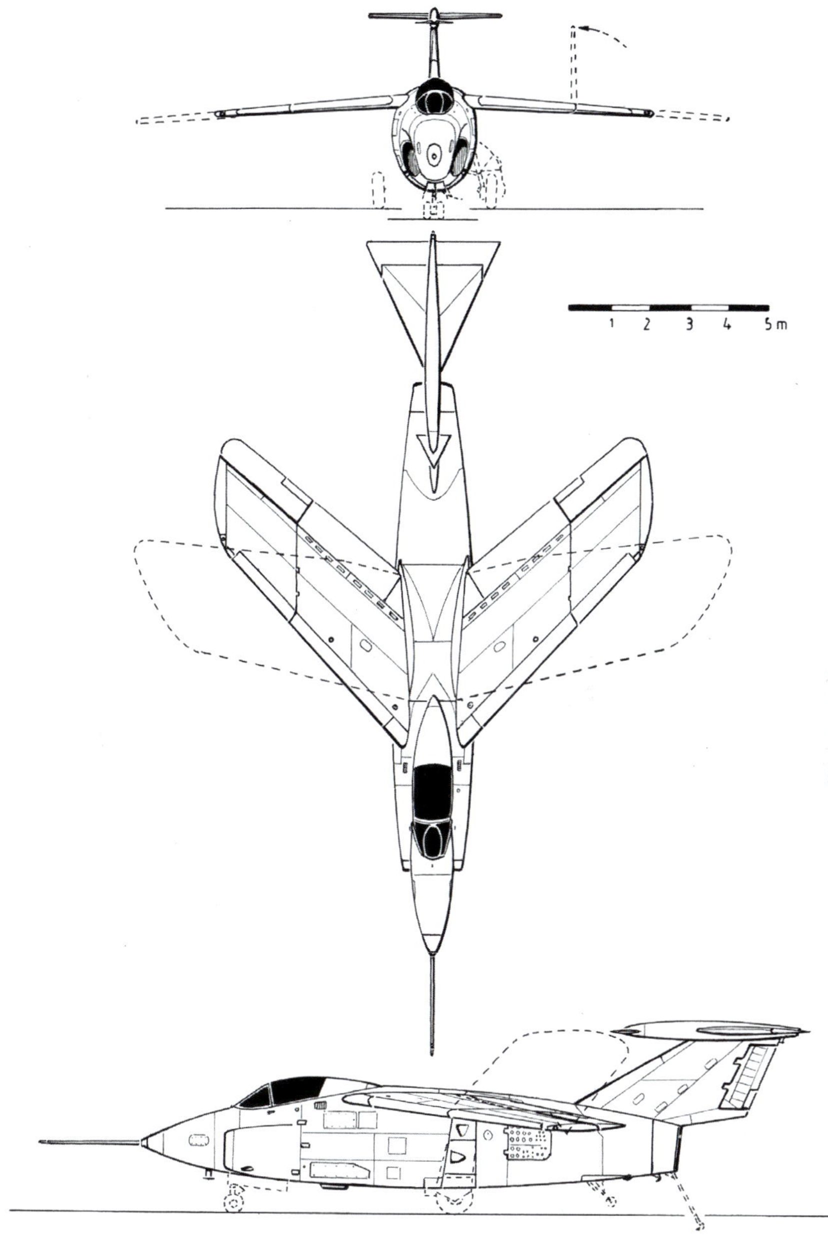

Dreiseitenriss der XF10F Jaguar. (Zeichnung: Manfred Meyer)

ge, aber wesentlich kleinere Flosse installiert. Über diese sollte die Steuerung des Höhenruders erfolgen, doch erwies sich das System als wenig wirksam und verursachte zusätzlichen Stabilitätsverlust. Hierzu rüstete Grumman bspw. zur Verbesserung der Richtungsstabilität verschiedene Systeme, zum Teil nur temporär nach. So etwa am Rumpfheck zusätzliche Flossen als sogenannte Horsals – abgeleitet vom englischen horizontal-dorsals, die zugleich die Giersteuerung verbessern halfen. Des Weiteren gab es an den Tragflächen auf jeder Seite acht Spoiler, am Rumpf kamen ausklappbare Bremsklappen dazu. Das Schwenken der Tragflächen und die damit verbundenen Eigenschaften wurden positiv bewertet. Lediglich bei einem Flug funktionierte das Schwenken nicht richtig und beanspruchte mit einer Minute Dauer ein Mehrfaches an Zeit bei diesem Vorgang, da sich die Hydraulikflüssigkeit des Verstellmechanismus übermäßig erhitzt und sich in einen geleeartigen Zustand verändert hatte. Für die Beteiligten verliefen die Tests mit der Jaguar teilweise recht strapaziös, brachten aber durchaus einige Erkenntnisse mit der veränderlichen Tragflügelgeometrie. Für das angedachte, in Serie zu produzierende Jagdflugzeug hätte es nicht gereicht und konventionell ausgerichtete Typen lieferten (vorerst) bessere Leistungen ab. Die Jaguar hatte während der Erprobung keine 10.000 m Flughöhe erreicht, in einem Sturzflug wurden 1160 km/h erflogen. Im April 1953 stornierte die US Navy ihre Bestellungen und im selben Monat endeten auch die Erprobungsflüge. Der Prototyp wurde zusammen mit dem zweiten, zu 90% fertiggestellten Versuchsmuster nachfolgend für andere Tests mit Flugzeugfanganlagen bzw. Landebarrikaden und eine halbfertige Bruchzelle anderenorts als Zielobjekt verwendet. Somit blieb keine Jaguar der Nachwelt erhalten.

Studien und der Weg zur Mirage G8

Die ersten beiden Flugzeuge, die ihre Tragflächen während des Fliegens verstellen konnten, hatten bis Mitte der 1950er-Jahre einige praktische Erkenntnisse zum Schwenkflügel abgeliefert. Tatsächlich konnte man Langsamflug- sowie Start- und Landeeigenschaften verbessern und zugleich den Übergang in höhere Leistungsparameter vor allem in Bezug auf Geschwindigkeit vollziehen. Der Mechanismus dazu war allerdings sehr komplex und die Flugeigenschaften reichten keineswegs zur Fortentwicklung in jeweilige Serienausführungen. Wichtig war die Erkenntnis, dass sich der Verstellvorgang durch das Verschieben der ganzen Tragflächenwurzel im Rumpf zu aufwendig und zugleich problematisch gestaltete. Hier wurden viel zusätzliches Gewicht und Stabilitätsprobleme verursacht sowie Wartungs- und Reparaturarbeiten erschwert.

Ein effizienterer Weg stellte die Platzierung des Schwenkmechanismus in Form von Schwenklagern in festen Tragwerksabschnitten, weiter weg vom Flugzeugrumpf bzw. der Flugzeuglängsachse dar, was in dieser Anordnung zugleich die

Modell der zweistrahligen Vickers 589. Beim Start sollte das knapp 20 m lange Flugzeug normal 22.180 kg wiegen und im Flug maximal M 2,2 erreichen. (Foto: Vickers)

Verlagerung des Druckpunktes verringerte. Das bestätigten letztlich auch zahlreiche Forschungen bei der NASA ab den 1950er-Jahren, die maßgeblich vom britischen Ingenieur Barnes Wallis beeinflusst wurden. Wallis vertrat den o.g. Standpunkt zur Platzierung der Schwenklager in großen Tragflügelwurzeln und trug zweifellos mit seinen bereits in den 1940er-Jahren begonnenen Forschungsarbeiten im Bereich der Schwenkflügeltechnologie zum Funktionieren des Prinzips bei. Mehrere Studien und Modellversuche folgten im darauffolgenden Jahrzehnt, litten aber zeitweilig unter mangelnder finanzieller Unterstützung durch den Staat. Zum Schluss hatten sich das britische Luftfahrtministerium, Hersteller Vickers Armstrongs Ltd. sowie die Vereinigten Staaten innerhalb ihres Mutual Weapons Development Programms zur Entwicklung der Schwenkflügeltechnologie verständigt und beschlossen dazu im Februar 1959 für ein Jahr gemeinsame Untersuchungen. Hierbei floss auch reichlich Geld aus den USA, zudem wurden Windkanalversuche im Langley Research Center der NASA in Hampton, Virginia ermöglicht. Die in Hampton geführten Forschungsarbeiten zeigten aber auch, dass Barnes sein bemerkenswerter Entwurf eines Swallow genannten Schwenkflügelflugzeugs letztendlich unausgereift war und zur Umsetzung zahlreiche Änderungen sowie einen enormen Zeitaufwand erfordert hätten. Sein Arbeitgeber Vickers präsentierte 1961 mit dem Projekt 581 eine von vielen britischen Designstudien zu Schwenkflügelflugzeugen, über die hier nur auszugsweise berichtet werden kann. Es war Teil der unter US-Beteiligung ins Leben gerufenen Experimental Research-Spezifikation ER.206.

Dabei ging es um ein beim Start gut 20 t schweres Kampfflugzeug, das als ER.206/1 ein starres Tragwerk besaß. Der Entwurf ER.206/2 erhielt dagegen von 25 bis 75 Grad schwenkbare Tragflächen. Hinzu kamen vier Strahltriebwerke für Maximalgeschwindigkeiten von Mach 3 plus zwei Hubtriebwerke zur zusätzlichen Startverkürzung. Als Atombomber und Abfangjäger waren intern und extern Waffen sowie ein Einsatzbeginn zum Ende der 1960er-Jahre, auch bordgestützt, vorgesehen. ER.206/3 wurde mit zwei Strahltriebwerken für maximal Mach 2,5 und ebenfalls für den Einsatz von Flugzeugträgern geplant, die Schwenkflügel waren diesmal weiter hinten angesetzt. Auffällig war das Fehlen eines Höhenleitwerks, an deren Stelle sollte es allerhöchstens kleine, ausklappbare Stützflächen geben. ER.206/4 war die ausschließlich für die Royal Air Force (RAF) bestimmte Version. Noch 1961 folgte außerdem die Studie Vickers 583 als Marinejagdbomber und -jäger und wiederum mit Schwenkflügeln. Selbst bei der einzigartigen Lightning dach-

Die in Teilen fertiggestellte Attrappe des britischen-französischen Gemeinschaftsprojektes AFVG wurde im englischen Warton montiert. (Foto: BAC NW)

te man unter der Bezeichnung Type 588 an eine Version mit Schwenkflügeltragwerk, doch wären hier die Kosten zur Modifizierung teurer als der Bau eines neuen Flugzeugs gewesen und die Arbeiten daran wurden im Februar 1962 eingestellt. Im selben Jahr gab es mit der Vickers 589 einen neuen Entwurf mit schwenkbaren Tragflächen, der durchaus zur Vollentwicklung mit sich anschließender Serienreife in den 1970er-Jahren taugte. Doch ebenso wie die leichtgewichtige, einsitzige Vickers 593, die 1967 erstmals fliegen sollte, fand dazu keine praktische Umsetzung des Konzepts statt. Währenddessen schlug die British Aircraft Corporation (BAC) 1964 ein weiteres Design mit Schwenkflügeln als P.45 vor. Vickers war übrigens seit 1960 Teil der BAC und führte den eigenen Firmennamen noch bis 1965. Bei der P.45 waren die Schwenklager im Rumpf platziert und sollten eine Verstellung der Tragflächen von 25 bis 68 Grad ermöglichen. Somit betrug die Spannweite je nach Pfeilwinkel 10,67 m bis 6,40 m und die normale Startmasse wurde mit 9300 kg angesetzt. Zwei Nachbrennertriebwerke sollten in Verbindung mit maximalem Pfeilwinkel Geschwindigkeiten bis Mach 2,2 dienen, ein bis zwei Besatzungsmitglieder die als multi-role definierten Aufgaben übernehmen. Doch auch dieses Projekt wurde nicht verwirklicht, gleichfalls die weiterführende Studie P.60 mit von 27 bis 69 Grad verstellbaren Tragflächen und nur einer Strahlturbine zum Antrieb. Auch hier wurde eine Leichtbauweise angestrebt, doch wäre die Zuladung an Kraftstoff und Waffen letztendlich zu gering ausgefallen.

In Großbritannien hatte das Unternehmen Folland in den 1960er-Jahren ebenfalls Vorschläge für ein Schwenkflügelmuster als Fo.147 gemacht. Hier war der Ingenieur Maurice Brennan beteiligt, der schon Ende der 1950er-Jahre zusammen mit Barnes Wallis bei Vickers an der variablen Tragflügelgeometrie gearbeitet hatte. Die Fo.147 sollte vorwiegend als Jettrainer, bei Bedarf auch als leichtes Kampfflugzeug zum Einsatz gelangen und beim Start etwa 8500 kg wiegen. Mit von 20 bis 70 Grad verstellbaren Tragflächen, deren Schwenkmechanismus allerdings im Rumpf untergebracht wurde, ferner zwei Strahltriebwerken und einer zweiköpfigen Crew vorgesehen, gab es Studien mit und ohne Höhenleitwerk, doch schlussendlich keine praktische Umsetzung dieser und anderer britischer Ideen. Das traf auch auf die nachfolgende Studie einer noch leichteren Fo.148 mit etwa 7500 kg Startmasse zu. Im Jahr 1964 begannen zudem Gespräche zwischen britischen und französischen Fachleuten, die eine zukünftige Zusammenarbeit zu militärischen Luftfahrtprojekten beinhalteten. Teil hiervon war die im Juli 1965 veröffentlichte Machbarkeitsstudie zu einem gemeinsamen, mit Schwenkflügeln versehenen Kampfflugzeug unter der vorläufigen Bezeichnung AFVG (Anglo French Variable Geometry). Es sollte von der BAC und Dassault gebaut werden und basierte im Wesentlichen auf einem vergrößerten Konzept der P.45. Das 18 m lange Flugzeug sollte zweieinhalbfache Schallgeschwindigkeit sowie eine Reichweite von etwa 6000 km erreichen, doch wichen die Einsatzanfor-

Dassault verfolgte mit dem Konzept der Mirage G die Verbesserung wichtiger Eigenschaften seiner ansonsten erfolgreichen Mirage III-Serie. Zeitgemäß verfügte dabei das Tragwerk über starre Flügelwurzeln und langgestreckte, bewegliche Außenflügel. (Foto: Dassault Aviation)

Die Leistungen der Mirage G waren bemerkenswert, was auch ausländische Piloten bestätigten. Gut zu sehen die beiden Stabilisierungsflossen unter dem Rumpfheck. (Foto: Dassault Aviation)

derungen der beiden Hersteller zunehmend voneinander ab. Dassault versuchte sich in eigenen Projekten und stieg 1967 aus dem AFVG-Projekt aus, sodass es im englischen Warton lediglich zum Bau einer Attrappe gekommen war. Nach bereits investierten 2,5 Millionen Pfund führte dieser Entschluss auf der anderen Seite zu einer Misstrauensdebatte im britischen Unterhaus, bereits zwei Jahre zuvor hatte man das ebenfalls Millionenschwere Programm der Eigenentwicklung TSR.2 mit starrem Deltatragwerk gecancelt. Zum Jahresende sollte es noch schlimmer kommen, als man entschied, die Royal Air Force nicht mit dem geplanten Ersatz in Form der amerikanischen F-111 auszurüsten, dem überhaupt ersten einsatzreifen Schwenkflügler. Doch dazu später mehr. Aus AFVG wurde nach dem Ausstieg Frankreichs die britische Variante UKVG in gleicher Konfiguration und mit ähnlichen Leistungsparametern. Hier waren 3000 kg Waffenlast und zwei Nachbrennertriebwerke vorgesehen, der Entwurf erlebte im November 1967 seine Fertigstellung. Bereits im Vormonat hatte man das UKVG-Konzept Repräsentanten der Bundesrepublik Deutschland offeriert, doch war man wegen eigener Kampfflugzeugprojekte nur auf mangelndes Interesse gestoßen. Mit erweiterten Anforderungen durch die Royal Air Force ab 1968 wurde aus UKVG das Advanced Combat Aircraft und führte in den 1970er-Jahren zur MRCA-Spezifikation bzw. dem späteren Mehrzweckkampfflugzeug Tornado.

Frankreich hatte indes versucht, in Sachen Schwenkflügeltechnologie seinen eigenen Weg zu gehen. Bei Absage des AFVG-Projekts im Juni 1967 war man schon ein ganzes Stück weiter. Dassault hatte bereits ein eigenes Versuchsmuster einen Monat zuvor auf der Luftfahrtmesse in Le Bourget, Paris im static display gezeigt. Es handelte sich um die Mirage G, die schon im Februar 1965 dem französischen Verteidigungsministerium angeboten und dann im Juni in Modellform in Paris präsentiert wurde. Noch im selben Jahr folgte im Oktober der offizielle Auftrag zum Bau eines Versuchsflugzeugs, Anfang 1966 begann die Teilefertigung.

Dassault hatte Jahre zuvor mit der Mirage III einen leistungsstarken und international anerkannten Kampfjet mit Deltatragwerk geschaffen, dessen Auslegung aber auch Nachteile generierte. Dazu zählten die bereits angesprochenen typischen Start- und Landeeigenschaften mit hohen Geschwindigkeiten und großen Pistenlängen oder auch große Kurvenradien und ein weniger günstiges Flugverhalten bei geringen Geschwindigkeiten. Der Hersteller arbeitete an verschiedenen Modifikationen, die zur Verbesserung dieser Eigenschaften führen sollten. Die Mirage Balzac V etwa sollte dies mit zusätzlichen Hubtriebwerken hinbekommen und ging 1962 in die Flugerprobung, die nicht die erwarteten Ergebnisse brachte. Im Gegensatz zu den schweren Hubtriebwerken war deren Leistung zu gering und limitierte dadurch die Zuladung. Die Kosten, nicht nur in materieller und logistischer Hinsicht waren hoch, das Flugzeug stürzte im Januar 1964 ab und tötete den Testpiloten. Die wieder flugfähig gemachte Maschine stürzte im September 1965 ein zweites Mal ab, was mit der vollständigen Zerstörung und wiederum dem Tod des diesmal eingesetzten Testpiloten endete. Eine vergrößerte Ausgabe begann im selben Jahr als Mirage III V mit der Flugerprobung, wieder wurde das eigentliche Marschtriebwerk durch insgesamt acht,

Noch leistungsfähiger sollte eine zweistrahlige Ausführung mit Schwenkflügeln werden, von der im September 1968 zwei Exemplare bestellt wurden. Als erstes flog die zweisitzige Mirage G8 01 im Mai 1971 und erreichte schon beim vierten Flug zweifache Schallgeschwindigkeit. (Foto: Dassault Aviation)

diesmal stärkere Hubtriebwerke ergänzt und sollte hauptsächlich für kurze Start- und Landestrecken sorgen. Doch auch hier gingen die zwei gebauten Testflugzeuge durch Absturz verloren und das Programm wurde beendet. Erst Jahre später wurden ausklappbare Stützflügel, Canards und andere aerodynamische Verfeinerungen an der Mirage III wirksam, während die sich in ihrer Auslegung ähnelnden Mirage F1 und F2 mit Pfeilflügeltragwerk Gestalt angenommen und ihre Flugerprobung 1966 aufgenommen hatten. Zumindest die Mirage F1 wurde zu einem erfolgreichen Kampfflugzeug, dessen Serienlieferungen 1973 begannen.

Zwischenzeitlich aber wandte sich Dassault den vielversprechenden Schwenkflügeln zu. Die in Auftrag gegebene Mirage G erhielt von 20 bis 70 Grad verstellbare Tragflügel in Schulterdeckeranordnung, die mit ausfahrbaren Vorflügeln, mit als Querrudern fungierenden Spoilern sowie am hinteren Abschnitt mit Fowlerklappen ausgestattet waren. Die seitlich des Rumpfes angebrachten Schwenklager waren aus hochfestem Stahl hergestellt und besaßen zur Verminderung der beim Schwenkvorgang auftretenden Reibung zusätzliche Gewebe aus Glasfiber und Teflonfasern. Auf jeder Seite übernahmen Hydraulikmotoren über Spindeln und Getriebe den vollständigen, 12 bis 15 Sekunden dauernden Schwenkvorgang. Seiten- und Höhenleitwerk waren gepfeilt, letzteres konnte mit fein abgestimmtem Ausschlag auch zur Steuerung um die Längsachse genutzt werden. Als Triebwerk kam das vom Pratt & Whitney TF30 abgeleitete und nunmehr in Zusammenarbeit mit SNECMA geschaffene TF306 zur Anwendung. Auf dem Versuchsgelände des Flugplatzes Melun-Villaroche, der auch vom Triebwerkshersteller SNECMA zu Testzwecken genutzt wurde, unternahm die Mirage G am 18. Oktober 1967 einen ersten „Hüpfer". Danach wurde das Flugzeug für den Transport nach Istres zerlegt, wo es nach zwei weiteren, kurzen Abhebeversuchen schließlich am 18. November seinen offiziellen, 50 min andauernden Erstflug mit Jean Coureau am Steuer absolvierte. Dabei befanden sich die Tragflügel mit 20 Grad Pfeilung in der Ausgangsstellung. Mit einem Pfeilwinkel von 55 Grad wurde beim fünften Flug am 24. November die Schallgrenze überschritten und einen Tag später die Flügel bis zu 70 Grad geschwenkt und dabei Mach 1,5 erreicht. Am 8. Dezember flog die Mirage G mit mehr als zweifacher Schallgeschwindigkeit und überhaupt waren innerhalb weniger Wochen in den bisher 20 durchgeführten Erprobungsflügen beeindruckende Leistungen abgeliefert worden. Das traf auch auf die Flugeigenschaften in niedrigen Höhen oder bei Start und Landung zu. Auch dank neuer Doppelspaltklappen am Tragwerk konnte hierbei ein annähernd fünfmal höherer Auftriebswert als mit dem Deltatragwerk der Mirage III erreicht werden. Weitere Tests dienten natürlich aerodynamischen Fragen und gerade im Zusammenspiel mit den Schwenkflügeln, dem Verschieben des Neutralpunktes, ergänzt um materialtechnische Untersuchungen zu hochfesten und schweißbaren Stählen, der Verwendung von Teflongewebe zur Verringerung der Reibung an den Schwenklagern und anderes. Tatsächlich konnte Dassault mit der Konstruktion des Flugzeugs mehrere Patente anmelden. Offiziell wurde die Erprobung mit der Mirage G 1968 nach 100 Flügen beendet, aber nachfolgend weitere Einsätze durchgeführt. Bis Ende 1968 waren vier französische Piloten mit der Erprobung der Versuchsmaschine betraut, im November absolvierten zudem zwei Flugzeugführer der US Navy insgesamt vier Testflüge. Sie bescheinigten der Mirage G gute Flugeigenschaften und bemerkenswerte Leistungen.

Eindrucksvoll demonstrieren hier Mirage G8 als Einsitzer, vorn und Zweisitzer, hinten den möglichen Schwenkbereich mit geringer und maximaler Flügelpfeilung. (Foto: Dassault Aviation)

Danach baute man die leicht modifizierte und etwas stärkere TF306E-Strahlturbine mit 101,3 kN Nachbrennerschub ein und führte allein bis Mitte 1969 weitere 150 Testflüge durch. Nochmals stießen zwei US-Piloten, diesmal von der Air Force, für weitere vier Einsätze zur Erprobung, im September bewertete außerdem ein Pilot der Royal Australian Air Force die Mirage G in vier Flügen. Während der Schwenkflügelmechanismus im Großen und Ganzen zuverlässig funktionierte, stürzte die Maschine beim 316. Flug am 13. Januar 1971 kurz nach dem Start durch Fehler in der Bordelektrik ab. Cheftestpilot Jean Coureau konnte sicher mit dem Schleudersitz aussteigen.

Mit dem frühen Erprobungsprogramm wuchs das Interesse der französischen Luftwaffe an einer zweistrahligen Variante, sodass bereits im September 1968 eine Order über zwei weitere Schwenkflügelprototypen Mirage G4 abgegeben wurde. Die sollten den Ausgangspunkt eines mit Atombomben bestückten Kampfjets darstellen, der Mach 2,2, später mit leistungsstärkeren Triebwerken sogar Mach 2,5 erreichen sollte. Mit einer auswechselbaren Elektronik sollten verschiedene Aufgaben als Aufklärer, Abfangjäger oder tieffliegender Atombomber möglich sein. Anvisiert wurden vorerst 60 Serienexemplare. Allerdings erschien deren Herstellung aufgrund der für Frankreich schweren ökonomischen Belastungen zum Ende der 1960er-Jahre schon damals fraglich.

Mit dem Bau der Prototypen wurde die erste, als Doppelsitzer gebaute Maschine in Mirage G8 01, die zweite, letztlich als Einsitzer gebaute in Mirage G8 02 umbenannt. Zur selben Zeit forderte das französische Militär die Ausrichtung des Flugzeugs zum Abfangjäger sowie eine Gewichtsreduzierung. Als Antrieb fanden SNECMA-Turbinen Atar 9K-50 Verwendung, mit der Option, diese später durch die leistungsstärkeren und ebenfalls in der Entwicklung befindlichen M53 vom selben Hersteller zu ersetzen. Das Tragwerk wurde überarbeitet, besaß nicht die vier Voreinstellungen der Mirage G und konnte nun stufenlos von 23 bis 70 Grad Pfeilung geschwenkt werden. Als Auftriebshilfen verfügten sie an der Vorderkante über Doppelspaltvorflügel und an der Hinterkante über doppelt geschlitzte Fowler-Klappen. Gepfeilt waren auch die Leitwerke, zusätzlich gab es ein Paar Stabilisierungsflossen unter dem Rumpfheck. Die Avionik sollte aus einem Cyrano IV-Radar von

Thomson-CSF, weiterhin aus Dopplergerät, Laserentfernungsmesser sowie verschiedenen Rechnern, auch für den gezielten Bombenabwurf, bestehen. In der Druckkabine gelangten Martin-Baker-Schleudersitze vom Typ Mk.4 zum Einbau. Das einziehbare Fahrwerk besaß Bugradanordnung, jede der drei Baugruppen war doppelt bereift.

Am 8. Mai 1971 war es dann soweit und Jean-Marie Saget startete in Istres mit der G8 01 zum Erstflug. Nur wenige Tage später wurden während des vierten Fluges schon mehr als Mach 2 erreicht, die Flügelpfeilung betrug 70 Grad. Dann folgte die öffentliche Vorführung der Maschine zur Paris Air Show in Le Bourget, wobei die Flugvorführung von Testpilot Saget übernommen wurde. Im nächsten Jahr begann am 13. Juli 1972 und wiederum von Istres aus die einsitzige Mirage G8 02 mit der Flugerprobung und erzielte genau ein Jahr später während des 74. Testflugs in 12.800 m Flughöhe mit Mach 2,34 (ca. 2500 km/h) die überhaupt höchste Geschwindigkeit während des gesamten Programms. In ganz Westeuropa hatte bisher kein anderes Flugzeug diese Geschwindigkeit erreicht. Insgesamt 220 Flüge absolvierte die zweisitzige Mirage G8 01 und wurde dann im Juli 1973 eingelagert, später Ausstellungsstück im Luft- und Raumfahrtmuseum Le Bourget. Die Mirage G8 02 kam auf 127 Flüge und wurde bis 1974 weiteren Hochgeschwindigkeitsflügen, thermischen Tests bei hohen Machzahlen, Belastungsversuchen mit den Schwenklagern oder

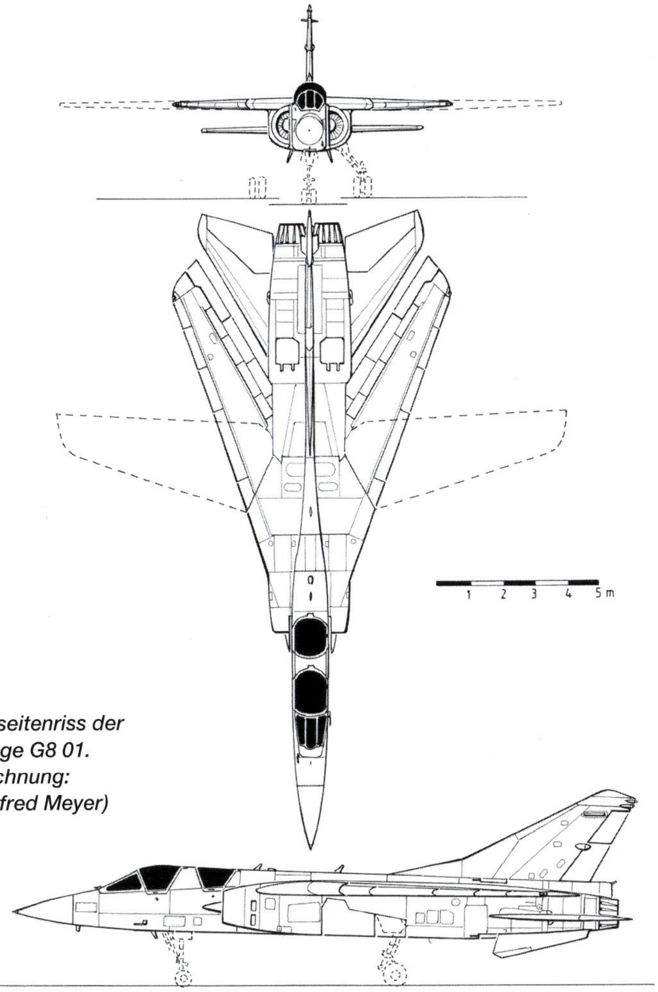

Dreiseitenriss der Mirage G8 01. (Zeichnung: Manfred Meyer)

Typ	Mirage G	Mirage G8
Verwendung	Versuchsflugzeug	Versuchsflugzeug
Besatzung	2	1-2
Triebwerk und Maximalschub	ein Pratt & Whitney / SNECMA TF306 mit 91,2 kN mit Nachbrenner	zwei SNECMA Atar 9K-50 mit je 70,6 kN mit Nachbrenner
Spannweite (m)	7,30 bis 13,90	8,65 bis 15,30
Länge (m)	16,80	18,84
Höhe (m)	5,35	5,35
Flügelfläche (m^2)	29,90	36,97
Leermasse (kg)	9985	13.000
Startmasse (kg)	17.020	24.580
Höchstgeschwindigkeit (km/h)	2230	2495
Steiggeschwindigkeit (m/s)	k.A.	233
Landegeschwindigkeit (km/h)	205	220
Startstrecke (m)	450	500
Landestrecke (m)	350	450
Dienstgipfelhöhe (m)	17.000	18.500
Reichweite (km)	1200	3000 mit Zusatztanks
Bewaffnung	keine	keine

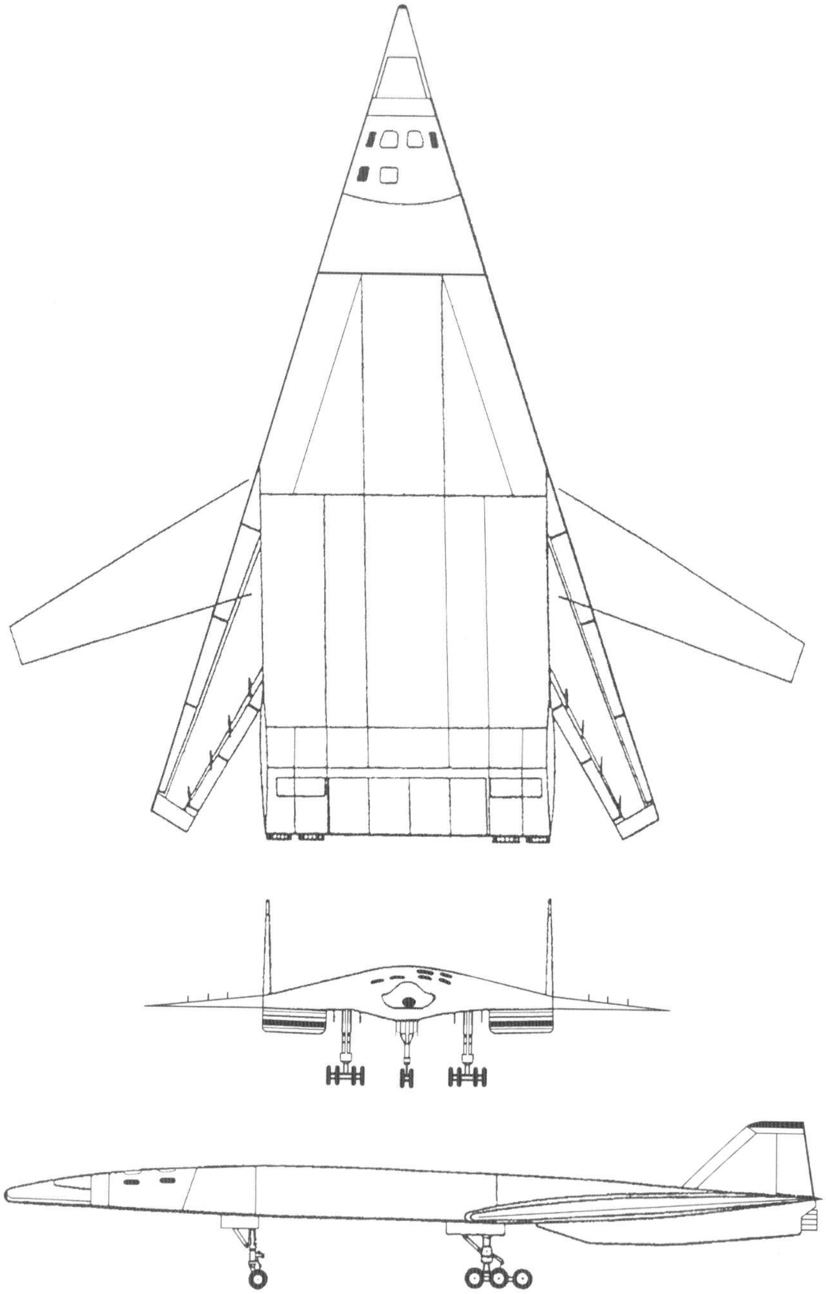

Diese Zeichnung soll das mögliche Einsatzkonzept des Gemeinschaftsprojekts D-24 Alliance aufzeigen, wobei sich die Tragflächen bei zunehmenden Pfeilwinkel auf das gleichzeitig vorhandene Deltatragwerk schieben sollten. (Grafik: Fokker)

Der Suchoi-Entwurf T-4MS war beeindruckend und zeichnete sich durch eine Blended Wing Body-Konfiguration einschließlich schwenkbaren Flügeln und einer Startmasse von etwa 170.000 kg aus. Sie gehörte zu den Kandidaten eines neuen strategischen Bombers für die sowjetische Luftwaffe, der letztendlich mit der Tu-160 verwirklicht wurde. (Zeichnung: Suchoi)

auch simulierten Betankungen in der Luft unterzogen. Für die zuletzt genannten Testreihen erhielt dieses Exemplar einen vollständig einziehbaren Nachtankstutzen eines Marinejagdbombers Etendard IVM, während die französische Luftwaffe ein C-135F-Tankflugzeug zur Verfügung stellte. Zwei externe Stationen unter den beweglichen Abschnitten der Tragflächen nahmen versuchsweise Zusatztanks und Lenkwaffen auf. Während der Erprobung erzielte man vor allem bei einem Pfeilwinkel von 55 Grad das stabilste Flugverhalten, höhere Schwingungen am Flugzeug traten im transsonischen Geschwindigkeitsbereich auf. Die Beschleunigungswerte waren fantastisch, die Start- und Landeeigenschaften demonstrierten die Vorteile des Schwenkflügels. Der letzte Flug mit der Mirage G8 02 fand am 22. November 1974 statt, der letzte Weg führte ins European Aviation Museum Montelimar. Für eine Serienproduktion waren bereits seit 1971 keinerlei Mittel in Aussicht gestellt worden, die Kosten für die Mirage G8 waren enorm.

Schlussendlich war es für Frankreich und ähnlich den Briten, eine gewaltige Herausforderung, im Alleingang ein eigenes Schwenkflügelflugzeug zu entwerfen, zu bauen und zu fliegen. Großteile der angewendeten Technologie waren Neuland, erforderten viel Arbeit, Untersuchungen und eben auch die dazu nötigen Finanzen. Die damaligen Supermächte Sowjetunion und USA stellten gerade zu Zeiten des Kalten Krieges wesentlich mehr Mittel zur Entwicklung der Schwenkflügeltechnologie bereit, während als Alternative höchstens noch das Zusammengehen mehrerer Nationen für den Bau solcher Flugzeuge in Frage kam. Genau das bestätigte schließlich das später in Gemeinschaftsarbeit geschaffene Schwenkflügelkampfflugzeug Tornado.

Die führenden Industrienationen hatten sich hauptsächlich in den 1960er- und 1970er-Jahren mit der Schwenkflügeltechnologie beschäftigt und zahlreiche Designstudien erarbeitet. Auch die Bundesrepublik Deutschland gehörte dazu und der Entwicklungsring Süd untersuchte in Zusammenarbeit mit dem US-amerikanischen Hersteller Boeing, danach mit Fairchild Republic ab 1964 Konzepte unter der vorläufigen Bezeichnung Advanced Vertical Short Take Off an Landing

Ein außergewöhnliches Versuchsflugzeug stellte die amerikanische AD-1 dar. Für das bewegliche Tragwerk gibt es mehrere Bezeichnungen: Oblique- bzw. Schiebeflügel, Schräg-, Scheren- oder auch Drehflügel. Insgesamt 79 Testflüge wurden unternommen. (Foto: NASA)

System, kurz AVS. Unterschiede gab es u.a. in der Anordnung der Triebwerke, die mögliche Verwendung zusätzlicher Hubtriebwerke oder bei der Platzierung der Lufteinlässe und Waffen. Das ambitionierte Kampfflugzeugprojekt sollte zweifache Schallgeschwindigkeit und eine hohe Einsatzflexibilität erreichen. Inzwischen von offiziellen Stellen bestätigt und als A 400 betitelt, gab man Anfang 1968 allerdings die Einstellung des Programms bekannt, hauptsächlich weil sich die US-Streitkräfte umorientiert und anderen Typen den Vorzug gegeben hatten. Zumindest konnte die deutsche Seite von den gemachten Erfahrungen bei nachfolgenden Projekten, insbesondere dem späteren MRCA bzw. daraus entstandenen Tornado profitieren. Fairchild Republic hatte übrigens ab Anfang der 1960er-Jahre mit einem anderen europäischen Unternehmen, nämlich Fokker aus der Niederlande, einen weiteren Schwenkflügelentwurf als D-24 Alliance präsentiert. Bei dem mit 20.000 kg Startmasse anvisierten Projekt sollten sich die Schwenkflügel bei hohen Geschwindigkeiten auf einen stark gepfeilten Deltaflügel schieben und bei 70 Grad Pfeilung bündig mit diesem abschließen. Letztlich blieb es bei maßstäblich verkleinerten Modellversuchen.

Die genannten Designstudien stehen stellvertretend für viele andere Schwenkflügelprojekte. Selbst im zivilen Sektor hielt man diese Technologie für brauchbar wie der ursprüngliche und schlussendlich nicht verwirklichte Boeing-Entwurf des Überschallverkehrsflugzeugs 2707 aus den 1960er-Jahren aufzeigt. Geht es um die veränderliche Tragflügelgeometrie sollte an dieser Stelle noch ein weiteres Prinzip erwähnt werden. Gemeint ist der Schräg- oder Scherenflügel, der praktisch als Drehflügel funktioniert. Mit dem Jagdflugzeugprojekt Blohm & Voss P.202 wurde ein solches Tragwerk noch vor Ende des Zweiten Weltkriegs zumindest auf dem Reißbrett realisiert, aber nie gebaut oder geflogen. Diese Ehre wurde erst Jahrzehnte später der amerikanischen AD-1 zuteil, einem von der NASA erprobten Forschungsflugzeug. Der Wissenschaftler Robert T. Jones, der sich seit den 1930er-Jahren mit aerodynamischen Problemen inklusive der Flügelpfeilung bei verschiedenen Geschwindigkeiten beschäftigte, griff die Thematik wieder auf. Er

Als extrem leichtes Flugzeug wurde die AD-1 aus Kunststoff gefertigt, zwei knapp 1 kN starke Strahltriebwerke übernahmen den Antrieb. Während des Fluges konnte der Tragflügel um 60 Grad gedreht werden, stets mit dem rechten Ende noch vorn. (Foto: NASA)

konnte dazu entsprechende Windkanalversuche im kalifornischen Ames Research Center durchführen. Hier wurden gute aerodynamische Eigenschaften mit einem Schrägflügel bis hin in den leichten Überschallbereich nachgewiesen und ließen in den 1970er-Jahren den Bau eines Versuchsflugzeugs folgen. Der für einzigartige Designs bekannte Burt Rutan übernahm mit seinen Mitarbeitern verschiedene Berechnungen bis hin zur Detailkonzeption, das Versuchsflugzeug wurde bei Ames Industrial in Bohemia, New York gebaut. Im Februar 1979 erhielt das Dryden Flight Research Center die kleine, aber überaus interessante Maschine, die sich durch einen von 0 bis 60 Grad verstellbaren, drehbaren Flügel auszeichnete. Der Drehpunkt für den Tragflügel befand sich recht nah am Mittelpunkt des Flugzeugs und inmitten der Längsachse, das Verstellen übernahm ein Elektroantrieb. Für Start und Landung und auch bei geringen Geschwindigkeiten wurde der Tragflügel geradegestellt, die Spannweite betrug hierbei 9,85 m. Bei 60 Grad verringerte sie sich auf 4,93 m. Für eine Leichtbauweise wurde die AD-1 aus Kunststoff gefertigt und wog leer gerade mal 658 kg. Beim Start kam das Flugzeug auf knapp 1000 kg, den Antrieb leisteten zwei kleine Strahltriebwerke Turbojet TRS18-046 mit jeweils 0,98 kN Schub. Damit startete Testpilot Thomas C. McMurtry am 21. Dezember 1979 zum Erstflug. Nachfolgend stießen weitere Piloten zum Erprobungsprogramm, in dem schrittweise die Flügelstellung erhöht wurde. Dabei wurde stets mit der rechten Flügelspitze voran gedreht, die Maximalstellung von 60 Grad wurde schließlich 1981 demonstriert. Es zeigte sich, dass mit erhöhter Flügelstellung der Widerstand erheblich abnahm und bei gleichem Kraftstoffverbrauch eine höhere Reichweite erzielt werden konnte. Doch mit zunehmend erhöhter Flügelstellung nahmen die Steuerungsprobleme durch eine ungleichmäßige Auftriebsverteilung zu, die Höchstgeschwindigkeit wurde auf 270 km/h limitiert. Robert T. Jones als Verfechter dieser Idee hielt die Tragflügelkonfiguration trotz dessen zum Bau von Flugzeugen für preisgünstige Langstreckentransportflüge, insbesondere im transsonischen Bereich, als geeignet, zu deren Realisierung es allerdings bis heute nicht kam. Mit der AD-1 wurde am 7. August 1982 der 79. und damit letzte Flug unternommen, sie ist gegenwärtig im Hiller Aviation Museum im kalifornischen San Carlos ausgestellt.

Die zahllosen Designstudien zur veränderlichen Tragflügelgeometrie einschließlich schwenkbaren Tragflächen führten weltweit nur zu einigen wenigen, im Flug erprobten Flugzeugen. Neun Basistypen plus Versionen und Unterbaureihen mit Schwenkflügeln gelangten letztlich in den Serienbau, als erstes die US-amerikanische F-111. Nach einer gewissen Pause hatten die Amerikaner entsprechende Entwicklungsarbeiten wieder aufgenommen, zu großen Teilen wurden dabei auch die Studien beim britischen Hersteller Vickers berücksichtigt. Der Start mit Einsatzbeginn lief für das F-111-Programm zunächst recht holprig ab, doch mit zunehmender Praxiserfahrung zuzüglich einfließender Modifikationen wurden schon bald die Vorteile des Schwenkflügeltragwerks demonstriert. Andere Flugzeughersteller zogen nach und lieferten beeindruckende Einsatztypen ab, die im Folgenden ausführlich vorgestellt werden sollen. Zahlreiche Quellen wurden hierzu ohne Anspruch auf Vollständigkeit gesichtet und ausgewertet.

Die Einsatztypen

in chronologischer Reihenfolge ihres Erstflugs

General Dynamics F-111 Aardvark

Eine F-111 beim Dump-and-burn, dem Ablassen und darauffolgendem Entzünden von Kraftstoff, ohne Zweifel bei zahlreichen Vorführungen ein beeindruckender Showeffekt des Schwenkflüglers. (Foto: Dr. Andreas Zeitler)

Historie

Bis zum Ende der 1950er-Jahre hatte das Tactical Air Command (TAC) der US Air Force einige leistungsfähige Jäger und Jagdbomber in Dienst gestellt, die dank ihrer Auslegung und ihres Antriebs hohe Geschwindigkeiten und Steigleistungen sowie eine mehr als akzeptable Waffenlast aufwiesen. Als problematisch wurden mittlerweile aber die Start- und Landeeigenschaften angesehen. Neben den hohen Geschwindigkei-

Die beiden hier abgebildeten F-111A gehören zum ersten Baulos und waren in verschiedene Testreihen, auch zur Einsatzerprobung, involviert. Die Maschine unten zeigt geöffnete Wartungsklappen am Bug und im Triebwerksbereich. (Fotos: USAF)

ten waren schon Pistenlängen von gut 3000 m erforderlich, um eine brauchbare Zuladung in die Luft zu bekommen. Hier mussten dringend Verbesserungen her, auch eine größere Flugdauer und noch höhere Geschwindigkeiten vor allem Überschallfähigkeit im Tiefflug wurden gewünscht. Die Anforderungen wurden in mehreren, stets abgeänderten Spezifikationen zusammengefasst, die zunächst für eine gewisse Unübersichtlichkeit im sogenannten TFX-Projekt sorgten. TFX stand für Tactical Fighter Experimental, einem zu bauenden Jagdbomber mit den oben beschriebenen Eigenschaften. Etwa zeitgleich suchte die US Navy nach einem neuen Langstreckenjäger für den trägergestützten Einsatz, doch hatten Luftwaffe und Marine stets unterschiedliche Vorstellungen von ihren Kampfflugzeugen und sahen kaum eine Chance für einen gemeinsamen Typ. Doch das US-Verteidigungsministerium unter Robert McNamara als neuem Obmann forderte 1961 genau das und sah dadurch Ersparnisse in Höhe von mindestens einer Milliarde US$ als realisierbar an. Erwartungsgemäß taten sich beide Teilstreitkräfte schwer, sodass in Folge McNamara persönlich in die Konzeption eingriff und am 1. Oktober Flugzeughersteller zur Angebotsabgabe eines entsprechenden Entwurfs aufforderte. Sechs Unternehmen reichten bis zum Jahresende Vorschläge ein, die von Boeing und General Dynamics kamen in die engere Wahl. Dabei wurde in nie zuvor gekanntem Ausmaß analysiert und bewertet, die Ausschreibungsrunden mehrmals wiederholt und letztlich ein völlig überraschendes Ergebnis präsentiert. Entgegen dem vorteilhaften Abschneiden sowie der Favorisierung des Boeing-Entwurfs durch Air Force und Navy, entschied sich McNamara im November 1962 überraschend für das Produkt von General Dynamics. Einer der ausschlaggebenden Gründe war eine höhere strukturelle Übereinstimmung von Air Force- und Navy-Version, die General Dynamics mit mindestens 80% bezifferte. Boeings Model 818 als Konkurrenzangebot sollte ebenfalls Schwenkflügel erhalten, doch die Übereinstimmung der beiden Ausführungen würde keine 50% betragen. Daraufhin wurden bei General Dynamics 23 Entwicklungsflugzeuge, 18 F-111A für die USAF und fünf F-111B für die US Navy, in Auftrag gegeben und ein milliardenschweres Geschäft über mehr als 1700 Flugzeuge in Aussicht gestellt. Das erregte großes Aufsehen in der Politik und den Medien und kennzeichnete den Anfang zahlloser, nicht immer berechtigter Kritiken an dem Flugzeug.

Die Konstruktion der Schwenkflügel stützte sich auf die britischen Forschungen von Barnes Wallis und dem Unternehmen Vickers mit der Verwendung von Schwenklagern in außerhalb des Rumpfes befindlichen starren Tragflügelansätzen. Hier kam Unterstützung von der NASA, die inzwischen nützliche Untersuchungen in Langley durchführte, ebenso signalisierte die Führung des Tactical Air Command ihre Zustimmung zu diesem Konzept. Die von 16 bis 72,5 Grad verstellbaren Tragflächen waren nicht die einzige Innovation an der F-111. Die beiden vorgesehenen TF30-Turbinen von Pratt & Whitney waren die ersten in Serie gebauten und mit Nachbrenner ausgerüsteten Mantelstromtriebwerke, auch Turbofans genannt, und verfügten über neuartige, verstellbare Lufteinlässe. Beide verursachten einige Probleme und erforderten mehrfach Nachbesserungen. Weiterhin gelangte eine sehr komplexe Avionik mit automatischen Navigations- und Angriffssystemen zum Einbau, ergänzt um eine sensible Warn- und Selbstschutzelektronik. Die Besatzung wurde nebeneinander in einer Kapsel untergebracht, die in Notsituationen als Ganzes abgesprengt wurde und nachfolgend am Fallschirm niederging. Dank aufblasbarer Luftkissen konnte diese Kapsel bei Wasserungen auch als Rettungsinsel fungieren. Ferner wurden neue Waffen wie die extrem leistungsfähige Luft-Luft-Lenkrakete AIM-54 Phoenix erprobt und für Außenlasten Pylone entwickelt, die mitschwenkten. Einige der technologischen Neuerungen inklusive der Rettungskapsel standen bei Erprobungsbeginn der F-111 noch nicht zur Verfügung und mussten nachgerüstet werden, was Verzögerungen und unliebsame Kostensteigerungen verursachte. Während der über 20.000 Stunden Windkanaltests offenbarten sich aerodynamische Unzulänglichkeiten und außerdem fiel das Gewicht höher als geplant aus. Im Oktober 1964 verließ die erste F-111A schließlich die Werkhallen in Fort Worth, Texas. Zwei Monate später, am 21. Dezember 1964 begannen die Testpiloten Dick Johnson und Val Prahl von der benachbarten Carswell Air Force Base aus mit der Flugerprobung und absolvierten einen 22minütigen Erstflug. Hierbei betrug die Flügelpfeilung 26 Grad, beim zweiten Flug im

Die Navy-Version F-111B wirkt gedrungener, sie besaß einen voluminöseren Rumpfbug zur Aufnahme des leistungsstarken AWG-9-Radars sowie eine größere Spannweite. Als trägergestützter Abfangjäger betrachtete man die F-111B letztlich als ungeeignet, sodass die Versuchsreihen offiziell nach gut drei Jahren Erprobung im Juli 1968 ihr Ende fanden. Im selben Monat hatte die Maschine oben noch Tests zur Trägerqualifizierung auf der USS Coral Sea durchgeführt. (Fotos: National Museum of Naval Aviation Pensacola)

Januar 1965 wurde der komplette Schwenkvorgang von 16 bis 72,5 Grad und wieder zurück vollzogen. Im März wurde erstmals die Schallgrenze und im August Mach 2 überschritten. Ebenfalls 1965, erhob sich am 18. Mai die Navy-Ausführung F-111B zum ersten Mal in die Luft.
Die Arbeit an der F-111B unterstützte das Unternehmen Grumman, dass eine große Erfahrung im Bau von bordgestützten Kampfflugzeugen besaß. Die F-111B sollte vornehmlich die Trägerverbände der US Navy schützen, Angreifer abfangen und die Lufthoheit erringen. Deshalb unterschied sich die Ausrüstung dieser Variante von der landgestützten F-111A. Hervorzuheben ist das weitreichende Radar- und Feuerleitsystem AWG-9 von Hughes, das in der verkürzten, aber voluminöseren Bugnase untergebracht war. Zusätzlich gab es ein Trägheitsnavigationssystem von Litton sowie Infrarotzielsensor, Waffenrechner und im Cockpit mit dem Vertical Display Indicator (VDI) einen Vorläufer der heutigen Head-Up-Displays. Das Fahrwerk der F-111B war für den trägergestützten Einsatz verstärkt worden. Der Rumpf geriet insgesamt kürzer, das Tragwerk besaß dagegen mit maximal 21,33 m und bei 16 Grad Flügelpfeilung eine größere Spannweite und -fläche. Das sollte den Start- und Landeeigenschaften im Trägerbetrieb sowie im wirtschaftlichen Marschflug einer längeren Flugdauer zu Gute kommen. Da der interne Kraftstoffvorrat gegenüber der F-111A verringert worden war, erzielte die Navy-Variante mit 1750 km nun aber eine geringere Reichweite. In großen Höhen konnte mit den beiden, im Nachbrennerregime je 82 kN leistenden TF30-P-3 mehr als zweifache Schallgeschwindigkeit erreicht werden. Die Leermasse betrug 19.504 kg, die Startmasse bis zu 39.916 kg und das Flugzeug galt damit gemäß den Navy-Anforderungen als stark übergewichtig. Im Zusammenspiel mit einer gewissen Untermotorisierung war sie für den Nahluftkampf, auch als „Dogfight" bekannt, ungeeignet.
Neben den fünf F-111B-Versuchsflugzeugen wurden zwei weitere, beinah dem künftigen Produktionsstandard entsprechende Exemplare für weitere Testreihen übergeben. Sie erhielten modifizierte Lufteinlässe und stärkere TF30-P-12-Triebwerke, die wiederum Umbauten am Rumpfheck erforderten, andererseits konnte eine Gewichtsreduzierung an der Flugzeugzelle vorgenommen werden. Obwohl noch im Juli 1968 erfolgreich Versuche zur Trägerqualifikation auf dem Flugzeugträger USS Coral Sea durchgeführt wurden, war die US-Marine mit der F-111B unzufrieden und das Programm wurde noch im selben Monat vom US-Kongress beendet. Allerdings absolvierten die Maschinen weitere Tests und der letzte von insgesamt 1173 Flügen fand Mitte 1971 statt. Bis dahin waren drei der sieben F-111B abgestürzt, nur eine der Crews überlebte. Vom Gesamtkonzept der F-111B hingegen überlebten vor allem der Antrieb sowie Feuerleit- und Waffensystem einschließlich Phoenix-Lenkwaffe, die allesamt bei der späteren F-14 Tomcat als trägergestütztem Luftüberlegenheitsjäger der US Navy und wiederum ausgestattet mit Schwenkflügeln, erfolgreich verwendet wurden.
Jahre zuvor war auch die landgestützte F-111A in die aufreibende und kostspielige Erprobung involviert, die von zahlreichen Problemen und Hunderten Fehlfunktionen gekennzeichnet war. Von Beginn an generierten die TF30-Triebwerke Aussetzer, die Verdichter erreichten viel zu schnell die Pumpgrenze, an den Verdichterschaufeln gab es Strömungsabrisse. Eigentlich waren die Lufteinlässe zu weit hinten, zu dicht vor dem Triebwerk platziert, bekamen in bestimmten Fluglagen zu wenig Luft und mussten überarbeitet werden. Allerdings dauerte es eine Weile, bis sie modifiziert, die Einlaufkegel um 0,46 m verlängert und mit etwas mehr Abstand zum Rumpf unter der Bezeichnung „Triple Plow II" zum funktionierenden Standard wurden. Sorgen bereiteten Materialermüdungen, welche auch die starren Flügelansätze und die aus hochfestem Stahl gefertigten Schwenkbolzen betrafen, des Weiteren Gewichtsüberschreitungen oder das Warten auf bestimmte Komponenten und deren Zuverlässigkeit. Bis Anfang 1967 waren alle F-111A-Entwicklungsflugzeuge in der Luft, es folgten die ersten Serienmaschinen. Die Air Force bezog etliche von ihnen in weitere Testreihen und Modifikationen ein, kaum eine glich einer anderen. Zwei dieser Flugzeuge ernteten große Beachtung, als sie im Mai von der Loring Air Force Base in Maine nonstop und ohne Nachtanken in der Luft über den Atlantik

Der Langstreckenbomber FB-111A übernahm die größere Spannweite der Navy-Version und galt beim Strategic Air Command der USAF ab Januar 1971 als einsatzklar. Diese beiden Exemplare wurden 1983 fotografiert, befinden sich mit Zusatztanks und nicht zurück geschwenkten Tragflächen im Marschflugmodus. (Foto: USAF)

Diese FB-111A diente bis in die 1980er-Jahre auf der Plattsburgh AFB, New York, beim 380th Bomb Wing, wurde mit Auflösung der Bombergeschwader zur F-111G umgebaut und bis 1993 von der US-Luftwaffe verwendet. (Foto: Eric Bannwarth)

Im Juni 1987 landet diese FB-111A auf der Luftwaffenbasis Montijo, Portugal zur Übung „Tiger Meet“ und trägt dazu eine passende Markierung am Seitenleitwerk. Gut zu erkennen sind hierbei die beweglichen Flossen an der Tragwerkswurzel. (Foto: Eric Bannwarth)

zur englischen Basis Wethersfield, Essex und von da aus zur Paris Air Show in Le Bourget flogen.

Im Juli 1967 übernahm die US-Luftwaffe offiziell die ersten F-111A zur Einsatzerprobung und übergab sie auf der Nellis Air Force Base, Nevada der 4539th Fighter Weapon Squadron. Im September begann die Eingliederung des Schwenkflüglers beim Tactical Air Command. Hier liefen die Vorbereitungen zum Einsatztraining unter realen Bedingungen an, mit deren Ende war der Weg zum Kriegsschauplatz Südostasien frei. Schließlich standen im Frühjahr 1968 sechs F-111A in Thailand bereit und starteten ab dem 23. März zu insgesamt 55 Kampfeinsätzen, die vorwiegend Zielen in Nordvietnam galten. Innerhalb eines Monats gingen drei der Maschinen wegen Strukturversagen verloren. Was folgte waren ein vorläufiges Startverbot und Negativschlagzeilen in der Presse.

Zum Jahresende 1968 galt das 474th Tactical Fighter Wing als erstes operationelles Einsatzgeschwader der F-111A, wiederum mit Nellis als Heimatstandort. Bis zur vollen Einsatzbereitschaft dauerte es allerdings bis Juli 1971, es galt einiges zu verbessern. Zwei weitere Geschwader waren bis Ende 1969 mit der F-111A ausgerüstet, im selben Zeitraum gingen 15 dieser Maschinen verloren. Mit verschiedenen Modifikationen stieg die Zuverlässigkeit nachfolgend an. Der reguläre Einsatzbetrieb erlaubte dank der fortschrittlichen Avionik vollautomatische Tiefflugeinsätze in nur 60 m Höhe und mit höherer Zielgenauigkeit und Waffenlast als bei den Vorgängertypen.

Die von General Dynamics offerierte Zuladung und Reichweite der F-111A veranlasste das US-Verteidigungsministerium bereits 1965 dazu, eine noch schwerere Variante als Langstreckenbomber für das Strategic Air Command (SAC) vorzuschlagen. Dieser sollte die im Dienst befindliche, allerdings extrem kostenintensive B-58 Hustler ersetzen, die gewaltige B-52 ergänzen sowie als Übergangslösung bis zur Verfügbarkeit eines neuen strategischen Bombers, gemeint war die spätere B-1, dienen. Die Zustimmung des SAC hielt sich zunächst in Grenzen, doch führten umgeleitete Mittel aus dem Etat der F-111-Entwicklungflugzeuge zur zweckdienlichen Modifizierung der 18. F-111A in die Bomberkonfiguration. Grundsätzlich basierte der Langstreckenbomber auf der F-111A, nutzte aber auch Elemente der Marineversion F-111B. In erster Linie müssen hierbei die größeren Tragflächen genannt werden. Hinzu kamen strukturelle Verstärkungen, leistungsfähigere Triebwerke, ein erhöhtes internes Kraftstoffvolumen und natürlich eine vorwiegend im Bereich der Avionik abgeänderte Bordausrüstung. Die optional einzurüstende M61-Kanone des Jagdbombers fand keine Verwendung, die Bewaffnung sollte vorrangig aus Atombomben und später Marschflugkörpern bestehen.

Das zum Langstreckenbomber umgerüstete Entwicklungsflugzeug nahm die Flugerprobung am 30. Juli 1967 auf, im darauffolgenden Jahr flog bereits die erste Serienmaschine als FB-111A und beteiligte sich wie fünf weitere an der Erprobung. Die verlief nicht problemlos, was insbesondere auf die Kompatibilität verschiedener elektronischer Subsysteme zutraf. Im Oktober 1967 erhielt die 4007. Trainingsstaffel auf der Carswell AFB die ersten Serienexemplare. Wegen immens gestiegener Kosten wurde der Produktionsumfang der FB-111A von 263 auf letztlich 76 Maschinen gekürzt. Der operationelle Dienst begann 1971, zuerst auf der Pease AFB, New Hampshire beim 509. Bombergeschwader. Später gelangte die AGM-69A SRAM (Short Range Attack Missile) ins Waffenarsenal der FB-111A, die im automatischen Modus innerhalb von Sekunden vier dieser atomar bestückten Marschflugkörper starten und auf verschiedene Ziele ausrichten konnte. Die Außerdienststellung von AGM-69A und FB-111A beim SAC nahm nach dem INF-Vertrag zur Beseitigung atomarer Mittelstreckenwaffen ab 1988 seinen Lauf. Die FB-111-Geschwader wurden aufgelöst, 34 der verbliebenen Bomber zur Ausführung F-111G umge-

Fulminanter Start einer australischen RF-111C. An dem Flugzeug sind konstruktive Eigenheiten etwa am Fahrwerk oder den Tragflächen gut auszumachen. (Foto: Dr. Andreas Zeitler)

Zu den letzten aktiven Aardvark zählte diese RF-111C der RAAF, bis sie 2010 aus dem Dienst genommen wurde. Die zurück geschwenkten Tragflächen verleihen dem Flugzeug eine gewisse Schnittigkeit, links ist ein Behälter für Übungsbomben angehängt. (Foto: Dr. Andreas Zeitler)

rüstet, mit einem Avionik-Upgrade versehen und dem Tactical Air Command überstellt. Davon gelangten wiederum 15 Exemplare ab September 1993 nach Australien, dem einzigen Exportkunden der F-111.

Australien hatte schon 1963 die Exportausführung F-111C als Jagdbomber und RF-111C als Aufklärer bestellt und ab 1967 Personal geschult. Wegen problembehafteter Baugruppen, nachfolgenden Modifikationen und nicht zuletzt der mehr als verdoppelten Anschaffungskosten, wurden die Flugzeuge allerdings erst ab Juni 1973 von der australischen Luftwaffe in Empfang genommen. Die Exportmaschinen hatten ebenfalls die F-111A als Grundlage, aber wiederum die größeren Tragflächen der Marineversion übernommen. Zudem war das Fahrwerk stärker ausgelegt, die Ausrüstung entsprach ansonsten im Wesentlichen dem Ausgangsmuster. Später gab es hauptsächlich im Avionik- und Waffensektor Modernsierungen, ergänzt um die Zuführung amerikanischer Überschussmaschinen ab 1993. Die dienten nicht nur dem Ersatz abgeschriebener F-111C, sondern auch um die Einsatzzeit effektiv zu verlängern. Schließlich standen F-111 in Australien 37 Jahre lang im Dienst und wurden als überhaupt letzte des Typs bis zum Jahresende 2010 außer Dienst gestellt.

Innerhalb des F-111-Programms mussten viele der Kinderkrankheiten mit Auslieferung der ersten Serienmaschinen und während der Einführung in den regulären Dienst analysiert und behoben werden. Zugleich gelangten neue Baureihen mit weiterentwickelten Systemen in die Serienfertigung. Die F-111D lieferte General Dynamics ab 1970 und die US-Luftwaffe erhielt damit ihr erstes Flugzeug mit weitgehend digitalisierter Avionik. Neben dem gekoppelten Navigations- und Angriffssys-

Im Jahr 2006 nahmen diese australischen F-111 an der Übung „Red Flag“ teil. In dieser Tragflügelstellung war eine enorme Reichweite möglich. (Foto: US DoD / Kevin J. Gruenwald)

tem zählten auch digitale Instrumente und Anzeigen im Cockpit zum Equipment. Das machte die F-111D leistungsfähiger, aber auch störanfälliger und zog damit die Zeit bis zur vollen Einsatzbereitschaft in die Länge. Zur Überbrückung wurde die vereinfachte F-111E gebaut, die größtenteils auf der A-Baureihe basierte, mit den verbesserten Triple Plow II-Lufteinlässen, aber im Gegensatz zur F-111D mit TF30-Triebwerken der älteren P-3-Serie ausgestattet war. Als beste Jagdbombervariante gilt schließlich die F-111F. Die gelangte ab Mitte 1971 zur US-Luftwaffe und konnte die Schlagkraft gegenüber ihren Vorgängern beinah vervierfachen. Die F-111F konnte mit hoher Präzision, bei jedem Wetter, zu Tages- und Nachtzeiten Waffen zum Einsatz bringen und verfügte dank der stärkeren Triebwerke über bessere Leistungen. Die Avionik war überarbeitet und später durch Pave Tack-Zielgeräte zum Einsatz lasergelenkter Waffen ergänzt worden. Diese Zielbehälter fanden anstelle der M61-Kanone ihren Platz im Rumpfschacht. Die sechsläufige Waffe gelangte eh nur selten zum Einbau, wenn doch, öffnete sich der Schacht automatisch beim Auslösen der Kanone und erzielte nachfolgend in einem Schusswinkel von zehn bis 15 Grad sehr gute Ergebnisse beim Bekämpfen von Bodenzielen. Die Kanone war aber auch zur Selbstverteidigung gedacht. Insgesamt 42 der frühen F-111A wurden vom Unterneh-

Nachbrennereinsatz und vollständig zurückgeschwenkte Tragflächen ermöglichten der F-111 mehr als zweifache Schallgeschwindigkeit, auch im Tiefflug waren Mach 1,1 erreichbar. (Foto: Commonwealth of Australia)

Australien kaufte zunächst 24 F-111C und später knapp 20 amerikanische Überschussmaschinen. Alle besaßen die größeren Tragflächen, ferner gab es modifizierte Systeme wie z.B. im Cockpitbereich. (Foto: USAF)

Für einen bevorstehenden Übungseinsatz ist diese australische F-111 mit Mehrfachträgern und Mk82-Sprengbomben bestückt. (Foto: Commonwealth of Australia)

men Grumman ab Ende der 1970er-Jahre zur elektronischen Kampfführung umgerüstet und erhielten die Typenbezeichnung EF-111A. Der Zusatzname Electric Fox war schon bald durch Raven ersetzt worden. Dem Verwendungszweck entsprechend fiel das Einsatzequipment aus, allein das im Bombenschacht sowie einem Unterrumpfbehälter untergebrachte ALQ-99E-Störsystem mit seinen Subelementen brachte knapp 2500 kg auf die Waage. Zusätzlich gab es auf dem Seitenleitwerk einen weiteren, 430 kg schweren Behälter mit rundum ausgerichteten Hochfrequenz-Empfangsantennen als Bestandteil des ALQ-99-Systems. Zusammen mit anderen Geräten konnten schon in großer Entfernung feindliche elektromagnetische und akustische Ausstrahlungen angemessen, Radare und radargesteuerte Flugabwehranlagen erkannt und bei Bedarf gestört werden. Diesbezüglich konnte die unbewaffnete EF-111A auch angreifende Verbände unterstützen und Bedrohungen feststellen. Die elektronischen Systeme erforderten eine leistungsstarke Kühlung, das Cockpit wurde für die Arbeit des Offiziers für elektronische Kampfführung neu arrangiert. Die 42 Umbauflugzeuge waren bis 1985 fertiggestellt, in den Folgejahren gab es Upgrades mit dem Einbau von Multifunktionsdisplays, in der Radarausrüstung und dem Austausch der TF30-P-3-Triebwerke durch die etwas kräftigeren der P-9-Baureihe. Die EF-111A galt als sehr effektiv und konnte im Einsatzgebiet bis zu acht Stunden verweilen. Sie lieferten in mehreren Konflikten ausgezeichnete Leistungen ab und halfen mit ihren Einsätzen die Verlustrate der eigenen Streitkräfte niedrig zu halten. Gleichfalls hatten sich die Jagdbomber, insbesondere die F-111F, zu sicheren und leistungsstarken Kampfflugzeugen entwickelt. Sie galten schon bald als die präzisesten Angriffsflugzeuge der US Air Force und demonstrierten auch bei Schlechtwetter sowie bei Nachteinsätzen eine hohe Trefferquote. Sicher sind einige Unzulänglichkeiten aus den Anfangstagen der anvisierten Doppelrolle als Jäger und Jagdbomber zuzuschreiben, die in dieser Konzeption einfach

Eine KC-135 betankt eine F-111F der 495th TFS. Typisch für die meisten Flugzeuge der US-Luftwaffe, befindet sich die Nachtankanlage auf dem Rumpfrücken des Empfängers. (Foto: US DoD)

Drei Staffeln des 20th TFW waren mit F-111E von 1970 bis 1993 im britischen Upper Heyford stationiert. Diese Maschine trägt die Sonderbemalung mit dem rot-gelb-blauen Blitz am Leitwerk sowie dem Häuptling am Bug. (Foto: Philip Stevens)

Stationiert im britischen Lakenheath, ist diese F-111F des 48th TFW mit Laserlenkbomben GBU-10 sowie Sidewinder-Luftkampfraketen bewaffnet. Den Rumpfbug ziert eine „Miss Liberty"-Zeichnung. (Foto: Eric Bannwarth)

Zu Trainingszwecken wirft diese F-111F fallverzögerte Mk82-Bomben über der spanischen Halbwüste Bardenas Reales ab. Das zur 495th TFS gehörende Flugzeug ist dazu von Lakenheath nach Spanien verlegt worden. (Foto: USAF)

nicht zu erfüllen waren. Zum anderen wurde viel Neuland beschritten, neben den Schwenkflügeln vor allem im Bereich der Triebwerke, Avionik oder des Cockpitlayouts. Ohne Zweifel war die F-111 mit all ihren Versionen auch ein kostspieliges Flugzeug, das TAC verabschiedete sich schließlich in einer feierlichen Zeremonie am 27. Juli 1996 von der letzten F-111F. Bei diesem Akt wurde der seit Jahren gebräuchliche Zusatzname Aardvark nun auch offiziell. Die letzten EF-111A beendeten im Mai 1998 ihren Dienst.

Produktion und Serienversionen

General Dynamics fertigte von 1964 bis 1976 insgesamt 562 F-111 aller Versionen, mindestens sieben davon waren Bruchzellen für statische Versuche am Boden.

F-111A, erste Serienversion als Jagdbomber für die USAF, von der insgesamt 159 Exemplare einschließlich der Entwicklungs- und Vorserienflugzeuge entstanden. Einige der ersten werden auch als YF-111A bezeichnet, waren mit unterschiedlichem Equipment versehen, dienten u.a. Waffen- und Avioniktests. Erstflug am 21. Dezember 1964, Dienstantritt 1968, Außerdienststellung der letzten, zu Trainingszwecken geflogenen im Juni 1991

F-111B, geplante Version für die US Navy als bordgestütztes Jagdflugzeug. Fünf Prototypen plus zwei weitere, fast dem geplanten Serienstandard entsprechende Exemplare. Erstflug 18. Mai 1965, Programm im Juli 1968 wegen unzureichender

Vor der Küste Gibraltars fliegt eine EF-111A Patrouille. Zum Zeitpunkt der Aufnahme diente das Flugzeug in der 42nd Electronic Combat Squadron. (Foto: USAF / David S. Nolan)

Eigenschaften gecancelt. Die F-111B besaß größere Tragflächen, eine modifizierte Zelle und Ausrüstung, als Triebwerke TF30-P-3, später TF30-P-12 mit je 97,8 kN Nachbrennerschub.

FB-111A, Ausführung als Langstreckenbomber, Erstflug 30. Juli 1967, 76 Exemplare für das SAC mit Dienstantritt 1971. Geänderte Mk IIB-Avionik, größere Tragflächen der F-111B, Triebwerke TF30-P-7 mit Triple Plow II-Lufteinlässen, größere Massen inklusive mehr Kraftstoff und Waffenzuladung

F-111C, Exportversion für Australien, 24 Exemplare 1963 bestellt, Erstflug 28. August 1968, Dienstantritt 1973. Hier wurden die größeren Tragflächen von der F-111B übernommen, zudem das verstärkte Fahrwerk, Kontrollen im Cockpit abgeändert, später Upgrades bei Funk-, Navigations- und Feuerleitsystemen, Pave Tack-Zielbehälter, Verwendung von Anti-Schiffs-Raketen Harpoon

F-111D, 96 Jagdbomber für die USAF, Erstflug 15. Mai 1970, Dienstantritt 1972. Die vornehmlich digitalisierte, aber problembehaftete MK II-Avionik führte zu Verzögerungen sowie im Einsatz zu Wartungsdefiziten, TF30-P-9-Triebwerke mit Triple Plow II-Lufteinlässen, HUDs im Cockpit, digitaler Zentralrechner von IBM, Außerdienststellung 1991 bis 1993

F-111E, Übergangsvariante, wegen Verzögerungen mit der F-111F von USAF in 94 Exemplaren bestellt. Erstflug 20. August 1969, Dienstantritt zum Ende des Jahres. Bis auf Triple Plow II-Lufteinlässe weitgehend der F-111A entsprechend, ab 1989 erhielt ein Großteil der Maschinen modernisierte Avionkkomponenten und neue Täuschkörperwerfer

F-111F, ultimative Ausführung als Jagdbomber mit Struktur von F-111A und E sowie kombiniertem Elektronikequipment von FB-111A und F-111D. 106 Exemplare gebaut. Erstflug August 1970, Dienstantritt 1972, die ersten mit TF30-P-9, dann mit TF30-P-100-Triebwerken mit größerem Schub und beide mit Triple Plow II-Lufteinlässen, weitere Modernisierungen ab den 1980er-Jahren u.a. im Sensorbereich bei Ziel- und Selbstschutzanlagen

Eine EF-111A besucht Boscombe Down, England im September 1986. Sie gehört zu der in Mountain Home, Idaho beheimateten 390th ECS des 366. Geschwaders, dessen Verbandswappen hinter dem Cockpit aufgetragen ist. (Foto: Rob Schleiffert)

F-111G, ab 1989 insgesamt 34 Umbauten vormaliger FB-111A für taktische Einsätze, TF30-P-107-Triebwerke, modernisierte Avionik und Kommunikationsausrüstung, Täuschkörperwerfer und Ausrichtung auf konventionelle Waffeneinsätze

RF-111C, vier der australischen F-111C, die ab 1979 als Aufklärer eingesetzt wurden. Ausrüstung mit Infrarotsensor, vier Kameras und zwei Videogeräten im Rumpfschacht, Einsatz bis 2010

EF-111A, insgesamt 42 Umbauten von F-111A zur elektronischen Kampfführung, Erstflug 10. März 1977, Dienstantritt 1982. Einige Elemente wie Geländefolgeradar und bis 1986 auch die Triebwerke TF30-P-3 mit Triple Plow I-Lufteinlässen blieben, knapp 25% am Flugzeug wurden umgebaut und zur Aufnahme der Spezialausrüstung hergerichtet. Ab 1986 TF30-P-109-Triebwerke, ergänzt um Avionikupgrades innerhalb des Systems Improvement Program (SIP), im Einsatz bis Juni 1998

F-111K und **TF-111K**, 1965 nach Abbruch des TSR.2-Programms von Großbritannien in 50 Exemplaren bestellte Variante als Jagdbomber/Aufklärer/Trainer. Je eine F-111K und

BLU-107/B Durandal gehörten zu den Bewaffnungsmöglichkeiten der F-111. Dabei handelt es sich um Pistenzerstörer, die zunächst am Fallschirm niedergehen, dann mittels Raketenmotor stark beschleunigt werden und sich in bis zu 0,4 m starke Betonpisten bohren. Je nach Einstellung erfolgt unmittelbar darauf oder später die Detonation des Gefechtskopfes. (Foto: USAF / Ken Edwards)

TF-111K waren nahezu komplettiert, als die Bestellung im Januar 1968 vor allem aus finanziellen Gründen storniert wurde, nachfolgende Nutzung der beiden Flugzeuge zu Erprobungszwecken unter der Bezeichnung YF-111A

Aufbau, Ausstattung und Bewaffnung

Beim Bau der F-111 kamen vorwiegend Aluminiumlegierungen sowie Stahl und Titan zur Anwendung. Die Versionen der F-111 nutzten ein Schwenkflügeltragwerk in Schulterdeckerbauweise und mit unterschiedlicher Länge (siehe technische Daten). Es konnte innerhalb von 15 bis 20 s von 16 bis 72,5 Grad verstellt werden, war über die gesamte Länge mit Vorflügeln und Doppelspaltklappen ausgestattet, verfügte ferner über Spoiler und Bremsklappen. Die Tragwerksansätze waren vorn an der Wurzel beweglich ausgelegt und konnten bei der Landung als Luftbremsen aufgestellt werden. Unter den starren Tragflügelansätzen beginnen die verstellbaren Lufteinlässe für zwei Mantelstromtriebwerke (auch Turbofans oder Zweistrom-Turbinen-Luftstrahltriebwerke genannt) von Pratt & Whitney, die in mehreren Baureihen zum Einbau gelangten. Die verwendeten TF30-P-3-, P-7 und P-9 wurden mit Einführung der Baureihe F-111F und ihren TF30-P-100 in TF30-P-103-, P-107 und P-109 umbenannt. Extern mitgeführte Zusatztanks mit je 2273 l Fassungsvermögen sowie eine auf der Rumpfoberseite befindliche Nachtankvorrichtung konnten die Flugweite ausdehnen. Der interne Kraftstoffvorrat betrug bei den meisten Versionen 19.090 l, bei der FB-111A 21.285 und bei der EF-111A 19.010 Liter. Betankt wurde am Boden über einen Einfüllstutzen auf der linken Rumpfseite oder im Schnellverfahren über sechs Punkte an Rumpf und Tragwerk. Eine einzelne Seitenflosse sowie voll bewegliche Höhenflossen als Pendelruder stellten das Leitwerk dar. Unter dem Heck gab es zwei zusätzliche Stabilisierungsflossen. Das vollständig einziehbare Fahrwerk war dreiteilig ausgelegt, das Bugrad doppelt und die beiden Hauptbaugruppen je einfach bereift. Ausgefahren konnten die Klappen des Fahrwerksschachtes zusätzlich als große gemeinsame Bremsklappe fungieren. Im druckbelüfteten Cockpit saßen die beiden Crewmitglieder - Pilot und Navigator/Waffensystemoffizier (bei EF-111A Offizier für elektronische Kampfführung) nebeneinander, im Notfall wurde die ganze Einheit als Kapsel abgesprengt und ging am Fallschirm zu Boden. Durch Verzögerungen beim Bau der 1270 kg schweren und vom Unternehmen McDonnell entworfenen Rettungskapsel waren die ersten Flugzeuge mit Escapac-Schleudersitzen von Douglas ausgerüstet.

Die Avionik fiel fortschrittlich und recht umfangreich aus und wurde während der Einsatzjahre teilweise modernisiert. Hierzu zählten auszugsweise (in Klammern die jeweilige F-111-Baureihe):

Navigations- und Angriffsradar AN/APQ-113 (**A**, **C**, **E**), AN/APQ-114 (**FB-111A**), AN/APQ-130 (**D**), AN/APQ-146 (**F**), AN/APQ-161 (**F**), AN/APQ-169 (**C**);
Geländefolgeradar AN/APQ-110 (**A**, **C**, **E**, **EF-111A**), AN/APQ-128 (**D**), AN/APQ-134 (**FB-111A**), AN/APQ-171 (**FB-111A**, **C**);
Dopplergeräte der Typen AN/APQ-185 (**FB-111A**), AN/APQ-189 (**D**), AN/APQ-218 (**E**, **EF-111A**);
Trägheitsnavigations- und Angriffssystem AN/AJQ-16 (**D**), AN/AJQ-20 (**A**, **C**, **E**, **EF-111A**);
Taktische Navigationshilfe (TACAN) AN/ARN-52 (**A**, **C**, **D**, **E**), AN/ARN-84 (**FB-111A**), AN/ARN-118 (**G**);
Radarhöhenmesser AN/APN-167 (**A**, **D**, **F**, **EF-111A**);
Radarwarnempfänger (RWR) ALR-39 (**F**), ALR-41 (**F**), ALR-62 (**FB-111A**, **D**, **G**, **EF-111A**);
Infrarotwarnempfänger (IRWR) AAR-34 (**FB-111A**, **D**, **F**);
Radar-, Peil- und Warnempfänger (RHAWS) AN/APS-62 (**A**), AN/APS-109 (**A**, **FB-111A**, **C**, **D**, **F**);
Störsender ALQ-94 (**A**, **FB-111A**, **F**), ALQ-131 (**D**, **F**), ALQ-137 (**FB-111A**, **D**, **G**);
Freund-Feind-Erkennungsgeräte (IFF) AN/APX-64 (**A**, **C**, **E**, **EF-111A**), AN/APX-76 (**D**), AN/APX-78 (**FB-111A**);
Funkkommunikation AN/ARC-109 (**A**, **FB-111A**, **C**), AN/ARC-164 (**G**);
Optical Display Sight / HUD AN/ASG-25 (**A**, **D**, **E**);
Zielgeräte/-behälter AVQ-26 Pave Tack (**C**, **F**);
Störbehälter AN/ALQ-87 (**A**, **C**, **D**, **E**, **F**), AN/ALQ-101(**A**, **C**, **D**, **E**, **F**), AN/ALQ-131 (**E**, **F**);
Störanlagen/-behälter ALQ-99 (**EF-111A**)

Zum Selbstschutz konnten Täuschkörperwerfer wie AN/ALE-28 (**A**, **FB-111A**, **C**, **D**), AN/ALE-40 (**FB-111A**, **D**, **E**, **G**) dienen. Im Rumpf gab es einen relativ kleinen Bombenschacht, unter den Tragflächen bis zu acht externe Aufhängepunkte. Die vier inneren, meist Mehrfachträger, schwenkten beim Verstellen der Tragflächen mit, die vier äußeren waren starr und konnten nur in der Flügelstellung von 16 Grad benutzt werden. Deshalb montierte man diese vier äußeren Pylone seltener.

Die Bewaffnungsmöglichkeiten bestanden aus:

eine sechsläufige 20-mm-MK M61A1 Vulcan mit 2084 Schuss Munitionsvorrat im Waffenschacht
intern und extern bis zu 13.608 kg (**A**, **C**, **D**, **E**), 14.228 kg (**F**), 17.010 kg (**FB-111A**) Abwurfwaffen wie Atombomben B43 (**FB-111A**), B53 (**E**, **F**), B57 (**E**, **F**), B61 (**FB-111A**, **E**, **F**)
Sprengbomben Mk82 (nominal 227 kg), Mk83 (454 kg), Mk84 (907 kg), M117 (340 kg), M118 (1350 kg)
Lasergelenkte Bomben GBU-10, -12, -24, -28
TV-gelenkte Bomben GBU-15
Gleitbomben AGM-130A und C
Clusterbomben CBU-30, -38, -87, -89 Rockeye
Pistenzerstörer BLU-107 Durandal
Behälter LAU-3/A mit 19 ungelenkten 70-mm-Raketen
Anti-Schiffs-Lenkraketen AGM-84 Harpoon (**F-111C**)
Luft-Boden-Lenkwaffen AGM-142E Have Nap (**F-111C**)
Atomare Marschflugkörper AGM-69A SRAM (**FB-111A**)
Luft-Luft-Lenkraketen AIM-9B, E, L, M, P Sidewinder zur Selbstverteidigung

Nutzer der F-111

Die **US-Luftwaffe** verwendete die Aardvark in etwa zwei Dutzend operationellen Einsatzstaffeln. Hauptnutzer der F-111 war das Tactical Air Command. Da sich die einzelnen Baureihen des Schwenkflüglers in ihrer Ausstattung, dem Cockpitarrangement und der Handhabung z.T. deutlich unterschieden und die mit einer Variante vertrauten Crews nicht automatisch eine andere zu beherrschen vermochten, verteilte man die Flugzeuge recht planmäßig je nach Version auf die Luftwaffenbasen.

Als erstes erhielt die 4539th FWS Mitte Juli 1967 auf der Nellis AFB die F-111A. Sie dienten dort vor allem der Einsatzerprobung und Bewertung, das Personal musste sich in der Luft und am Boden erstmal mit dem Kampfjet vertraut machen. Die fortschrittliche Avionik war ein großer Sprung und es galt sich dem automatisch gesteuerten Geländefolgeflug anzuvertrauen. Die akkuraten Zielgeräte riefen schnell Begeisterung hervor, Fehlerquellen waren schnell identifiziert und das Flugzeug bei Alarmübungen rasch einsatzbereit. Der Schub der beiden Triebwerke war beachtlich, die Bedienung der Schwenkflügel oder auch das Cockpiterlebnis ein völlig neues.

Mit der Staffel 4481 und wiederum in Nellis liefen Programme zum Trainieren reeller Kampfeinsätze und damit zur Vorbereitung auf den südostasiatischen Kriegsschauplatz an, inbegriffen Tiefflüge in 60 m Höhe und vollautomatisch gesteuert vom anfangs nicht fehlerfreien Geländefolgeradar. Dazu trafen die ersten F-111A im September 1967 bei der 4481st TFS ein und wurden im Januar des Folgejahres innerhalb der 428th TFS zum ersten nach Südostasien abgestellten Kommando mit dem Flugzeug. Die 428th TFS als Teil des 474th Tactical

Im Aerospace Museum of California ist diese F-111-Rettungskapsel ausgestellt. Beide Crewmen wurden darin im Notfall abgesprengt und gingen nachfolgend am Fallschirm nieder. (Foto: Justin Smith / wikimedia commons, CC-By-SA-3.0)

Cockpit einer F-111F-Museumsmaschine. (Foto: John Rossino)

Fighter Wing gilt somit als erste operationelle Einheit. Die beiden anderen Staffeln des Geschwaders begannen im September bzw. im Juli 1968 den Dienst mit der F-111A, ergänzt um die 442. Umschulungsstaffel am selben Standort. 1969 sattelte das 27th TFW auf der Cannon AFB, New Mexiko von der F-100 Super Sabre auf die F-111 um, zuerst in der 481. Trainingsstaffel sowie den beiden Einsatzstaffeln 522 und 524 mit F-111A und E. Die ebenfalls zum Geschwader zählende 523d TFS begann im August 1973 den Dienst mit der Ausführung F-111D. Das 366th TFW flog in seinen drei Einsatzstaffeln von 1971/72 und damit von Beginn an die F-111F, ab 1977 die F-111A. Dann kam die F-111F ab April desselben Jahres von der britischen Basis Lakenheath, Suffolk innerhalb des 48th

Typ	F-111A	F-111C	F-111F	FB-111A	EF-111A
Verwendung	Jagdbomber	Jagdbomber	Jagdbomber	Langstrecken-bomber	elektronisches Störflugzeug
Besatzung	2	2	2	2	2
Triebwerk und Maximalschub	zwei TF30-P-3 mit je 82,3 kN mit Nachbrenner	zwei TF30-P-9 mit je 92,7 kN mit Nachbrenner	zwei TF30-P-100 mit je 111,65 kN mit Nachbrenner	zwei TF30-P-7 mit je 90,5 kN mit Nachbrenner	zwei TF30-P-9 mit je 92,7 kN mit Nachbrenner
Spannweite (m)	9,74–19,20	10,35-21,33	9,74–19,20	10,35–21,33	9,74-19,20
Länge (m)	22,40	22,40	22,40	22,40	22,56
Höhe (m)	5,22	5,22	5,22	5,22	6,10
Flügelfläche (m^2)	61,07-48,77	64,00-51,10	61,07-48,77	64,00-51,10	61,07-48,77
Leermasse (kg)	20.944	21.400	21.537	21.764	24.230
Startmasse max. (kg)	41.958	49.896	45.360	54.093	39.679
Höchstgeschwin-digkeit (km/h)	2335	2335	2655	2335	2335
Steiggeschwin-digkeit (m/s)	130	132	218	119	56
Landegeschwin-digkeit (km/h)	200	210	220	220	220
Startstrecke (m)	1220	1200	870	1410	990
Landestrecke (m)	910		1200		
Dienstgipfelhö-he (m)	17.680	17.680	18.290	15.500	15.250
Reichweite (km)	5093 mit Zu-satztanks	4280	4700	6600 mit Zu-satztanks	3990
Bewaffnung	eine sechsläufige 20-mm-MK sowie bis 13.608 kg Bomben, Raketen, Waffenbehälter	eine sechsläufige 20-mm-MK sowie bis 13.608 kg Bomben, Raketen, Waffenbehälter	eine sechsläufige 20-mm-MK sowie bis 14.228 kg Bomben, Raketen, Waffenbehälter	bis 17.010 kg Bomben, Raketen	keine

TFW und seinen vier Staffeln sowie als Teil der USAF Europe zum Einsatz. Mit Atombomben bestückt, erfüllten dort über Jahre insgesamt 91 F-111F einen Teil der NATO-Abschreckungspolitik. Sie waren auch als Ausgleich zu neuen sowjetischen Mittelstreckenraketen gedacht und die letzten Maschinen verließen erst mit Ende des Kalten Krieges im Dezember 1992 den Standort. Um einiges früher, ab September 1970, hatte die USAFE bereits F-111E des 20th TFW mit drei Einsatzstaffeln in Großbritannien, in Upper Heyford, Oxon stationiert. Auch diese Flugzeuge waren für Eindringeinsätze in geringer Flughöhe vorgesehen und wurden erst zu Zeiten der Entspannung bis zum Jahresende 1993 abgezogen.

Während die F-111-Jagdbomber gut 20 Jahre lang von britischem Boden aus operierten, gab es mit der Langstreckenbomberversion FB-111A nur seltene Gastspiele in Großbritannien und allenfalls zu gemeinsamen Übungen wie „Giant Strike“ 1971 oder dem NATO Tactical Fighter Meet 1986. Das Strategic Air Command der USAF verteilte die FB-111 ab Januar bzw. Juli 1971 auf jeweils zwei Einsatzstaffeln des 509th sowie des 380th Bomb Wing auf der Pease AFB, New Hampshire bzw. Plattsburgh AFB, New York. Schon ab Oktober 1969 hatte es zudem eine Trainingsstaffel mit der FB-111 auf der Carswell AFB, Texas gegeben, die dann im Juli 1971 in Plattsburgh neu aufgestellt wurde. Die Außerdienststellung aller Bomber war bis Juli 1991 vollzogen.

Was das Störflugzeug EF-111A betrifft, so traten die ersten Exemplare im Juli 1981 ihren Dienst bei der 388th Electronic Combat Squadron auf der Mountain Home AFB, Idaho, an. Als

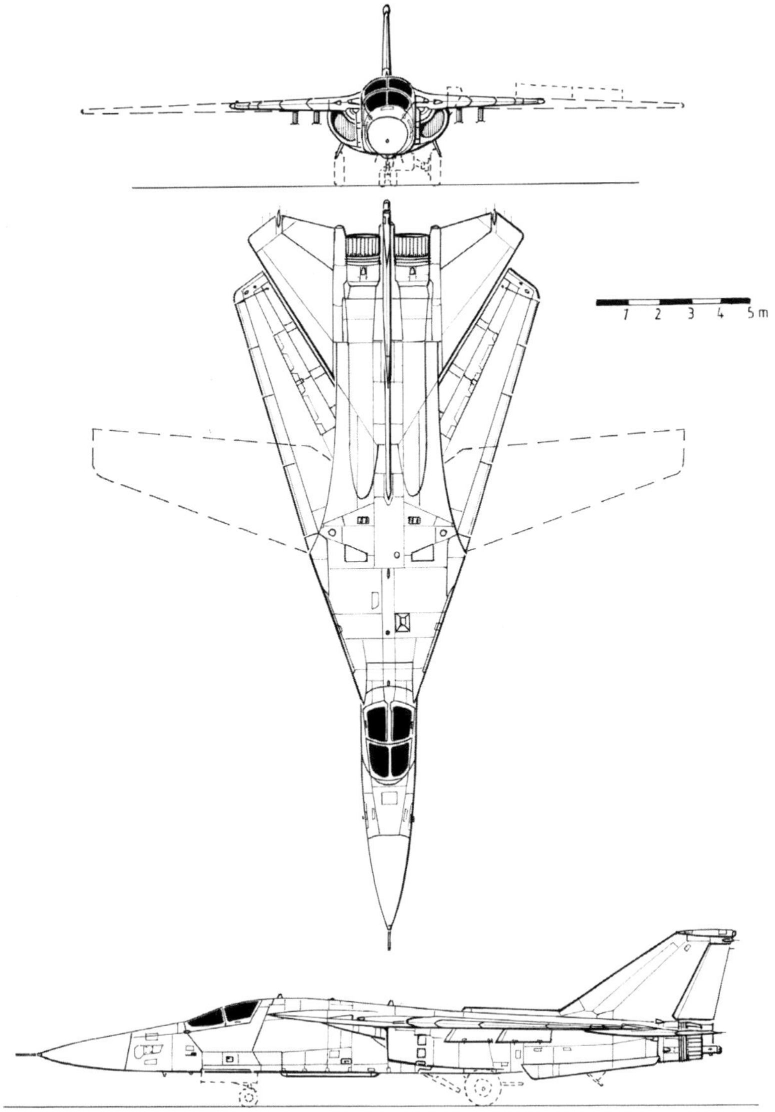

Dreiseitenriss der F-111 Aardvark. (Zeichnung: Manfred Meyer)

der Verband im Oktober des nächsten Jahres aufgelöst wurde, überstellte das TAC die Flugzeuge der 390th ECS am selben Standort. Hier wurde im September 1992 auch die 429th ECS aktiviert, im Juni 1993 aber nach Cannon, New Mexiko verlagert und damit dem 27. Kampfgeschwader unterstellt. Von Juli 1992 bis Juni 1993 existierte dort mit der 430th ECS eine weitere Staffel mit der Raven, bis Oktober waren die Flugzeuge noch in Saudi-Arabien stationiert. Anderenorts erfolgte der Einsatz des Musters innerhalb der 42th ECS, 20th TFW zwischen 1984 und 1992 vom britischen Upper Heyford aus. Häufig operierten die EF-111 in Dreierformationen in großen, aber auch niedrigen Flughöhen, flogen einzelne Störeinsätze oder unterstützende Missionen für Kampfflugzeuge. In ihrer Dienstzeit mit mehr als 1,87 Millionen Flugstunden verloren die Amerikaner insgesamt 115 F-111.

Australien erhielt ab Juni 1973 die Exportausführung F-111C und stationierte die Flugzeuge in Amberly, Queensland. Auf der Basis unterhielt die Royal Australian Air Force (RAAF) mit der No 6 Sqn eine Umschulungsstaffel sowie mit der No 1 Sqn eine operationelle Einsatzstaffel, beide dem 82. Geschwader zugehörig. 1980 waren die vier Umrüstflugzeuge als Aufklärer RF-111C einsatzbereit, behielten aber die Fähigkeit für Kampfeinsätze und wurden in die No 6 Sqn eingegliedert. Ab Mitte der 1980er-Jahre folgten Upgrades im Avionik- und Waffenbereich für die australischen Aardvarks, zuvor hatte man aufgrund von Verschleiß und mehreren Abstürzen (insgesamt

Diese auf der Cannon AFB abgestellten Raven dienten in der 429th ECS. Gut zu sehen sind die voll beweglichen Höhenflossen, der ECM-Behälter auf dem Seitenleitwerk oder auch die Lamellen, in die sich die beweglichen Tragflächenansätze beim Schwenkvorgang bewegen. (Foto: Philip Stevens)

acht bis zur Ausmusterung) Ersatzmaschinen in den USA geordert. Es handelte sich um vier F-111A und 15 F-111G, die in vielen Bereichen an den C-Standard angeglichen wurden einschließlich den längeren Tragflügeln bei den vorherigen F-111A. Letztgenannte wurden ab 1982, die F-111G dann ab 1993 geliefert. Allerdings konnten die F-111G nicht die Pave Tack-Zielbehälter und somit auch keine Laserlenkbomben verwenden, halfen aber den Einsatz bei der australischen Luftwaffe effizient auszudehnen. Mit den Unabhängigkeitsbestrebungen im benachbarten Ost-Timor verlegte die RAAF mindestens zehn Maschinen auf die vorgelagerte Basis Tindal, Northern Territory und absolvierte mit diesen im November und Dezember 1999 wertvolle Aufklärungseinsätze über dem Spannungsherd. Schließlich erfolgte doch einige Jahre früher als geplant die Außerdienststellung der australischen und damit überhaupt letzten F-111 im Dezember 2010.

Kampfeinsätze

Im Januar 1968 nach Takhli, Thailand verlegt, unternahmen sechs F-111A der 428th TFS ab März die ersten Kampfeinsätze und sollten dort die Rolle des für Präzisionsangriffe bestimmten Allwetterjagdbombers der US-Luftwaffe ausfüllen. In ihren ersten 55 Missionen lagen die Ziele hauptsächlich in Nordvietnam, doch gingen innerhalb eines Monats drei Maschinen aufgrund struktureller Schwächen verloren. Zwei Ersatzmaschinen waren noch im April eingetroffen und ein temporäres Startverbot endete am 21. Juni. Nach dem Grounding gestalteten sich die nachfolgenden Einsätze überschaubar und die Jagdbomber wurden im November zurück zur Nellis AFB beordert. Ein neues Kontingent mit insgesamt 48 F-111A der 429th und 430th TFS wurde erst im September 1972 nach Südostasien, wieder auf die Takhli-Luftwaffenbasis in Thailand, verlegt. Die Flugzeuge realisierten innerhalb der Operation „Linebacker I" bis in die zweite Oktoberhälfte Angriffe auf militärische Einrichtungen, Kommunikationsanlagen, Versorgungsrouten, attackierten danach weitere Ziele in Nordvietnam und Laos und dabei zunehmend auch bei Nacht sowie im Tiefflug. Während die F-111-Crews immer routinierter ihre Einätze flogen, trübten Ersatzteilmangel sowie technische Probleme mit der Ausrüstung die öffentliche Wahrnehmung und ließen mal wieder vielfach Kritik an dem Flugzeug folgen. Ferner setzten auch die dort vorherrschenden klimatischen Verhältnisse den Bordsystemen sowie den F-111-Crews zu. Im Dezember 1972 starteten die Vereinigten Staaten die Operation „Linebacker II", an denen sich die F-111 mit 154 Nachteinsätzen beteiligten und infrastrukturelle sowie militärische Ziele, so auch nordvietnamesische Luftabwehr- und Flugplatzanlagen angriffen. Mit den Friedensgesprächen folgten ab Janu-

Ganz vorn eine RF-111C der No 6 Squadron sowie dahinter zwei F-111C der No 1 Squadron der RAAF. (Foto: US DoD / David N. Craft)

ar 1973 ausschließlich Einsätze über Kambodscha und Laos, die Staffeln wurden in den nächsten Monaten dem neu aufgestellten 347th TFW unterstellt sowie Personal ausgetauscht. Für 1972/73 verbuchte man letztlich 4030 Kampfeinsätze mit der F-111A über Südostasien, bei denen sechs Maschinen als Verluste gemeldet wurden. Die Einsätze gestalteten sich zunehmend effektiver, nach einem Umzug auf die Korat Luftwaffenbasis in Thailand im Juli 1974 kehrten die Flugzeuge ein Jahr später in die USA zurück. Die beiden Einsatzstaffeln wurden wieder dem 474th TFW unterstellt.

Einsatzstaffeln (Auswahl)
USA
TFS 55, 77, 79, 389, 390, 391, 422, 428, 429, 430, 481, 492, 493, 494, 495, 522, 523, 524
BS 393, 528, 529, 715
ECS 42, 390, 429, 430
Australien
No 1, 6 Sqn

Vormals eine F-111G der USAF, diente diese Maschine später in der australischen Luftwaffe und zeigt ihren geöffneten Bombenschacht. (Foto: Commonwealth of Australia)

Eine F-111F der 494th TFS ist gerade mit vier Laserlenkbomben gestartet. Es handelt sich um 1163 kg schwere GBU-10 Paveway II, also Mk84-Sprengbomben mit aufgesetztem Laserlenkrüstsatz. (Foto: US DoD / Jose Lopez)

Recht spektakulär muteten weitere Kampfeinsätze mit F-111 der US-Luftwaffe im Jahr 1986 an, wenngleich der Erfolg mäßig ausfiel. Die Beziehungen der Vereinigten Staaten zu Libyen hatten sich zusehends verschlechtert, das nordafrikanische Land und seine Führung wurde für weltweite terroristische Aktionen verantwortlich gemacht. Mehrmals kam es zum Schlagabtausch zwischen amerikanischen und libyschen Flugzeugen in der Großen Sirte, dem südlichsten Teil des Mittelmeers. Nach einem erneuten Terroranschlag mit amerikanischen Opfern hieß es für die US-Streitkräfte Stärke zu demonstrieren. Neben Flugzeugen der US Navy war auch die US Air Force an einer Vergeltungsaktion beteiligt. Achtzehn zum 48th TFW gehörende F-111F plus sechs Reservemaschinen sowie vier EF-111A plus eine als Reserve starteten am 14. April 1986 von den britischen Stützpunkten Lakenheath sowie Upper Heyford aus als Teil der Operation „El Dorado Canyon“ zu einem Kampfeinsatz auf militärische Einrichtungen in Libyen. Da es keine Überflugrechte Frankreichs und Spaniens gab, war die Unterstützung durch Tankflugzeuge unerlässlich. Nach dem ersten Nachtanken kehrten die Reserveflugzeuge um. Über den Atlantik kommend, umflogen die übrigen die iberische Halbinsel und setzten den Kurs über dem Mittelmeer fort, mit dem Rückflug eine Strecke von insgesamt 9000 km! Nach sechs Stunden war die libysche Küste erreicht, die EF-111A störten umgehend die Luftabwehr und die F-111F näherten sich in Dreiergruppen im Tiefflug in 60 bis 120 m Höhe ihren Zielen. Sie führten insgesamt 48 lasergelenkte GBU-10-Bomben und dazu passende Pave Tack-Zielbehälter sowie 72 fallverzögerte Mk82 Snakeye-Sprengbomben mit. Von diesen trafen 60 Snakeye sowie die Hälfte der Lenkbomben ihre Ziele, ein Drittel wurde überhaupt nicht abgeworfen und auf dem Rückflug eine F-111F abgeschossen.

Einige Jahre später waren die F-111 im Golfkrieg gegen Irak wesentlich erfolgreicher, ebenso die Trefferquote der Lenkbomben. Um die irakischen Besatzer aus Kuwait zu vertreiben, starteten allein die USA die größte Mobilmachung seit

AGM-69 SRAM waren Kurzstrecken-Marschflugkörper mit 160 km Reichweite und einem etwa 200 kT starken Atomsprengkopf, die F-111 konnte bis zu vier davon unter den Tragflächen sowie zwei weitere im Rumpfschacht aufnehmen. (Foto: US DoD / Ken Hammond)

dem Zweiten Weltkrieg und den größten Truppenaufmarsch seit dem Vietnamkrieg, inklusive einer Verlegung von weit über 1000 Flugzeugen. Dazu zählten 22 F-111E des 20th TFW, die im türkischen Incirlik stationiert wurden und ab dem 17. Januar 1991 Angriffe mit Sprengbomben auf militärische Anlagen rund um Bagdad oder auf Kraftwerke und Forschungseinrichtungen des Irak flogen. Diese geschahen meistens bei Nacht und im Tiefflug, zum Schluss waren es insgesamt 456 Einsatzflüge ohne Verluste. Die Rückführung der F-111E nach Upper Heyford erfolgte im Juli 1992. Bereits ab August 1990 hatte die USAF 67 F-111F des 48th TFW von Lakenheath nach Taif in Saudi-Arabien verlegt, dort aber eine der Maschinen bei einem Trainingsflug im Oktober verloren. Mit Beginn der Operation „Desert Storm" bombardierten die F-111F, zum Teil in Verbänden von 24 Flugzeugen, Ziele in Kuwait und Irak, darunter Flugplätze, Kommandoposten, Bunker, Industrieanlagen und zahllose Fahrzeuge. Oft erfolgten die Attacken im Tiefflug, fast alle der insgesamt 2408 absolvierten F-111F-Kampfeinsätze zudem bei Nacht. Unter Zuhilfenahme der Pave Tack-Zielbehälter erreichten die Kampfjets hohe Trefferquoten mit Lenkbomben der GBU-Serie und setzten außerdem CBU-89-Clusterbomben ein. Ende Februar warfen zwei F-111F auch die 2130 kg schweren GBU-28 als sogenannte Bunker Buster ab, die vor der Explosion tief in das anvisierte Ziel eindringen. Von insgesamt 5500 abgeworfenen Bomben waren gut 4670 laser- oder TV-gelenkte Waffen. So fiel den F-111F innerhalb der Operation „Desert Storm" eine Schlüsselrolle zu, bei der sie als erfolgreichste Kampfflugzeuge der gesamten Anti-Irak-Koalition bei der Bekämpfung von Bodenzielen galten. Zu den über 2200 zerstörten Zielen gehörten über 900 Panzer und gepanzerte Fahrzeuge, 250 Geschütze, 245 Flugzeugshelter, 13 Brücken und,mindestens ein Dutzend Start- und Landebahnen. Einen wichtigen Part bei „Desert Storm" spielten auch die sechs bzw. zwölf EF-111A der 42nd und 390th ECS, die von den in Saudi-Arabien befindlichen Basen Taif und Dhahran aus zu ihren Einsatzflügen starteten. In ihren insgesamt 471 Kampfeinsätzen unterstützten sie zahllose Luftangriffe der alliierten Streitkräfte, wobei eines der Störflugzeuge am 14. Februar 1991 abgeschossen wurde. Einer anderen EF-111A soll wiederum ein „Luftsieg" anerkannt worden sein, nachdem sich eine verfolgende Mirage F1 der irakischen Luftwaffe selbst ausmanövrierte und abstürzte. Nach dem Golfkrieg 1991 unternahmen EF-111A über dem Irak noch Einsätze zur Überwachung der südlichen und nördlichen Flugverbotszonen, auch als „Southern Watch" und „Northern Watch" bekannt und wurden dabei zeitweilig von F-111F unterstützt. Die Raven der 430th ECS übernahmen ab Juni 1993 diese Aufgaben, ihre Einheit wurde noch im Oktober in 429th Electronic Combat Sqn umbenannt. Mehrere dieser Flugzeuge verblieben nachfolgend und bis zum 30. März 1998 in Saudi-Arabien und flogen bis dahin weitere 3350 Einsätze.

Ganz oben ist eine F-111A der 474th TFW von der Nellis AFB abgebildet. Neben den üblichen Kennungen befinden sich am Bug das Geschwaderwappen und am Seitenleitwerk das Emblem des TAC. Darunter die zweite Serienmaschine der FB-111A mit AGM-69 SRAM unter dem Tragwerk. Die dritte Ansicht zeigt eine F-111E des 20th TFW, Upper Heyford AB, Großbritannien mit Sprengbomben und Sidewinder-Rakete, einem Häuptling am Bug sowie mehrfarbigen Blitz am Leitwerk. Als nächstes eine RF-111C, No 6 Sqn der RAAF mit Sonderbemalung zum Dienstende 2010 auf dem Leitwerk. Ganz unten eine EF-111A des 42nd ECS, 20th TFW stationiert in Upper Heyford, Großbritannien. (Grafik: Srecko Bradic)

Suchoi Su-17 / Su-20 / Su-22 Fitter

Bis auf Rumänien verwendeten sämtliche Warschauer Vertragsstaaten die Su-22. Heute ist Polen der letzte Nutzer in Europa, aber auch hier ist das Einsatzende absehbar. (Foto: Alexander Golz)

Historie

Die Su-17 zeigt besser als jedes andere Flugzeug die Vorteile des Schwenkflügels auf, denn der unmittelbare Vorgänger und somit die Ausgangsbasis als Su-7 war etwa gleich groß und besaß ein starres Pfeilflügeltragwerk. Das erlaubt direkte Vergleiche, die allesamt zugunsten der Su-17 ausfallen.

Die ersten Su-7 waren in kleiner Stückzahl als Abfangjäger gebaut worden, dann folgte die Großserienfertigung mehrerer Baureihen als Jagdbomber. Dank ausgefeilter Aerodynamik und einem kräftigen Strahltriebwerk verfügten sie über gute Leistungen, allerdings war man mit der Reichweite nicht zufrieden. Hohe Landegeschwindigkeiten sowie lange Start- und Landestrecken wurden ebenfalls beklagt. Die betrugen gut 1500 bis 1700 m, konnten aber immerhin mit Starthilfsraketen und Bremsschirm um einiges verringert werden. In den 1960er-Jahren versuchten sich die Sowjets wie anderenorts auch an mehreren Methoden, diese Mängel abzustellen. Populär waren seinerzeit vor allem Untersuchungen mit zusätzlichen Hubtriebwerken oder eben Schwenkflügeln. Im Zentralen Aero- und Hydrodynamischen Institut (ZAGI) begannen hierzu 1963 entsprechende Arbeiten, ab 1964 widmete sich auch das Konstruktionsbüro Suchoi mit mehreren Designstudien und anhand von Modellen in Windkanalversuchen diesem Thema. Hier hielt man die Su-7 mit nur wenigen Änderungen und geringem Kostenaufwand zum Umbau geeignet. So sollten nur die äußeren, etwa vier Meter langen Außenflügel des Tragwerks schwenkbar ausgelegt werden, was zugleich einer nur geringen Verschiebung von Druck- und Schwerpunkt zu Gute kam. Die Tragflügel erhielten damit die Möglichkeit, den Pfeilwinkel von 30 bis 63 Grad zu variieren, der Schwenkmechanismus führte zu annähernd 400 kg, also knapp 5% mehr Leergewicht. Zusätzlich montierte Vorflügel an den beweglichen Flügelsegmenten und Auftriebshilfen sowie Grenzschichtzäune dienten zur Verbesserung des Auftriebs und der Strömungswerte. Das Projekt erhielt die Bezeichnung S-22I, zur praktischen Erprobung wurde ein Serienflugzeug Su-7BM ausgewählt und im ersten Halbjahr 1966 die notwendigen Umbauten an diesem vorgenommen. Am 2. August desselben Jahres vollführte Testpilot Wladimir Iljuschin den Erstflug mit der S-22I, mitunter auch als Su-7IG bezeichnet. Weitere Piloten wurden in das Testflugprogramm eingespannt und berichteten, abgesehen von möglichen, unerwartet auftretenden Strömungsabrissen bei hohen Anstellwinkeln, von einem guten Handling des Flugzeugs. Zur Luftparade in Moskau-Do-

Aus einer Su-7 wurde das Versuchsmuster S-22I hergestellt und ab August 1966 im Flug erprobt. Als Prototyp der Su-17 zeigt sie, dass nur die äußeren Abschnitte des Tragwerks schwenkbar ausgelegt wurden. (Foto: Suchoi)

Im Museum der russischen Luftstreitkräfte in Monino ist eine frühe Su-17 ausgestellt, die bereits über den vergrößerten Rückentunnel, zugleich aber noch über die Kabelkanäle auf der oberen Rumpfseite verfügt. (Foto: Heiko Thiesler)

modedowo im Juli 1967 wurde die S-22I als erstes sowjetisches Muster mit Schwenkflügeln öffentlich vorgeflogen, vor allem westliche Experten gingen damals von einem reinen Versuchsflugzeug aus. Allerdings folgte schon mit dem Abschluss der Werkserprobung zum Jahresende die Entscheidung von Partei und Ministerrat zur Aufnahme der Serienproduktion ab 1969.

Unter der Werksbezeichnung S-32 wurde zunächst ein Dutzend Flugzeuge für die Einsatzerprobung bestellt. Das erste, bei Dienstantritt Su-17 genannte Exemplar flog am 1. Juli 1969 erstmals. Mindestens zwei dieser Maschinen dienten den staatlichen Abnahmetests, die anderen gingen an das Umschulungszentrum in Lipezk. Der Schwenkflügler wurde im fernöstlichen Komsomolsk-am-Amur, Region Chabarowsk zunächst parallel zum Vorgänger Su-7 produziert. Von diesem stammten auch noch zahlreiche Systeme einschließlich AL-7-Triebwerk und die geringfügig überarbeitete Avionik ab, auch die Rumpfzelle erfuhr nur wenige Änderungen. Die gab es neben strukturellen Verstärkungen hauptsächlich in Verbindung mit den Schwenkflügeln, die tatsächlich für einige Verbesserungen der Eigenschaften sorgten. Gegenüber der Su-7 konnte die Waffenlast erhöht und die Flugdauer mit nach vorn geschwenkten Tragflächen (zunächst nur geringfügig) ausgedehnt sowie der Kurvenradius beinah halbiert werden, während sich die Start- und Landeeigenschaften mit geringerer Anfluggeschwindigkeit und kürzeren Strecken auszeichneten. Auffällig war der Rückentunnel zwischen Cockpit und Seitenflosse oder die zwei auf jeder Seite des Rumpfbugs befindlichen Ansaugklappen, die das Triebwerk mit zusätzlicher Luft versorgten. Ein automatisches Steuersystem SAU-22-1 ersetzte den Autopiloten der Su-7, außerdem gelangte ein besserer Schleudersitz zum Einbau. Bemerkenswert war die Mitführung der neuen Kanonenbehälter SPPU-22. Diese nahmen eine 23-mm-Zwillingskanone GSch-23 mit 260 Schuss Munitionsvorrat auf, deren Läufe zur effektiveren Bekämpfung von Bodenzielen bis zu 45 Grad nach unten gerichtet werden konnten. Zudem war es möglich, mehrere dieser Kanonenbehälter mitzuführen, die dann sowohl in Flugrichtung als auch nach hinten feuerten. Später kam auch die Verwendung der funkgesteuerten Luft-Boden-Lenkwaffe Ch-23 hinzu, die von der Su-17 ab 1972 erprobt wurde.

Das 523. Jagdbomberregiment auf der fernöstlichen Wosdwischenka-Luftwaffenbasis (auch als Ussuriysk bekannt) wurde im Oktober 1970 zum ersten Nutzer der Su-17 und vermeldete ein Jahr später die Einsatzbereitschaft mit dem Jagdbomber. Der Standort war nicht zufällig ausgewählt worden. Zum einen lag das Herstellerwerk ebenfalls im Fernen Osten der Sowjetunion, etwa 800 km nördlich von diesem Stützpunkt. Eine Staffel des 523. Regiments trainierte die Werkspiloten und übernahm seit 1960 für viele Jahre das Überführen von neugebauten Suchoi-Jagdbombern zu den künftigen Einsatzverbänden, zum Teil sogar bis nach Osteuropa. Zum anderen verstärkte die Sowjetunion im Angesicht der chinesisch-sowjetischen Spannungen am Ussuri 1969 ihre Land- und Luftstreitkräfte in der Region um das Dreifache und die neuesten Jagdbomber sollten bei Bedarf ihre ersten Kampfeinsätze durchführen. Die Piloten des Regiments hatten keine Schwierigkeiten mit dem Umstieg von der Su-7 auf den Schwenkflügler und auch die technischen Probleme mit der Su-17 fielen um einiges geringer als bei der Einführung des Vorgängers aus. In der Folgezeit erhielten weitere Einheiten der sowjetischen Luftwaffe Su-17, zunächst vor allem in den fernöstlichen und südlichen Militärdistrikten sowie in der Mongolei, nachfolgend aber auch in der Ukraine und in Weißrussland. Etwa zur sel-

Die Su-17M2 wurde als Su-22 u.a. nach Peru exportiert und erhielt statt dem Ljulka- ein Tumanski-Triebwerk R-29BS-300. Unter dem Bug befindet sich das Doppler-Gerät. (Foto: Chris Lofting)

Su-22M und M3 verfügten hinter dem Cockpit über zusätzlichen Raum für Kraftstoff, die Seitenflosse geriet etwas schmaler und höher. Dies ist ein Flugzeug der früheren libyschen Luftwaffe. (Foto: Chris Lofting)

Erste Exportversion des Suchoi-Schwenkflüglers war die Su-20, hier in den Farben der polnischen Luftwaffe. Die zusätzlichen Luftansaugschlitze am Vorderrumpf sind geöffnet. (Foto: Gerard Helmer)

ben Zeit war die Entwicklung des neuen Ljulka-Triebwerks AL-21 abgeschlossen, welches sich bestens dafür eignete, das Potenzial der Su-17 zu vergrößern. Das Triebwerk zählte zu einer neuen Generation und orientierte sich offenbar am amerikanischen General Electric J79, es besaß kleinere Dimensionen, war leichter, schubstärker und trotzdem sparsamer im Verbrauch als das bisher verwendete AL-7. Somit konnte man im Rumpf mehr Kraftstoff unterbringen, für Wartungsarbeiten wurde die Schnittstelle zum Abziehen des Hecks indes weiter nach hinten verlegt. Überhaupt wurde das Kraftstoffsystem überarbeitet und bestand nunmehr aus Integraltanks. Zwei zusätzliche Grenzschichtzäune am Tragwerk wurden ebenfalls zum Serienstandard. Ferner wurde die Hydraulikanlage neu entworfen und die Avionik geringfügig modifiziert, Waffenzu-

Die Su-17M4 war wie die hier abgebildete Exportversion Su-22M4 schnell an dem kleinen Lufteinlass vor der Seitenflosse zu erkennen. Es handelte sich zugleich um die leistungsstärksten Baureihen des Schwenkflügeljagdbombers. (Foto: Alexander Golz)

ladung und Reichweite erhöhten sich. Mit dem AL-21-Triebwerk entstand die Su-17M und wurde zum Jahresende 1971 eingeflogen. Im Herbst 1973 begannen die Lieferungen, wiederum übernahm das 523. Regiment in Wosdwischenka die ersten Maschinen. Von da aus wurden im September 1974 auch erstmals Su-17M bis ins 10.500 km entfernte Szprotawa in Polen überführt, wo das 18. Sowjetische Luftwaffenregiment stationiert war. Natürlich mussten mindestens sieben bis zehn Zwischenstopps eingelegt werden, da die Su-17M (wie die anderen Baureihen auch) nicht über eine Luftbetankungsanlage verfügte. Die Su-17M war bei den sowjetischen Marinefliegern die erste Einsatzversion des Jagdbombers. Zuerst gingen Maschinen dieses Typs an die 1270. Trainingseinheit in Berdjansk, Ukraine und im November 1975 begann der Dienst beim 1. Selbstständigen Schlachtfliegerregiment der Baltischen Flotte. Weitere Verbände folgten.

Mit der Su-20 flog bereits im Dezember 1972 eine Exportversion der Su-17M zum ersten Mal und im darauffolgenden Jahr gingen die ersten Exemplare an Syrien, gefolgt von Ägypten, Irak und Polen. Noch 1973 absolvierten Su-20 erste Kampfeinsätze im Yom-Kippur-Krieg, mussten aber hohe Verluste durch die israelische Luftabwehr hinnehmen. Die Su-20 wies geringe Änderungen im Bereich der Funk- und Navigationsausrüstung sowie der Bewaffnung auf und konnte z.B. nicht die SPPU-22-Kanonenbehälter einsetzen. Speziell für Aufklärungsmissionen modifizierte Exemplare wurden Su-20R genannt und erfüllten ihre Aufgaben hauptsächlich mit dem dafür konzipierten und mit verschiedenen Kameras, Sensoren und Blitzlichtkassetten bestückten KKR-1-Behälter.

Wiederum zum Jahresende, diesmal 1973, war mit der Su-17M2 der Vertreter einer neuen Baureihe erstmalig in der Luft und bestand im November 1974 die staatlichen Abnahmetests. Das Design der Su-17M2 wies stärkere Änderungen zu den Vorgängern auf, allein der Rumpfbug war länger und für eine bessere Sicht mehr nach unten geneigt. Auffällig war auch das darunter befindliche Gehäuse, das ein Dopplergerät aufnahm. Es half die Marschgeschwindigkeit und den Abdriftwinkel des Flugzeugs ständig zu überwachen und gab die entsprechenden Daten an die KN-23-Navigationsanlage weiter, die wiederum einen vorprogrammierten automatischen Marsch- sowie den Rückflug zum Heimatstützpunkt erlaubte. Der verstellbare Konus im Lufteinlass beherbergte nun einen Fon-1400-Laserzielfinder mit 5 km Reichweite und machte die Verwendung entsprechender Waffen möglich. Überhaupt hatte sich die Waffeneinsatzpalette vergrößert, taktische Atombomben gehörten weiterhin dazu. Dank neuem Visier konnten Bomben auch bei komplizierten Flugmanövern und wie schon bei der Su-17M bei Überschallgeschwindigkeit abgeworfen werden. Zur Selbstverteidigung dienten bei Bedarf die beiden fest installierten 30-mm-Bordkanonen oder auch gelenkte Luftkampfraketen.

Der Einsatz der Su-17M2 bei der sowjetischen Luftwaffe begann Ende 1975, die offizielle Indienststellung erfolgte am 3. Februar 1976 beim 806. Jagdbomberregiment im ukrainischen Lutsk. Wie bei der vorangegangenen Ausführung erreichten mehrere Hundert Flugzeuge die sowjetischen Luftwaffenregimenter und lösten verstärkt die MiG-17 und Su-7 ab, verbesserten zugleich die Schlagkraft der Jagdbomberverbände.

Eine Maschine wurde noch 1974 zur Su-17M2D umgebaut und stellte den Prototyp der Exportvariante Su-22 dar. Hauptunterschied war der Einbau des Tumanski-Triebwerks R-29BS-300. Das AL-21 benötigten die sowjetischen Flugzeugbauer vermehrt für die Lieferungen der ebenfalls mit Schwenkflügeln ausgestatteten Su-24, die gleich von zwei derartigen Aggregaten angetrieben wurde und gerade ihre volle Einsatzbereitschaft erreichte. Das R-29 erzielte etwas mehr Schub, war aber zugleich durstiger als das AL-21 und besaß größere Abmessungen. Das führte bei der Su-22 zu einem vo-

In der Ansicht von unten zeigt diese polnische Maschine seht gut auf, wie groß die starren Tragwerksabschnitte tatsächlich sind. Auch die Vorflügel und verschiedenen Klappensysteme sowie die Ausbuchtungen zur Aufnahme der Hauptfahrwerke sind gut sichtbar. (Foto: Dr. Andreas Zeitler)

Wiederum sind hier die starren und beweglichen Segmente des Tragwerks klar zu unterscheiden, wobei die schwenkbaren Flügelteile schon einigen Abrieb aufweisen bzw. nicht genauso umfänglich lackiert sind wie der Rest. (Foto: Z. Andrejzweski)

luminöseren Rumpfende, außerdem mussten dadurch die Leitwerksflossen leicht vergrößert werden. Hinzu kamen Änderungen am Lufteinlass, dem Kraftstoffsystem, der Hydraulik und Bordelektrik. Für einige ausländische Nutzer konnte die Ausrüstung mit dem R-29 zumindest einen logistischen Vorteil bieten, wenn in den entsprechenden Ländern auch die mit dem gleichen Triebwerk angetriebene MiG-23 geflogen wurde. Interessanterweise wurden mit der Su-17M2D wiederholt Kufen am Fahrwerk des Jets erprobt und sollten den Einsatz von unbefestigten Pisten wie bspw. Grasbahnen ermöglichen. Das Prinzip wurde bereits bei den Su-7BM mit starrem Tragwerk angewandt, doch im Gegensatz dazu war die Su-17 schwerer, versank in aufgeweichtem Gelände und das Konzept fand diesmal keine serienmäßige Verwendung. Die Exportvariante Su-22 wurde bis Mai 1977 erprobt und gelangte noch im selben Jahr in die Serienfertigung. Ungefähr im selben Zeitrahmen fanden Bau sowie Erprobung und letztlich die Überführung in die Serienproduktion der mit Tandemcockpit versehenen Schulversion Su-17UM mit AL-21-Triebwerk sowie der Exportausführung Su-22U mit R-29-Triebwerk statt. In den ersten Jahren dienten meist zweisitzige Starrflügler Su-7U und UMK als Kampftrainer bzw. der Umschulung auf die Su-17, doch waren die Unterschiede zum Vorgänger signifikant und erforderten eine typenbezogene Ableitung. Die Arbeiten hierzu genossen im Konstruktionsbüro Suchoi ab 1974 eine hohe Priorität und boten gleichfalls die Chance zu einigen grundlegenden Verbesserungen. Dazu zählten die Überarbeitung der Rumpfstruktur und dabei vor allem des Rückens sowie der Bugsektion, ein geräumigeres Cockpit mit verbesserter Sicht nach vorn und nach unten sowie ein neuer Schleudersitz. Dabei handelte es sich um den bewährten Swesda K-36D, der künftig und bis heute in weiterentwickelter Form sowjetisch-russische Kampfflugzeuge ausrüstet. Flugschüler und Fluglehrer saßen auf diesen in der Su-17UM und Su-22U hintereinander, die meisten Kontrollen waren zweifach vorhanden. Während der Start- und Landephase klappte über der Cockpitkanzel des Fluglehrers ein Spiegel für die Sicht nach vorn aus. Die Bordbewaffnung der Schulflugzeuge reduzierte Suchoi auf eine 30-mm-Kanone in der rechten Flügelwurzel, die Verwendung verschiedener Abwurf- aber auch Lenkwaffen, letztere vorwiegend für die von den sowjetischen Streitkräften genutzten Su-17UM, blieb im Wesentlichen erhalten. Aus diesem Grund hielten einige westliche Beobachter diese Trainer über Jahre fälschlicherweise für reine Angriffsflugzeuge mit Pilot sowie Waffensystemoffizier als Besatzung. Auf der anderen Seite trug die neue Rumpfform zur Konzeption einer neuen Baureihe als einsitziger Jagdbomber bei, der anstelle des zweiten Cockpits aber zusätzlich Kraftstoff sowie den Bordcomputer aufnahm und zum Schluss als Su-17M3 die Einsatzeffizienz gegenüber dem Vorgänger um 20% verbessern konnte.

Die Su-17M3 wurde von Juni 1976 bis Dezember 1978 ausgiebig im Flug erprobt, die Serienherstellung lief nahezu zeitgleich zu den zuvor beschriebenen Schulflugzeugen an und die Indienststellung ist offiziell auf den Juli 1981 datiert. Mit entsprechenden Zielbehältern und Lenkwaffen wurden schon bald zahlreiche Exemplare auf die Bekämpfung der radargestützten Luftabwehr spezialisiert. Mehreren Quellen zufolge entwickelte sich die Su-17M3 zur meistgebauten Variante und war mit maximal 2300 km/h zugleich die schnellste. Die modernisierte Avionik beinhaltete neue Warn- und Zielanlagen inklusive dem Laserzielsucher Klen-PS, der die Genauigkeit bei Luft-Boden-Angriffen verbessern half und dabei die Abweichung vom Ziel auf höchstens

Sechs Aufhängepunkte unter dem Tragwerk plus zwei unter dem Rumpf sind an dieser Su-22M4 vorhanden. Bei Bedarf konnten zwei weitere unter dem Rumpf montiert werden. (Foto: Chris Lofting)

Die beweglichen Flügel dieser iranischen Su-22M4 haben beinah die Marschflugstellung von 45 Grad erreicht. (Foto: Alexander Golz)

Einsitzige Su-22M4, oben sowie zweisitzige Su-22UM3, unten im Paarflug. Die Fertigung des zweisitzigen Trainers erwies sich als praktisch, zugleich konnten auch diese Flugzeuge verschiedene Waffen wirkungsvoll einsetzen. (Foto: Alexander Golz)

fünf Meter begrenzte. Mangelhafte Längsstabilität in manchen Flugregimes führte zur Verlängerung des Seitenleitwerks sowie zur Anbringung einer Stabilisierungsflosse unter dem Heck. Während das im Moskauer Militärbezirk beheimatete 274. Jagdbombenfliegerregiment die ersten Su-17M3 übernommen hatte, entstanden neben dem Aufklärer Su-17M3R Ende der 1970er-Jahre die Exportversionen Su-22M und Su-22M3. Beide besaßen das R-29BS-300 zum Antrieb, gleichfalls die als Aufklärer gedachten Su-22M3R. Mit den Su-17UM3 sowie im Export Su-22UM3 und UM3K entstanden neue zweisitzige Trainer, die in den 1980er-Jahren produziert wurden.

Die Finalvariante und für viele die beste aller Jagdbomberausführungen als Su-17M4 flog unter der Werksbezeichnung S-54 schließlich im Juni 1980 erstmals. Erste Arbeiten an der Su-17M4 hatten bereits ab 1975 begonnen und sahen eine hoch ambitionierte Ausrüstung vor. Die angedachte Verwendung eines neuen leistungsfähigen Kaira-Navigations- und Zielsystems, neuer mehrläufiger Bordkanonen, von Langstreckenlenkwaffen gegen Bodenziele oder von automatischen Vorflügeln und Landeklappen wurde allerdings schon in der Planungsphase stückweise reduziert. Immerhin erfolgte die Ausstattung der Su-17M4 mit dem seinerzeit durchaus modernen Navigations- und Zielkomplex PrNK-54 inklusive digitalem Missionscomputer, Trägheitsnavigation und einem Klen-54-Laserzielfinder. Der gestiegene Bedarf zur Kühlung der Avionik führte zum Anbau des charakteristischen, kleinen Lufteinlasses vor der Seitenflosse. Modernisierungen betrafen auch die Kommunikationsausrüstung, die Geräte für elektronische Gegenmaßnahmen und zur Warnung vor der Erfassung durch den Gegner, mehrere Kontrollen, die Einrüstung eines Cockpitdisplays sowie des verbesserten K-36DM-Schleudersitzes. Mit seiner sogenannten Null-Null-Fähigkeit erlaubte er das Katapultieren in Notsituationen bereits auf der Startbahn und mit Null-Geschwindigkeit. Außerdem wurde der zuvor verstellbare Konus im Lufteinlass durch einen starren ersetzt und limitierte damit die Höchstgeschwindigkeit auf Mach 1,75, was für den Aufgabenbereich mit vorwiegend gegen Bodenziele gerichteten Angriffen aber völlig ausreicht. Das Spektrum an Kampfmitteln wurde nochmals erweitert und schloss über 100 verschiedene Waffenkombinationen ein, die bei Bedarf an insgesamt zehn externen Stationen mitgeführt werden konnten. Die Einsatzeffizienz zum Vorgänger stieg noch einmal um annähernd zehn Prozent an.

Die Su-17M4 absolvierte bis November 1982 die staatlichen Testreihen, während im Vorjahr die Serienproduktion begann. Nicht unüblich gelangten die ersten Maschinen zum Einfliegen wieder zum 523. Jagdbombenfliegerregiment, während das 274. in Kalinin (heute Twer) wiederum zum ersten ope-

Diese beiden Su-22 demonstrieren die unterschiedlichen Pfeilwinkel ihrer Tragflügel und damit ihr wechselbares Erscheinungsbild. (Foto: Dr. Andreas Zeitler)

rationellen Nutzer wurde. Auch die ersten Su-17M4R, die bei jedem Wetter, in niedrigen und mittleren Höhen die Aufklärung übernahmen, wurden zügig bei der sowjetischen Luftwaffe in Dienst gestellt. Sie benutzten den modifizierten KKR-1/54-Behälter mit mehreren Kameras, Seitensichtradar, Restlicht- und Wärmebildsensoren. Ab 1984 lief auch die Herstellung der Exportableitung Su-22M4, wobei diesmal das AL-21-Triebwerk den Antrieb leistete.

Angeblich sind im Laufe der Jahre mehr als 1500 Su-17 aller Versionen den Luft- und Marinefliegerstreitkräften der Sowjetunion zugeführt wurden. Ab Ende der 1970er- bis Anfang der 1990er-Jahre flogen die meisten sowjetischen Jagdbomberregimenter die unterschiedlichen Versionen des Flugzeugs und sie spielten ihrer Einsatzrolle entsprechend einen wichtigen Part während des sowjetischen Engagements in Afghanistan. Verschiedene Versionen, hauptsächlich aber Su-17M3 und M4 sowie deren Ableitungen als Aufklärer, kamen von mehreren Standorten aus zum Einsatz. Sie überzeugten mit Robustheit und Zuverlässigkeit, hatten aber auch ihre Probleme mit dem dortigen Klima und die höchste Verlustrate unter den sowjetischen Kampfflugzeugen. Aus den Erfahrungen heraus wurden Modifikationen realisiert, die bspw. einen verbesserten Selbstschutz mit zusätzlicher Panzerung und eine Erhöhung der Täuschkörperwerfer beinhaltete. Mit Auflösung der Sowjetunion wurden im Verlauf der 1990er-Jahre die meisten der einstrahligen Typen, auch Su-17, wohl etwas überhastet aus dem Dienst der Nachfolgestaaten genommen. Die Ausrichtung auf ausschließlich zweistrahlige Muster verursachte höhere Wartungs- und Betriebskosten und so manche Einsatzmission hätten Flugzeuge mit nur einem Triebwerk effizienter ausgeführt. Die Jahrtausendwende überlebten deshalb nur wenige Exemplare, die höchstens noch für Kalibrierungs- und Testflüge oder Schulungsaufgaben genutzt wurden.

Im Export war der Schwenkflügler als Su-20 und 22 ein Erfolg, nicht weniger als 15 Staaten kauften Maschinen dieser Baureihen. Für manche Luftwaffe bedeutete der Dienstan-

Ähnliches Manöver aus einer anderen Perspektive, die vordere Maschine hat den maximalen Pfeilwinkel von 63 Grad erreicht. (Foto: Kurt Greul)

Dank der Schwenkflügel konnten die Su-17 / 20 / 22 gegenüber ihrem Vorgänger Su-7 Start- und Landestrecke verkürzen, bei der Landung liefert zudem ein Bremsschirm seinen Beitrag. Mit ihm verkürzt sich die Landestrecke nochmals um etwa 300 m. (Foto: Alexander Golz)

tritt dieser Jagdbomber eine bemerkenswerte Erhöhung der Kampfstärke und etliche von ihnen wurden in reellen Konflikten eingesetzt. Auch hier zeichneten sich in manchen Staaten, insbesondere bei den ehemaligen Mitgliedern des Warschauer Pakts, das Einsatzende mit Streitkräftereduzierungen, einer Neuausrichtung der Militärdoktrin und möglicherweise der Beschaffung neuer westlicher Kampfflugzeuge ab. Trotz dessen offerierten gerade in den 1990er-Jahren gleich mehrere Unternehmen Upgrade-Programme zur Verlängerung der Dienstzeit oder zur Anpassung an aktuelle Gefechtsbedingungen. Immerhin standen 1995 noch etwa 400 Exemplare im Dienst und viele der Flugzeugzellen waren längst nicht abgeflogen. Angebote kamen vom Hersteller und von Suchoi selbst und in Kooperation mit Sextant Avionique sowie Thomson-CSF aus Frankreich, von Israel Aircraft Industries (IAI) oder dem EADS-Vorläufer DASA. Sie beinhalteten in erste Linie modernisierte Avionik- und Waffeneinsatzsysteme sowie lebensverlängernde Maßnahmen, stießen aber kaum auf Interesse. Bekannt sind Teilmodernisierungen an bulgarischen, polnischen und vietnamesischen Su-22, andererseits verkaufte man ehemalige Einsatzmaschinen an Drittstaaten.

Heutzutage gibt es noch etwa eine Handvoll Nutzer weltweit, doch sind auch hier die Tage des robusten Schwenkflüglers gezählt.

Der am Kopf zu sehende Zusatzname **Fitter** stammt nicht von Konstruktionsbüro, Hersteller oder den sowjetischen Streitkräften, sondern ist ein vom Air Standards Co-ordinating Comitee (ASCC) vergebener NATO-Meldename. Sie sollten der NATO der Erkennung und Meldung von östlichen und hier hauptsächlich sowjetischen Flugzeugen dienen, zum anderen waren die tatsächlichen Typenbezeichnungen der sowjetischen Typen über Jahre aus oft übertriebenen Geheimhaltungsgründen nicht bekannt. Damit wurden diese Meldenamen im Westen recht populär und sind manchem bis heute geläufiger als die eigentlichen Typenbezeichnungen. Die NATO hatte eine Vielzahl an Waffenarten mit Meldenamen versehen, neben Flugzeugen bspw. auch Raketen, Schiffe, Radar- und Avioniksysteme. Strahlgetriebene Jagd- und Jagdbombenflugzeuge erhielten zweisilbige Namen, die mit F und strahlgetriebene Bomber zweisilbige, die mit B beginnen. Es gab noch weitere, doch stehen diese kaum im Zusammenhang mit den in diesem Buch beschriebenen Flugzeugen. Ein Zusatzbuchstabe nach dem eigentlichen Meldenamen markiert die jeweilige Version des Musters, war aber nicht immer korrekt und zum Teil verwirrend. Mit Fitter-A hatte man den Vorläufer Su-7 und all seine einsitzigen Ausführungen betitelt, Fitter-B hieß das Versuchsmuster S-22I. Dann folgten:

Fitter-C für Su-17, Su-17M und Su-20

Fitter-D für Su-17M2
Fitter-E für Su-17UM und Su-22U
Fitter-F für Su-22
Fitter-G für Su-17UM3, Su-22UM3 und UM3K
Fitter-H für Su-17M3
Fitter-J für Su-22M und Su-22M3
Fitter-K für Su-17M4 und Su-22M4

Produktion und Serienversionen

Bis heute gibt es unterschiedliche Angaben zur Gesamtstückzahl, wobei Differenzen von 300 bis 1000 Stück auftreten. Nach jüngeren Angaben des Herstellers wurden im Werk Nr. 126 in Komsomolsk-am-Amur (heute KnAAZ benannt nach Juri A. Gagarin als Niederlassung der Produktionsvereinigung UAC, Firma Suchoi) von 1969 bis 1990 insgesamt 2783 Su-17 / 20 / 22 aller Versionen produziert.

Su-17, erste Serienversion als Jagdbomber für die sowjetische Luftwaffe, Erstflug 1. Juli 1969, Indienststellung im Oktober 1970, insgesamt 225 Exemplare, AL-7F-1-Triebwerk, anfangs kein Einsatz von Lenkwaffen möglich

Su-17M, dank neuem AL-21F-Triebwerk leistungsstärkere und rentablere Serienausführung, überarbeitetes Hydraulik- und Kraftstoffsystem, mehr interner Kraftstoff und höhere Waffenzuladung mit nunmehr acht statt zuvor sechs externen Aufhängepunkten, Erstflug 28. Dezember 1971, ab 1973 Lieferung von insgesamt 251 Exemplaren an sowjetische Luftwaffe und Marinefliegerstreitkräfte

Su-20, Exportversion der Su-17M als Jagdbomber mit Erstflug am 15. Dezember 1972, in manchen Bereichen geringfügig vereinfachte Systeme, ältere Funkausrüstung, AL-21F-Triebwerk, Indienststellung 1973, 140 Stück bis 1976 gebaut

Su-20R, Umrüstmaschinen zu taktischen Aufklärungszwecken ab der zweiten Hälfte der 1970er-Jahre, Hauptkomponente externer KKR-1-Behälter zur Foto- und Signalaufklärung

Su-17M2, verbesserte Ausführung mit weiterentwickelter Angriffsavionik und Lenkwaffenausrüstung, verlängertem Vorderrumpf und modifiziertem Lufteinlasssystem, Erstflug 20. Dezember 1973, insgesamt 244 Exemplare ab 1974 gebaut

Su-22, Ableitung der Su-17M2 für den Export, Erstflug 31. Januar 1975, Serienproduktion von 92 Flugzeugen ab 1977, Triebwerk Tumanski R-29BS-300 mit 112,74 kN Nachbrennerschub und voluminöserem Rumpfheck, größere Leitwerksflossen, modifizierte Bordsysteme, weniger Waffenauswahl

Su-17UM, erste Variante als Trainingsflugzeug mit Tandemcockpit und besseren Schleudersitzen, nur eine Bordkanone und weniger Waffenlast, Erstflug 15. August 1975, Indienststellung 1976, insgesamt 81 Exemplare

Su-17M3, Jagdbombervariante mit Rumpfstruktur des Trainers sowie schmalere Seitenflosse, mehr interner Kraftstoff, modernisierte Angriffsavionik sowie Warn- und Kontrollsysteme, zusätzlicher Schutz der Antriebs- und Kraftstoffanlagen, größere Lenkwaffenauswahl und bis zu zehn externe Aufhängepunkte, Erstflug 30. Juni 1976, Einsatzerprobung ab Ende 1977, offizielle Indienststellung im Juli 1981, Serienbau von 450 Exemplaren

Su-17M3R, Verwendung von M3-Maschinen als Aufklärer und externe Mitführung entsprechender Sensor- und Kamerasysteme

Su-22U, Trainerausführung der Su-17UM für den Export, Erstflug 22. Dezember 1976, insgesamt 68 Stück bis 1982 gebaut, mit R-29BS-300-Triebwerk, vereinfachte Funk- sowie Freund-Feind-Erkennungsanlage

Su-22M, erste Exportableitung der Su-17M3, Angriffsavionik wie Su-22, R-29BS-300-Triebwerk, Erstflug 24. Mai 1977, ab 1979 insgesamt 266 Exemplare

Su-22M3, weitere Exportversion der Su-17M3 mit leistungsfähigeren Zielsystemen, Höhenmesser und Warnsensor, 75 Stück ab 1981 hergestellt und einige davon als Aufklärer Su-22M3R genutzt

Su-17UM3, verbesserte Trainervariante mit erweiterten Möglichkeiten zum Waffeneinsatz, eine Bordkanone, ab 1978 in 130 Exemplaren produziert

Su-17UM3K, Kleinserie von 19 weiteren Schulflugzeugen

Su-22UM3 und **UM3K**, Trainerversion auf Basis der Su-17UM3, R-29BS-300- bzw. AL-21F-Triebwerk, Erstflug 21. September 1978 und 86 Serienexemplare

Su-17M4, Jagdbomberausführung mit aufgewerteter Navigations- und Waffeneinsatzavionik, größerer Waffenpalette, verbesserter Cockpitausstattung, bis zu zehn externe Aufhängepunkte, feststehender Lufteinlasskonus, Erstflug 19. Juni 1980, Bau von 265 Serienexemplaren ab 1981, offizielle Indienststellung im September 1984

Cockpit der Su-22M4, allerdings ohne dem normalerweise rechts befindlichen Bildschirm für den Einsatz von Luft-Boden-Lenkwaffen. (Foto: MPD via Muchin)

Unter dem Rumpf trägt diese Su-22M4 der bulgarischen Luftwaffe einen KKR-1T-Aufklärungsbehälter. Dieser beherbergt drei Kameras, ein SRS-13 zur funkelektronischen Aufklärung sowie bis zu 152 Blitzlichtpatronen. (Foto: Alexander Golz)

Su-17M4R, Verwendung von M4-Maschinen für Aufklärungszwecke und zur elektronischen Kampfführung mit modernisierten, extern mitzuführenden Systemen
Su-22M4, Exportausführung der Su-17M4, diesmal aber mit AL-21F-Triebwerk, modifizierte Bordelektronik, ab 1984 Auslieferung von 391 Exemplaren als letzte Serienvariante

Aufbau, Ausstattung und Bewaffnung

Die Su-17 und ihre Exportableitungen wurden hautsächlich aus Stahl, Aluminium- und Titanlegierungen hergestellt. Das Tragwerk ist in Mitteldeckerbauweise ausgeführt, die äußeren Segmente lassen sich innerhalb von 16 bis 19 s von 30 bis 63 Grad schwenken. Neben diesen beiden Pfeilwinkeln ist eine arretierbare Zwischeneinstellung der Tragflächen von 45 Grad für den Marschflug möglich. Die beweglichen Tragflügelsegmente verfügen über ausfahrbare Vorflügel, ab den späteren Exemplaren der ersten Serienversion Su-17 wurden insgesamt vier statt zuvor zwei Grenzschichtzäune auf dem feststehenden Teil des Tragwerks zum Standard. Die äußeren sind recht groß, verlaufen über die gesamte Tiefe der Tragflächen und bilden an der Unterseite einen Aufhängepunkt. Die Höhenflossen sind als voll bewegliche Pendelruder ausgelegt, die Form des Seitenleitwerks erfuhr mehrmals Änderungen und besitzt bei der Finalvariante M4 in der Wurzel einen markanten Lufteinlauf zur Kühlung der Avionik. Der Rumpfbug verfügt über einen zentralen Lufteinlass mit beweglichem, bei der M4-Variante starrem Konus. Er steuert die Luftzufuhr für das Strahltriebwerk, wobei zunächst das Ljulka AL-7F-1, dann vorwiegend das AL-21F-1 bzw. F-3 und bei den meisten Exportversionen das Tumanski R-29BS-300 zum Einbau gelangte. Für die Luftzufuhr gibt es außerdem auf jeder Seite des Vorderrumpfes je zwei zusätzliche, verschließbare Klappen. Bei der Su-17 beträgt der interne, in vier Rumpf- sowie zwei Flügeltanks untergebrachte Kraftstoffvorrat 3400 l, bei der Su-17M 4430, der Su-17M2 4630, der Su-17M3 4880, der Su-17M4 4590 und bei den UM-Schulversionen 3720 l. Als Zusatztanks kommen vor allem welche mit 800 und 1150 l Fassungsvermögen zum Einsatz. Am hinteren Rumpfabschnitt befinden sich vier ausklappbare Luftbremsen und unter der Seitenflosse ein Behälter mit Bremsschirm zur Verkürzung der Landestrecke. Das vollständig einziehbare Fahrwerk besitzt Bugradanordnung und ist an jeder der drei Baugruppen einfach bereift. Die Druckkabine der Su-17, Su-17M, M2 und deren Exportderivate nahm einen KS-4S-32-Schleudersitz von Suchoi auf, dann folgte der Swesda K-36D und bei der finalen M4-Baureihe der K-36DM. Die Avionik wurde innerhalb der unterschiedlichen Baureihen mehrfach modifiziert. Es zählen auszugsweise dazu (in Klammern die jeweilige Baureihe):

KN-23-Navigationsanlage mit Kurzstrecken-Funknavigationssystem RSBN-2S (**Su-17**), RSBN-5S (**Su-17M**), RSBN-6S (**M2**, **M3**, **M4**)
Langstrecken-Funknavigationssystem RSDN-10 (**M4**)
Navigations- und Zielsystem PrNK-54 (**M4**)
Dopplergerät DISS-7 (**M2**, **M4**)
Funkhöhenmesser RW-5 (**Su-17**, **17M**), A-031 (**M3**), A-035 (**M4**)
Automatisches Flugkontrollsystem SAU-22-1 (**Su-17**, **M**, **Su-20**), SAU-22M (**M2**, **M3**, **M4**)
Warnempfänger Sirena-3M (**Su-17**, **M**), Berosa-L (**M2**, **M3**, **M4**)
Freund-Feind-Erkennungsgeräte SRO-2M (**Su-17**, **M**), SRO-2 (**Su-20**, **Su-22M3**, **M4**), Parol-2D (**Su-22M2**)
Funkkommunikation R-832M (**Su-17**, **M2**), R-802B (**Su-20**), R-802W (**Su-22U**), R-862 (**M4**)
Optische Visiere ASP-PF-7 (**Su-17**, **17M**), ASP-17 (**M2**), ASP-17B (**M3**), ASP-17BT (**M4**)
Bombenvisiere PBK-2 (**Su-17**), PBK-2KL (**Su-17M**), PBK-3-17S (**M2**, **M3**)
Waffenradar SRD-5M (**Su-17**), SRD-5MK (**Su-20**)
Zielgeräte/ -behälter Delta-NG (**Su-17**), Metel-1A (**Su-17M**, **M2**), Proschektor-1 (**M2**), Fon-1400 (**M2**), Klen-PS (**M3**, **4**), Klen-54 (**Su-17M4**, **Su-22M4**), Wjuga (**Su-17M3**, **Su-22M4**)
Störanlagen/ -behälter SPS-141, SPS-142B
Behälter zur Foto- und Signalaufklärung KKR-1/T (**Su-20**, **22**, **M2**, **3**, **4**, **UM**), KKR-1/2 (**M3**), KKR-2A (**M3**), KKR-2T (**Su-17M3**), KKR-1/54 (**Su-17M4**)
Zum Selbstschutz war die Mitführung von Täuschkörperwer-

Bewaffnet ist diese Su-22M4 an den äußeren Pylonen mit lasergelenkten Ch-25ML-Raketen, an den inneren sind es FAB-250-Sprengbomben. (Foto: Eric Krikke)

Noch 1993 wurde diese Su-17M4 in Moskau gezeigt und trägt ganz außen eine 400 kg schwere, lasergelenkte S-25L-Rakete zur Bekämpfung von Bodenzielen, dann eine R-60 zur Selbstverteidigung und innen einen UB-32-Behälter für 32 ungelenkte 57-mm-Raketen. Bemerkenswert auch die großen Täuschkörperwerfer auf dem Rumpf. (Foto: Rob Schleiffert)

fern ASO-2W (**M2**, **3**, **4**) sowie KDS-23 (**Su-17M3**, **4**, **Su-22M3**, **M4**) üblich.
Fest installiert wurden zwei 30-mm-Kanonen NR-30 mit je 80 Schuss Munitionsvorrat in den Flügelwurzeln, reduziert auf eine NR-30 bei den zweisitzigen Trainerversionen. Zusatztanks, Aufklärungsbehälter und die Waffenlast wird ausschließlich an externen Aufhängepunkten mitgeführt, zu Anfang standen sechs (**Su-17**), dann acht (**Su-17M**, **Su-20**, **M2**) und zum Schluss bis zu zehn (**M3**, **M4**) zur Verfügung.

Die Bewaffnungsmöglichkeiten bestehen aus:
bis zu 3000 kg bei der Su-17 sowie den Trainerbaureihen, 4000 kg bei allen folgenden Versionen bzw. 4250 kg (**M3**) Abwurfwaffen wie
Atombomben RN-24, RN-28, RN-29, RN-35
Sprengbomben FAB-100 (nominal 100 kg), FAB-250 (250 kg), FAB-500 (500kg)
Splittersprengbomben OFAB-100, OFAB-250
Lasergelenkte Bomben KAB-500L
Gleitbomben PB-250
Clusterbomben RBK-250, RBK-500
Brandbomben ZAB-100 und Napalmtanks ZB-500
Aerosolbomben ODAB-500
KMGU-Waffenbehälter mit Submunition (ab **Su-17M**)
Behälter UB-16 und UB-32 mit 16 bzw. 32 ungelenkten 57-mm-Raketen
Behälter B-8M mit 20 ungelenkten 80-mm-Raketen
Behälter B-13 mit fünf ungelenkten 122-mm-Raketen
Ungelenkte 240-mm-Raketen S-24
Ungelenkte S-25-Raketen mit einem Sprengkopfkaliber von 250 bis 420 mm
Luft-Boden-Lenkwaffen Ch-23 (ab **Su-17M**), Ch-25ML (**M2**, **3**, **4**, **UM**), Ch-25MR / MP (**M3**, **4**)
Anti-Radar-Lenkwaffen Ch-27PS (**M3**, **4**), Ch-28 (**M2**, **3**), Ch-58E (**M3**, **4**)
Luft-Luft-Lenkraketen R-3S, R-13M (alle), R-60 und R-60M (**M2**, **3**, **4**) zur Selbstverteidigung
Waffenbehälter UPK-23-250 mit einer doppelläufigen 23-mm-MK GSch-23 mit 250 Schuss Munitionsvorrat
Waffenbehälter SPPU-22 mit einer doppelläufigen, schwenkbaren 23-mm-MK GSch-23 mit 260 Schuss Munitionsvorrat (**Su-17**, **17M**, **M2**, **3**, **4**, **Su-22M4**)

Nutzer der Su-17 / 20 / 22
Die **Sowjetunion** hatte die Su-17 und ihre Versionen insgesamt vier Umschulungs-, 32 Jagdbomber/Schlachtflieger- sowie 12

Aufklärungsregimentern von Luft- und Marinefliegerstreitkräften zugeführt. Ein Regiment hatte drei bis vier Staffeln mit nominal acht bis zwölf Flugzeugen. Die ersten von insgesamt 40 Su-17 gingen im Oktober 1970 an das zur 303. Gemischten Luftwaffendivision, 1. Luftarmee gehörende 523. Jagdbomberfliegerregiment (ABIP) in Wosdwischenka. Hier begann die Umschulung auf den Jagdbomber, auch Werkspiloten des Herstellerwerks wurden hier trainiert und die vierte Staffel des Regiments übernahm wie schon mit dem Vorgänger Su-7 das Überführen neuer Su-17 zu den künftigen Einsatzverbänden. Im Oktober 1971 wurde die Einsatzbereitschaft des Flugzeugs vermeldet, aus dem Verband wurde im November 1976 übrigens das 523. Bombenfliegerausbildungsregiment (IBAP). Nachdem die ersten Serienmaschinen im Fernöstlichen Militärbezirk in Dienst gestellt wurden, verteilte die Luftwaffe weitere Su-17 und nachfolgende Versionen auch auf Stützpunkten des Baltischen, Karpatischen, Leningrader, Moskauer, Nordkaukasischen, Odessaer, Transbaikalischen, Transkaukasischen, Turkmenischen und Weißrussischen Militärbezirk. Insgesamt kamen mehr als 30 Standorte zusammen und wurden durch weitere, außerhalb der Sowjetunion befindliche ergänzt. Dazu zählten Tschoibalsan in der Mongolei, Szprotawa in Polen, Kummadaras in Ungarn, Sliac in der Tschechoslowakei sowie vor allem Allstedt, Groß-Dölln (Templin), Großenhain und Neuruppin in der ehemaligen DDR. Hier verließen die letzten Su-17 im April 1994 das Land in Richtung Heimat. Zudem stationierten mehrere Regimenter Su-17, teils auch nur Flugzeuge und Personal, während des Krieges in Afghanistan auf dort geeigneten, lokalen Flugplätzen. Die sowjetische Marine rüstete mindestens vier Aufklärungs- und Schlachtfliegerregimenter der Baltischen, der Schwarzmeer- und Pazifikflotte mit dem Schwenkflügler aus. Das 1270. Trainingszentrum im ukrainischen Berdjansk am Asowschen Meer übernahm die Ausbildung der Su-17-Crews. Doch standen zunächst nur Handbücher des Su-7-Vorgängers oder für Su-17M der Luftstreitkräfte zur Verfügung und Einsatzverfahren über offener See mussten erst ausgearbeitet werden. Zuzüglich kamen bei den Einheiten anfangs etliche Piloten der Luftstreitkräfte zum Einsatz, immer wieder auch gebrauchte Maschinen der Serien M, M2 und M3. Eine Bestückung mit vier Zusatztanks war für eine brauchbare Reichweite üblich.

Im Betrieb war das AL-21-Triebwerk anfangs von einigen Fehlfunktionen mit Aussetzern und Triebwerksbränden gekennzeichnet, was mehrmals zu Havarien führte. Mit der F-3-Baureihe wurde das Triebwerk zuverlässiger und musste nach 450 h überholt werden. Später konnte der Interwall auf 500 h ausgedehnt werden. Durch die zahlreichen Verbesserungen innerhalb der Su-17-Baureihen wurde das Flugzeug auch immer komplexer und die Wartung anspruchsvoller. Mit Auflösung der Sowjetunion und des östlichen Militärbündnisses wurden zahlreiche Maschinen von Auslandsstützpunkten zurückgeführt und im Einklang mit Streitkräftereduzierungen eingelagert. Vorrangig stellte man tatsächlich einstrahlige Typen in die zweite Reihe oder ganz außer Dienst, was sich bei bestimmten Aufgaben als uneffektiv erweisen sollte. Im ersten Tschetschenien-Krieg 1994-1996 flogen einige Su-17 noch Aufklärungsmissionen und überzeugten mit Rentabilität, sodass nachfolgend eine Wiederaufstellung von ein bis zwei Regimentern mit Su-17 (und ebenfalls einstrahligen MiG-27) erwogen wurde. Doch inzwischen befanden sich die übrig gebliebenen, eingelagerten Zellen in keinem guten Zustand, es fehlten Ersatzteile und die dafür nötigen Finanzen. Zu dieser Zeit gehörte das 313. Selbstständige Aufklärungsregiment in Domna zu den letzten aktiven Einheiten mit Su-17, bis 1998 der Dienst des Flugzeugs in den sowjetischen Luftstreitkräften endete. Etwa zeitgleich verabschiedeten sich auch die sowjetischen Marineflieger von dem Muster, hier gilt die von einem ganzen Regiment übrig gebliebene 43. Selbstständige Marineschlachtfliegerstaffel auf der Krim als letzter operationeller Verband. Einige Maschinen flogen wohl noch sporadisch zum Training oder zu Testzwecken.

Kanonenbehälter SPPU-22 stellten eine Besonderheit dar, denn sie konnten ihre beiden 23-mm-Kanonen nach unten schwenken und sie konnten auch nach hinten feuernd am Flugzeug angebracht werden. Daneben ein SPS-141-Störbehälter. (Foto: Heiko Thiesler)

Typ	Su-17	Su-17M	Su-17M2	Su-17M3
Verwendung	Jagdbomber	Jagdbomber	Jagdbomber	Jagdbomber
Besatzung	1	1	1	1
Triebwerk und Maximalschub	ein Saturn AL-7F-1-150 mit 94,1 kN mit Nachbrenner	ein Saturn AL-21F-3 mit 109,8 kN mit Nachbrenner	ein Saturn AL-21F-3 mit 109,8 kN mit Nachbrenner	ein Saturn AL-21F-3 mit 109,8 kN mit Nachbrenner
Spannweite (m)	10,02-13,68	10,02-13,68	10,02-13,68	10,02-13,68
Länge (m)	18,10	18,73	18,87	19,02
Höhe (m)	4,96	4,86	4,86	5,13
Flügelfläche (m^2)	38,49-34,45	38,49-34,45	38,49-34,45	38,49-34,45
Leermasse (kg)	9950	10.050	10.445	10.880
Startmasse max. (kg)	16.949	18.370	18.940	19.630
Höchstgeschwindigkeit (km/h)	2150	2230	2230	2300
Steiggeschwindigkeit (m/s)	180	200	210	220
Landegeschwindigkeit (km/h)	260	270	280	285
Startstrecke (m)	850	750	850	900
Landestrecke (m)	750	950	950	950
Dienstgipfelhöhe (m)	16.300	15.600	15.400	15.200
Reichweite (km)	980	1670	1615	1520
Bewaffnung	zwei 30-mm-MK sowie bis 3000 kg Bomben, Raketen, Waffenbehälter	zwei 30-mm-MK sowie bis 4000 kg Bomben, Raketen, Waffenbehälter	zwei 30-mm-MK sowie bis 4000 kg Bomben, Raketen, Waffenbehälter	zwei 30-mm-MK sowie bis 4250 kg Bomben, Raketen, Waffenbehälter

Einsatzregimenter (Auswahl)

Sowjetunion

15. OMSchAP, 18. IBAP, 20. GwABIP, 26. GwABIP, 29. UAP, 43. OMSchAP, 58. ABIP, 66. OMSchAP, 67. ABIP, 69. IBAP, 89. IBAP, 101. ORAP, 125. ORAP, 136. ABIP, 156. ABIP, 168, ABIP, 173. OMSchAP, 187. ABIP, 189. GwABIP, 217. IBAP, 229. ABIP, 274. ABIP, 293. ORAP, 294. ORAP, 302. ABIP, 314. ABIP, 317. ORAP, 328. GwORAP, 497. ABIP, 523. IBAP, 730. ABIP, 802. UAP, 806. IBAP, 827. ORAP, 841. GwABIP, 846. OMSchAP, 886. ORAP, 940. ABIP, 953. ABIP, 959. UAP, 963. UAP, 976. ABIP

Russland

20. ABIP, 43. OMSchAP / 43. OMSchAE, 66. OMSchAP, 101. ORAP, 266. ABIP, 274. ABIP, 523. ABIP

Als sich mit dem Zerfall der Sowjetunion die vorherigen Teilrepubliken in unabhängige Staaten aufsplitterten, wurden etliche Flugzeuge nachfolgend auf diese aufgeteilt oder eben eingelagert und verschrottet. 1992 waren noch annähernd 200 Exemplare hauptsächlich in den Aufklärer- und Schulversionen im Bestand. Die **Ukraine** hatte 1992 noch gut 30 Su-17M4R sowie UM3K im Einsatzberieb, bis 1997 halbierte sich deren Anzahl. Im Zuge von Umstrukturierungen wurde im Jahr 2000 aus dem 827. Selbstständigen Aufklärungsregiment in Limanskoye die 827. Staffel und schließlich 2003 aufgelöst. Im nächsten Jahr betraf das auch das 48. Regiment in Zaporoshye und führte damit zur endgültigen Außerdienststellung der Su-17 in der ukrainischen Luftwaffe. Einige ehemalige Flugzeuge wurden in einsatzfähigem Zustand nach Jemen und Vietnam ver-

Typ	Su-17M4	Su-17UM
Verwendung	Jagdbomber	Kampftrainer
Besatzung	1	2
Triebwerk und Maximalschub	ein Saturn AL-21F-3 mit 109,8 kN mit Nachbrenner	ein Saturn AL-21F-3 mit 109,8 kN mit Nachbrenner
Spannweite (m)	10,02-13,68	10,02-13,68
Länge (m)	19,02	19,02
Höhe (m)	5,13	5,13
Flügelfläche (m^2)	38,49-34,45	38,49-34,45
Leermasse (kg)	10.770	10.900
Startmasse max. (kg)	19.500	18.510
Höchstgeschwindigkeit (km/h)	1850	2070
Steiggeschwindigkeit (m/s)	230	210
Landegeschwindigkeit (km/h)	285	280
Startstrecke (m)	900	950
Landestrecke (m)	950	950
Dienstgipfelhöhe (m)	15.200	15.400
Reichweite (km)	2550 mit Zusatztanks	2000 mit Zusatztanks
Bewaffnung	zwei 30-mm-MK sowie bis 4000 kg Bomben, Raketen, Waffenbehälter	eine 30-mm-Mk sowie bis 3000 kg Bomben, Raketen, Waffenbehälter

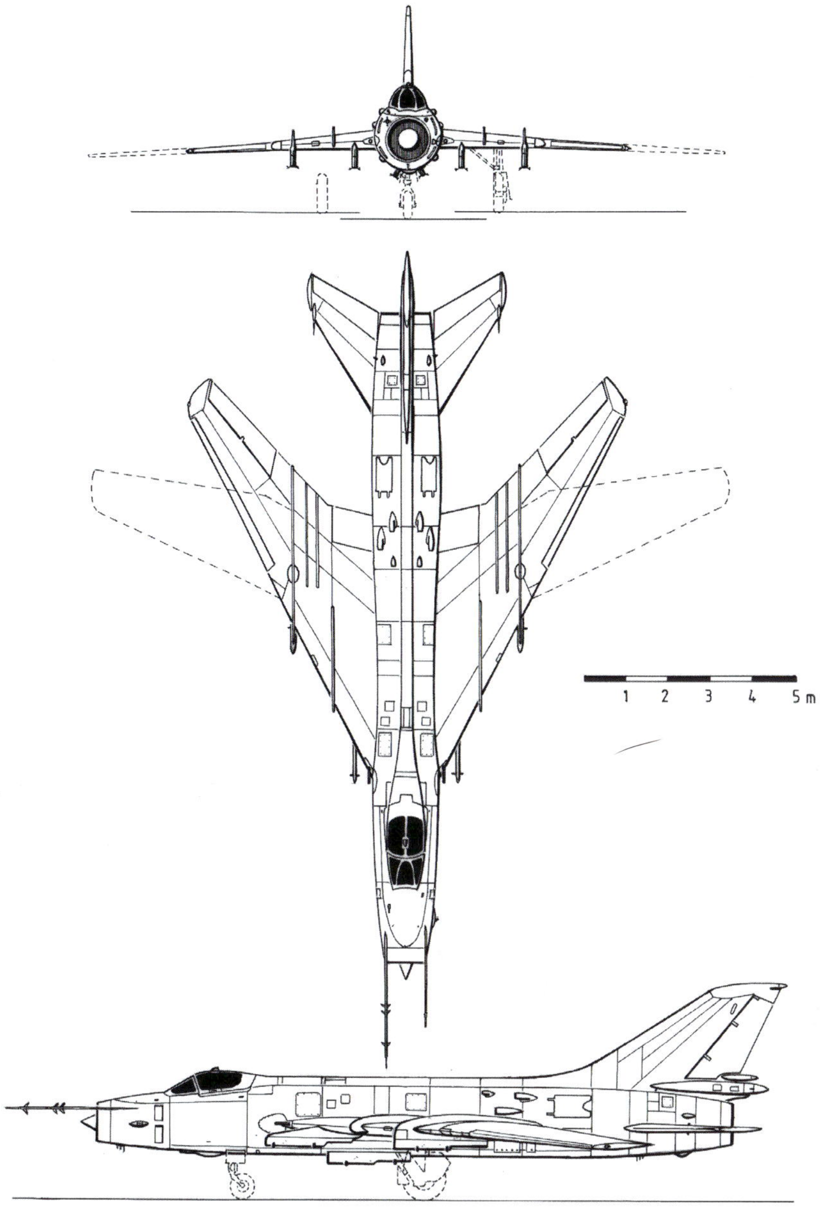

Dreiseitenriss der Su-17M. (Zeichnung: Manfred Meyer)

Einsatzregimenter (Auswahl)
Turkmenistan
67. SAP
Ukraine
48. OGRAP, 827. ORAP
Usbekistan
59. APIB

kauft. Auch die ehemaligen Sowjetrepubliken Aserbaidschan, Turkmenistan, Usbekistan und Weißrussland flogen bis Anfang des 21. Jahrhunderts noch Su-17 in überschaubaren Stückzahlen oder lagerten sie ein.

Ägypten zählte zu den ersten Exportkunden des Schwenkflügeljagdbombers und erhielt ab 1973/74 etwa 50 Su-20. Sie kamen vereinzelt im Yom-Kippur-Krieg mit Israel im Oktober 1973 und vier Jahre später im Grenzkrieg mit Libyen zum Kampfeinsatz. In den 1980er-Jahren wurden sie zunehmend von F-4 Phantom II ersetzt, die letzten Su-20 verblieben bis zum Ende der nächsten Dekade, zuletzt bei der 35th Squadron in Khatamia, im Dienst. In einer geheim gehaltenen Aktion übernahm der bundesdeutsche Nachrichtendienst zwei Exemplare und ließ sie im November 1984 in Kisten verpackt zur

Nach Auflösung der Sowjetunion nutzten die russischen Marineflieger nur noch wenige der Schwenkflügler, hier eine Su-17M3 des 43. OMSchAP als eines der letzten Einsatzregimenter. (Foto: Sergej Zwetkow)

Mit R-60-Luftkampfraketen und Raketenabschussbehälter ausgestattete Schulmaschine vom Typ Su-17UM3. Der Spiegel des Fluglehrers auf dem hinteren Cockpit ist ausgeklappt. (Foto: MPD via Muchin)

Wehrtechnischen Dienststelle 61 nach Manching fliegen. Hier sollten sie als Muster sowjetischer Kampftechnik getestet und bewertet werden, eine der Su-20 auch im Flug. Diese Maschine unternahm zwischen Juni und Oktober 1985 insgesamt 26 Flüge und lieferte wichtige Daten zur Erstellung eines elektronischen Erkennungsprofils ab.

Afghanistan: Von der Sowjetunion schon seit längerem mit Waffentechnik ausgerüstet, trafen ab Mitte der 1980er-Jahre angeblich mindestens 60 Su-20, Su-22M3, M4 sowie UM3K bei der afghanischen Luftwaffe ein und rüsteten das 321. Jagdbomberregiment in Bagram sowie das 355. Jagdbomberregiment in Shindand aus. Sie wurden an der Seite sowjetischer Einheiten Teil der laufenden Kampfhandlungen und fanden sich nach dem Sturz der prosowjetischen Regierung in verschiedenen Bürgerkriegsfraktionen wie der Nordallianz oder den Taliban wieder. Bis zur Jahrtausendwende sollen noch etwa 15 bis 20 Maschinen einsatzbereit gewesen sein, danach sank die Verfügbarkeitsrate rapide ab.

Algerien: Offenbar als Teil von Tauschgeschäften soll Algerien bis zu 30 Su-20, manchen Quellen zufolge auch Su-22, erhalten, diese dann aber an Ägypten weitergegeben haben.

Angola: Mehr als 30 Su-22, Su-22M4, UM und UM3K lieferte die Sowjetunion ab Anfang der 1980er-Jahre an die angolanische Luftwaffe, wo sie beim 26. Regiment in Dienst gestellt

Eine Su-22M4 der bulgarischen Luftwaffe setzt zur Landung an. (Foto: Alexander Golz)

und auf mehrere Basen verteilt wurden. Offenbar gelangten danach vormalige Einsatzexemplare aus Belarus nach Angola und zur Jahrtausendwende kaufte das Land weitere zwölf Überschussmaschinen von der Slowakei. Heute sind noch etwa ein Dutzend einsatzbereite Su-22M4 und UM3K auf der Mosamedish Luftwaffenbasis im Südwesten des Landes stationiert.

Bulgarien: Ab 1984 trafen 18 Su-22M4 sowie vier UM3K-Trainer bei der bulgarischen Luftwaffe ein und wurden Bestandteil der 2. Staffel des in Dobrich beheimateten 26. Selbstständigen Aufklärungsregiments. Die Flugzeuge wechselten 2001 auf die Basis Yambol, etwa zur selben Zeit wurden mit GPS oder einem Radiotransponder kleine Upgrades realisiert. Der Einsatz der Su-22 endete in bulgarischen Diensten 2004.

Diese Su-22M4 der DDR-Luftstreitkräfte landet gerade auf dem Stützpunkt Laage, wo sowohl JBG 77 als auch das MFG 28 mit dem Typ ausgerüstet und beheimatet waren. (Foto: Detlev Grass)

DDR: Insgesamt 48 Su-22M4 und acht UM3K erhöhten die Kampfkraft der ostdeutschen Luftwaffe ab Ende 1984 und wurden dem Jagdbombergeschwader 77 sowie dem Marinefliegergeschwader 28 zugeführt. Die beiden Geschwader operierten vom Standort Laage aus und beurteilten die Flugzeuge besser als die MiG-23BN. Sie waren leistungsstärker und die Waffenpalette umfangreicher. Möglich war auch die Verwendung taktischer Atombomben, die von den in Deutschland stationierten sowjetischen Truppen gebunkert, im Ernstfall den Flugzeugen zugeführt, kontrolliert und scharf gemacht wurden. Bis zum Dienstende im September 1990 gingen zwei Su-22M4 durch Absturz verloren. Insgesamt sieben der ausgemusterten Jagdbomber wurden nachfolgend von der Bundeswehr in der WTD 61 in Manching getestet, andere gingen zur Bewertung in die USA.

Irak: Bereits 1973 wurden mindestens 15 Su-20 in die irakische Luftwaffe eingegliedert, von 1976 an folgten etwa 36 Su-22, 36 Su-22M, 18 M3 sowie 36 M4 und UM3K. Sie gehörten 1980-1988 zu den wichtigsten Angriffsflugzeugen im Krieg mit Iran und kamen von mehreren Stützpunkten aus zum Einsatz. Verluste wurden mit den oben genannten, jüngeren Varianten ausgeglichen, doch verlor Irak die meisten der noch verbliebenen Maschinen im Golfkrieg 1991. Einige wurden von den gegen Irak kämpfenden Alliierten zerstört und angeblich bis zu 44 Su-20 und 22 flohen auf sichere Stützpunkte des vormaligen Kriegsgegners Iran. Einige wenige wurden aber noch zu Beginn des 21. Jahrhunderts im Irak gesichtet.

Iran: Die 1991 in den Iran geflüchteten Su-20 und 22 wurden fürs Erste lediglich inspiziert und größtenteils eingelagert, bis im Jahr 2013 die Überholung von mindestens 10 Maschinen der Baureihen M4 und UM3K unter Führung des Unternehmens Pars Aviation in Mehrabad begann. Zusätzlich wurden neue Systeme, z.T. eigenentwickelte oder von ausländischen Typen abgeleitete Lenkwaffen integriert und die Flugzeuge offiziell im Juli 2018 von den Fliegerkräften der republikanischen Garde (IRGC) übernommen.

Jemen: In der postkolonialen Zeit entstand 1962 zunächst die Jemenitische Arabische Republik, auch als Nordjemen bekannt und mit Sanaa als Hauptstadt, mit dem Verlassen der letzten britischen Verwalter 1967 folgte die Proklamation der Republik Südjemen, auch Volksdemokratische Republik Jemen genannt und mit Aden als Hauptstadt. Ein interessanter Aspekt ist die Lieferung sowjetischer Waffentechnik, einschließlich der Suchoi-Schwenkflügler, an beide jemenitische Staaten. Dabei soll Nordjemen zum Ende der 1970er-Jahre rund 20 Su-22M und UM3 erhalten haben, Südjemen stellte ab 1976 etwa zwölf Su-22 und ab 1982 gut 35 Su-22M3, M4

Die DDR-Luftstreitkräfte erhielten ab 1984 Su-22M4 und UM3K, dieser zum JBG 77 gehörende Jagdbomber wird gerade einsatzklar gemacht und betankt. Im Hintergrund eine startende Transportmaschine vom Typ AN-26. (Foto: Detlev Grass)

Eine Su-22M4 sowie eine Su-22UM3 verschmelzen beinah miteinander und begeisterten in dieser Form auf der Kish Airshow 2018. (Foto: Alexander Golz)

und UM3 in den Dienst. Einsatzbereite Flugzeuge wurden ab 1990 Teil der Luftwaffe des nunmehr vereinigten Jemen und in der Folgezeit gefragte Muster im immer wieder neu entfachten Bürgerkrieg. Zu Anfang des 21. Jahrhunderts kamen ukrainische Überschussmaschinen vom Typ Su-17M4 hinzu. 2013 soll es noch mehr als ein Dutzend einsatzbereite Exemplare gegeben haben, wieviel aktive Jagdbomber heute noch im Dienst stehen, ist unklar. Der letzte Einsatzverband ist die 26. Staffel in Sanaa.

Libyen: Gut 50 Su-22, Su-22M, M2, M3 und UM3 gingen ab Ende der 1970er Jahre an die libysche Luftwaffe. Bis zu Anfang der 1990er-Jahre sank die Verfügbarkeitsrate der Kampfjets und führte zur vorübergehenden Außerdienststellung und Einlagerung der durch vielfache Einsätze dezimierten Flotte. Nach der Jahrtausendwende wurden einige Maschinen wieder in den einsatzfähigen Zustand gebracht und waren Bestandteil der Auseinandersetzungen gegeneinander gerichteter Fraktionen im Bürgerkrieg ab 2011. Der aktuelle Status ist unklar.

Peru: Innerhalb von Modernisierungsplänen beschaffte die peruanische Luftwaffe 32 Su-22M sowie vier Su-22U und stattete damit ab Juni 1977 die 111. Staffel auf der Basis El Pato, Talara aus. Nochmal 16 der leistungsfähigeren Su-22M3 sowie drei UM-Trainer folgten ab Mai 1980 und rüsteten die 411. Staffel auf der Maldonado Begazo Luftwaffenbasis in La Joya aus. 1993 wurden die Su-22M ebenfalls der 411. Staffel überstellt und ab Ende der 1990er-Jahre folgten Teilmodernisierungen mit GPS, neuen Radarwarnempfängern, Täuschkörperwerfern und R-60-Luftkampfraketen. Bemerkenswert waren Tests mit Flugbetankungsanlagen an zwei der Su-22M. Im Jahr 2006 erfolgte die Ausmusterung der Flugzeuge.

Polen: Offenbar ist die polnische Luftwaffe der größte Exportabnehmer, zugleich der letzte Betreiber des Schwenkflüglers in Europa. Die ersten sechs von insgesamt 27 Su-20 trafen im April 1974 bei der 7. Bomben- und Aufklärungsbrigade in Powdiz ein, die 1982 zum 7. Bomber- und Aufklärungsregiment wurde. Zwei Jahre später setzte die Lieferung von insgesamt 90 Su-22M4 sowie 20 Su-22UM3K ein. Hier wurde das 6. Regiment auf der Pila-Luftwaffenbasis zum Erstempfänger. Die Flotte wurde mit Auflösung des Warschauer Paktes zwischen 1990 und 2010 auf 32 Exemplare reduziert, sämtliche Su-20 und Su-20R bis Februar 1997 ausgemustert. Kleinere Upgrades führten zum Einbau von GPS, TACAN und Instrumentenlandesystem, polnischen Funkgeräten, Flugdatenrekorder sowie Freund-Feind-Erkennungs-Transpondern, ab 2015 griffen zudem lebensverlängernde Maßnahmen für zusätzliche 800 Flugstunden. Hinzu kam ein Anstrich, der radarabsorbierende Fähigkeiten aufweist. Gegenwärtig leisten noch 18 Maschinen ihren Dienst bei der 21. BLT in Swidwin, der nicht vor dem Jahr 2025 enden soll. Viele Aufgaben wie bspw. Aufklärungsflüge erfüllen die Su-22 rentabel. In der bisherigen Einsatzzeit mussten acht Su-20 und elf Su-22 durch Abstürze und Havarien abgeschrieben werden.

Syrien: Ab 1973 gelangten 15 Su-20 zur Nayrab-Luftwaffenbasis der syrischen Armee und noch im selben Jahr in die bewaffneten Auseinandersetzungen mit Israel. Annähernd 40 Su-22M folgten ab 1979 in den Bestand, ab 1983 auch etwa 20 Su-22M3 und ab 1984 noch einmal 40 Su-22M4 und UM3K für vier Einsatzstaffeln. Später wurden etliche Maschinen überholt und die Su-22M auf den M2-Standard modernisiert. Mit dem seit Jahren tobenden Bürgerkrieg nahmen Verschleiß und Abschreibungsrate erheblich zu. Zumindest einige Verluste konnten mit Überschussmaschinen aus dem Ausland kompensiert werden, wozu auch mehrere frühere aus dem Irak und in der letzten Dekade im Iran überholte Su-22M4 zählen. Die verbliebenen Exemplare operieren hauptsächlich in der 685. Staffel und von Tiyas aus.

Tschechoslowakei, Tschechien, Slowakei: Als Mitglied der Warschauer Vertragsorganisation empfing die tschechoslowakische Luftwaffe ab 1984 insgesamt 50 Su-22M4 und neun Trainer UM3K. Die rüsteten zwei Jagbomber- sowie ein Aufklärungsregiment in Prerov, Namest nad Oslavou sowie Pardubice aus. Mit der Teilung des Landes wurde auch der Bestand der Luftwaffe im Verhältnis 2:1 geteilt. So erhielt Tschechien mit 36 den größeren Teil und setzte die Flugzeuge in der 321. Taktischen Jagdbomber- und Aufklärungsstaffel sowie einige beim 47. Aufklärungsregiment in Pardubice ein, bis die Außerdienststellung im März 2002 vollzogen war. Die Slowakei nutzte bis zum Jahr 2000 drei UM3-Trainer sowie 18 Su-22M4 in zwei Jagdbombergeschwadern am Standort Malacky-Kuchyna.

Ungarn: Als einziges Mitglied im Warschauer Pakt kaufte Ungarn die Su-22M3, zwölf dieser Maschinen plus drei UM3-Schulflugzeuge wurden ab 1981 in Dienst gestellt. Bis zur Ausmusterung 1997 war die Luftwaffenbasis Taszar Heimatstandort der Flugzeuge, zwei waren während der Dienstzeit abgestürzt.

Vietnam: Bis heute fliegen Su-22 mit auffälligen Farbschemen in der vietnamesischen Luftwaffe, die den Jagdbomber im Jahr 1980 einzuführen begann. Mehr als 50 Su-22M3, M4 und UM3K wurden abgenommen und später durch etwa 40 Überschussmaschinen aus mehreren ehemaligen Nutzerländern ergänzt. Zum Ende der 1990er-Jahre kam ein Großteil von ihnen, angeblich 54 Exemplare, in den Genuss von Modernisierungen, die in Russland realisiert wurden. Heute sind Su-22 noch an mehreren Standorten anzutreffen.

Libysche Su-22 in der Frontalansicht. Libyen kaufte ab Ende der 1970er-Jahre eine große Anzahl der robusten Jagdbomber. (Foto: Chris Lofting)

Als eines der wenigen lateinamerikanischen Länder kaufte Peru sowjetische Waffentechnik, ab 1977 gehörten Su-22 verschiedener Versionen dazu. (Foto: Chris Lofting)

Su-22M4 der polnischen Luftwaffe im Landeanflug. Backbord trägt sie eine sogenannte Schreiberrakete für Schießübungen. (Foto: John Allen)

Zusatztanks gehörten zum gewohnten Anblick der Einsatzmaschinen, in diesem Fall sind es vier jeweils 1150 l fassende Behälter. (Foto: Chris Lofting)

Einsatzverbände (Auswahl)
Ägypten
35th Squadron
Afghanistan
321., 355. Regiment
Angola
26. Jagdbomberregiment
Bulgarien
26. ORAP, 2/26 Eskadrila
DDR
JBG 77, MFG 28
Irak
No 1, No 5, No 44, No 69, No 109 Squadron
Iran
IRGC
Jemen
2., 15., 22. Regiment
Libyen
1022., 1032., 1042., 1122. Squadron
Peru
111., 411. Squadron
Polen
6. PLBR / 6. ELT, 7. PLBR / 7. ELT, 40. PLBR / 40. ELT, 21. BLT
Syrien
677., 685., 820., 827., 947. Squadron

Ein Doppelsitzer Su-22UM3 der slowakischen Luftwaffe, wo der Schwenkflügler im Jahr 2000 außer Dienst gestellt wurde. (Foto: Eric Krikke)

Tschechien flog die Su-22 bis zum März 2002. (Foto: Chris Lofting)

Ungarische Su-22M3 besuchten 1987 den ostdeutschen Standort Laage und trugen zu jener Zeit noch das alte Hoheitszeichen mit Stern. (Foto: Detlev Grass)

Tschechoslowakei
6. SboLP, 20. SboLP, 47. PzLP
Tschechien
321. TPzLt, 47. PzLP
Slowakei
2. SboLK, 33. SboLK
Ungarn
31. HRE
Vietnam
921., 923., 929., 937. Jagdbomberregiment

Diese Su-22M3 der ungarischen Luftwaffe hat gerade aufgesetzt, am Leitwerk ist das neue, dreieckige Hoheitszeichen zu erkennen. (Foto: Chris Lofting)

Kampfeinsätze

Mit dem Yom-Kippur-Krieg im Oktober 1973 erlebte die Su-20 ihre Feuertaufe. Von der Luftwaffenbasis Tiyas aus flogen syrische Maschinen dieses Typs insgesamt 98 Kampfeinsätze, meist in extrem niedrigen Höhen und in Gruppen von bis zu zwölf Flugzeugen. Sie setzten vorwiegend 250- und 500-kg-Bomben, ungelenkte Raketen, aber auch Brandbomben sowie panzerbrechende Bomblets gegen Ziele wie Flugplätze, Luftabwehrstellungen, Fahrzeuge, Truppenansammlungen und Industrieanlagen ein. Nicht weniger als acht syrische Su-20 wurden während der Kampfhandlungen abgeschossen, vier weitere Verluste mit diesen Jagdbombern musste die ägyptische Luftwaffe, die ebenfalls massiv in den Konflikt involviert war, hinnehmen.

Nachdem ägyptische Grenzposten im Juli 1977 Ziele libyscher Angriffe waren, reagierte Ägypten mit Artilleriebeschuss und Attacken aus der Luft. Dazu wurden wiederum Su-20 verwendet. Unter Begleitschutz fliegend, griffen die Su-20 libysche

Die Farbschemen der vietnamesischen Su-22 sind teilweise recht außergewöhnlich und farbenfroh wie diese Schulmaschine beweist. (Foto: Minh Koa)

Radarstationen und Flugplätze an und konnten dabei abgestellte Flugzeuge sowie Start- und Landebahnen zerstören. Während die Kampfhandlungen nur wenige Tage währten, entwickelten sich schon bald an anderer Stelle größere Konflikte, die in jahrelangen Kriegen ausarteten.

Die Bindungen der Sowjetunion zu Afghanistan reichen weit zurück, das Land erfüllte durchaus eine Pufferfunktion zwischen den damaligen CENTO-Mitgliedern Iran und Pakistan und den südlichen Sowjetrepubliken. Die 1978 durch einen Putsch an die Macht gekommene linksgerichtete Regierung erklärte schon bald der afghanischen Muslimbruderschaft den Krieg, eskalierende Gewalt, Übergriffe auf Ausländer und bürgerkriegsähnliche Zustände folgen und führen Ende 1979 zum groß angelegten Engagement sowjetischer Truppen. Sowjetische Schwenkflügler Su-17M2, 3 und 4 gehören in den Folgejahren zu den am meisten eingesetzten Jagdbombertypen, in Shindand werden ab März 1980 auch Maschinen der frühen Baureihen Su-17 und 17M stationiert und vom 217. ABIP eingesetzt. Von hier aus operieren zudem Su-17M2 und M4 des 274. ABIP, während das 136. ABIP je eine Staffel mit Su-17M3 nach Shindand, Bagram und Kabul verlegt. Das 156. ABIP fliegt von Kandahar sowie vom in Turkmenistan liegenden Stützpunkt Mary-2 aus Kampfeinsätze, von Kandahar aus operieren ferner Su-17M3 des 168. ABIP. Für Aufklärungsflüge stehen in Bagram Su-17M3R und M4R der 263. Aufklärungsstaffel bereit. Als Jagdbomber wurden vorwiegend 100-, 250- und 500-kg-Bomben, ungelenkte Raketen, Behälter mit Minen und Clusterbomben, Brandbomben sowie lasergelenkte Luft-Boden-Raketen Ch-25ML und Ch-29ML eingesetzt, doch durfte die Waffenzuladung unter den Umweltbedingungen Afghanistans nicht mehr als 1500 kg betragen. Die Einsatzflüge wurden manuell oder automatisch ausgeführt, doch erwiesen sich die von der Bordelektronik automatisch gesteuerten gerade in der Anfangszeit oft als fehlerhaft. Effizienter waren Sturzflugangriffe im Winkel von bis zu 70 Grad. Insbesondere bei den groß angelegten Offensiven der sowjetischen Streitkräfte wirkten auch die afghanischen Su-20 und 22 mit und flogen Attacken auf Rebellenpositionen, aber auch Flüchtlingscamps bis ins benachbarte Pakistan. So kam es mehrmals zu Abfangaktionen durch pakistanische Kampfflugzeuge, wobei F-16 mindestens drei der afghanischen Schwenkflügeljagdbomber abgeschossen haben sollen. Verluste sowjetischer Maschinen nahmen durch bodengestützte Waffen, insbesondere den tragbaren Fla-Raketen und hier vor allem durch die Stinger aus US-amerikanischer Produktion zu. Letztendlich erlitten die Su-17 der sowjetischen Fliegerkräfte durch Abschüsse und Abstürze mit 33 Maschinen die größten Verluste unter den eingesetzten Flugzeugen. Im Ergebnis gab es ab der zweiten Hälfte der 1980er-Jahre eine zusätzliche Panzerung an sensiblen Bereichen wie Triebwerk, Tanks oder Kraftstoffpumpe, des Weiteren wurde die Anzahl der Täuschkörperwerfer von vier auf acht und schließlich zwölf erhöht. Mit der Vereinbarung zum Abzug der sowjetischen Verbände aus Afghanistan, werden die letzten Su-17 Anfang 1989 außer Landes geflogen, Su-20 und 22 der afghanischen Luftwaffe realisierten aber weiterhin Jagdbomberattacken. Auch hier erlitten die Regierungstruppen Verluste inklusive der Flucht afghanischer Piloten mit ihren Su-22 nach Pakistan oder als Überläufer zu den Mudschaheddin. Ab den 1990er-Jahren bekämpften sich verschiedene Fraktionen in Afghanistan und setzten hierbei Su-22 ein, ein gutes Dutzend wurde abgeschossen, 1994/95 auch von Jagdflugzeugen in der Luft.

Im Krieg gegen Iran flogen die irakischen Su-20 und 22 von 1980 bis 1988 die meisten aller Angriffe auf Bodenziele und Armeeverbände. Bis ins Jahr 1981 hinein gab es allerdings aufgrund von Triebwerksproblemen Flugverbote für die Su-20, die fortan auch Ölverladeeinrichtungen und Schiffe im Persischen Golf mit Bomben belegten und zwei davon versenken sowie einen unter türkischer Flagge fahrenden Tanker beschädigen konnten. Mitunter handelten sie im Verbund mit Mirage F1, die bei den Attacken Lenkraketen verwendeten. Jahre später fungierten Mirage F1 als Zielbeleuchter für Su-22M3, wenn diese lasergelenkte Ch-29-Raketen einsetzten. Zur Bekämpfung von Luftabwehrstellungen kamen in kleinerer Stückzahl ab April 1986 auch Ch-25MP-Lenkwaffen zum Einsatz, außerdem trugen einige der Su-22 Störbehälter. Bei Tiefflugangriffen verwendeten die Kampfjets fallverzögerte FAB-500SchN-Bomben. Bei den zahllosen Einsätzen gab es mit 64 Maschinen auch viele Verluste, gut die Hälfte davon durch gegnerische Kampfflugzeuge, dazu eine hohe Abschreibungsrate, die teilweise mit neuen Flugzeugen ausgeglichen wurde. So stand bei der Invasion Kuwaits wiederum eine hohe Anzahl von Su-20/22 zur Verfügung, zwei Staffeln unterstützten von der Wahda-Luftwaffenbasis aus die Bodenoffensive der irakischen Truppen. Hierbei fiel eine Su-22 der Luftabwehr zum Opfer. Bei der zur Rückeroberung Kuwaits am 17. Januar 1991 gestarteten und unter Führung der USA erfolgten Operation „Desert Storm" wurden vier der irakischen Jagdbomber abgeschossen und 14 weitere am Boden zerstört, während der Großteil dieser Flugzeuge in den benachbarten Iran floh. Nach dem erneuten Waffengang gegen Irak 2003 entdeckten die US-Streitkräfte in dem Land nochmals mindestens sechs Su-20, eine Su-22M sowie zwei Su-22UM3.

Über viele Jahre waren Su-22 Teil der Auseinandersetzungen zwischen Nord- und Südjemen und später verschiedener Gruppierungen während des Bürgerkrieges. Bereits im Februar 1979 verübten Su-22 aus Südjemen Bombardements auf nordjemenitische Positionen und konnten dabei mehrere Flugzeuge am Boden zerstören, mussten selbst aber auch den Verlust von zwei Maschinen durch Abschuss hinnehmen. In den 1980er-Jahren folgten weitere Aktionen und auch nach der Vereinigung der beiden jemenitischen Staaten nutzten die

Die erste Ansicht zeigt eine Su-20 der Luftwaffe Ägyptens als einem der ersten Exportabnehmer des Schwenkflüglers und den seinerzeit typischen sandfarbenen Tarnschema. (Grafik: Srecko Bradic). Darunter ist eine ehemalige ägyptische Su-20 mit Kennungen der bundesdeutschen Luftwaffe versehen und diente 1985 geheimen Tests bei der WTD 61 in Manching. Deren Emblem ist am Leitwerk, unterhalb der deutschen Flagge angebracht. Als drittes Profilbild eine sowjetische Su-17M2 des 1.GwABIP mit Verbandswappen unter dem Cockpit. Sie trägt Zusatztanks unter dem Tragwerk sowie eine taktische Atombombe unter dem Rumpf. Mit gleicher Bewaffnung ganz unten eine Su-17M3 des 20. GwABIP, 1986 stationiert in Groß-Dölln (Templin), DDR. (drei Grafiken: Manfred Meyer)

gegeneinander gerichteten Fraktionen Su-22 zu Kampfeinsätzen. Die gipfelten vorerst im Mai 1994, als Jagdbomber dieses Typs Luftwaffenbasen im Norden, außerdem Kraftwerke sowie den Präsidentenpalast in Sanaa bombardierten. Dort holte man zum Gegenschlag aus und Su-22 griffen Hafen- und Kraftwerksanlagen sowie Ölraffinerien in Aden und später verstärkt Flugplätze an. Der Verschleiß der Flugzeuge nahm seinen Lauf, etliche wurden in der Ukraine und in Weißrussland überholt und wieder in den regulären Dienst überführt. So spielten Su-22 im Bürgerkrieg, der wesentlich von den sogenannten Huthi-Rebellen sowie Al Qaida-Kämpfern mitbestimmt wurde, eine wichtige Rolle. Bei den zahlreichen Kampfeinsätzen, ab Januar 2006 auch gegen Huthi-Rebellen, gab es einige Verluste. Allein zwischen 2009 und 2013 sollen fünf Su-22 durch Bodenbeschuss verloren gegangen sein, mindestens drei weitere wurden am Boden zerstört und etwa vier Maschinen mussten durch Unfälle abgeschrieben werden.

Die Luftwaffe Libyens verwendete Su-22 in den 1980er-Jahren mehrfach gegen Positionen im Nachbarland Tschad, Gebiets- und Vormachtansprüche oder die Unterstützung von Rebellen hatten immer wieder zu Spannungen und Grenzüberschreitungen geführt. So waren libysche Su-22 im Juli 1983 an schweren Luftangriffen auf mehrere Städte im Tschad wie z.B. Faya beteiligt, wobei eine der Maschinen abgeschossen wurde. Zwei Abschüsse sorgten schon 1981 für Furore, als die Spannungen mit den USA kontinuierlich anstiegen. Zwei Jahre zuvor hatte Libyen einseitig die Ausweitung seiner Hoheitsgewässer erklärt, in denen regelmäßig Flugzeugträgerverbände der US Navy operierten. Im August 1981 trafen zwei F-14 der USS Nimitz auf ein Paar libyscher Su-22M3 und begannen mit verschiedenen Manövern ihre Position zu behaupten. Schließlich erhielten die für den Luftkampf kaum geeigneten Su-22 von einer libyschen Bodenstation den Feuerbefehl, wurden zum Schluss aber beide selbst Opfer der von den F-14 gestarteten Lenkraketen. Andere libysche Su-22 wurden bei erneuten Kampfhandlungen über Tschad bis 1987 von der lokalen Luftabwehr abgeschossen und mit Beginn des Bürgerkriegs ab 2011 kamen derartige Flugzeuge wiederholt zum Kampfeinsatz.

Mit Angola nutzte ein anderes afrikanisches Land Su-22 für zahlreiche Kampfeinsätze, hauptsächlich im Bürgerkrieg ab den 1990er-Jahren. Die landeseigene Luftwaffe attackierte vorwiegend Stellungen und Truppen der UNITA-Rebellen aus sicherer Flughöhe, um dem Luftabwehrfeuer zu entgehen. Trotz dessen gingen 1987 und 1994 mindestens je eine der von den Piloten geschätzten Maschinen durch Beschuss vom Boden aus verloren.

Peru hatte seine Su-22 nicht nur im Kampf gegen Drogenbanden genutzt, sondern auch bei zwei Grenzkriegen mit Nachbarland Ecuador. So absolvierten diese Flugzeuge 1981 insgesamt 68 und 1995 weitere 40 Kampfeinsätze, in denen sie 250- und 500-kg-Bomben auf ausgemachte Ziele abwarfen. Bei letzterem Konflikt wurden zwei Su-22 abgeschossen, je nach Quelle von Fla-Raketen oder Jagdflugzeugen der Luftwaffe Ecuadors.

Zum Schluss muss natürlich noch Syrien genannt werden, wo die Schwenkflügeljagdbomber bis heute zu Bombardements eingesetzt werden. Nach dem Yom-Kippur-Krieg 1973 flogen Su-20 und 22 gelegentlich Angriffe auf israelische Ziele, die sich 1982 bei den Kampfhandlungen über Libanon intensivierten. Bei Aufklärungsflügen wurden KKR-1-Behälter verwendet, bei Jagdbomberangriffen meist Sprengbomben. Zehn Su-22M starteten im Juni zu einem Angriff auf Kommandoposten und das Hauptquartier der israelischen Armee im Südlibanon und waren dazu jeweils mit acht 500-kg-Bomben schwer beladen. Dank Frühwarnung durch eine E-2C Hawkeye konnten israelische Jagdflugzeuge sieben der syrischen Su-22M abschießen, die übrigen drei zerstörten aber das anvisierte Ziel und verursachten eine hohe Opferzahl unter den Soldaten. Mit dem Bürgerkrieg in Syrien ab 2011 wurden Su-22 verschiedener Versionen zum Rückgrat der Luftwaffe und zunehmend zu Luftschlägen eingesetzt. Zeitweilig waren es Dutzende Kampfeinsätze pro Tag, die Abnutzung der Flugzeuge stieg enorm. Noch 2015 befanden sich etwa 30 Su-22 im Dienst, einige wurden von lokalen Betrieben überholt und mindestens vier ex-irakische Exemplare gelangten via Iran zur syrischen Luftwaffe. Doch befanden sich diese in schlechter Kondition, drei davon stürzten ab. Schwere Verluste auf der Basis Shayrat, die zur Halbierung der syrischen Su-22-Flotte führten, gab es im April 2017 durch Marschflugkörperbeschuss von US-Zerstörern, die im Mittelmeer kreuzten. Im Juni desselben Jahres wurde eine weitere Maschine durch eine Super Hornet der US Navy abgeschossen, die Anzahl der intakten Su-22 ist derzeit nicht bekannt.

Als Abbildung ganz oben eine Su-22M4 der bulgarischen Luftwaffe mit den rot-grün-weißen Markierungen, die nach dem politischen Umbruch Anfang der 1990er-Jahre eingeführt wurden. (Grafik: Srecko Bradic). Die zweite Ansicht ist eine Su-22M4 des MFG 28 der DDR, behangen mit Zusatztanks, R-60 sowie einer TV-gelenkten Luft-Boden-Rakete Ch-29T. Sie trägt ferner mehrere Täuschkörperwerfer auf dem Rumpf. Wiederum im vierfarbigen Tarnanstrich eine Su-22M4 des JBG 77, mit R-60 zur Selbstverteidigung sowie Anti-Radar-Raketen Ch-58U. Zur Stromversorgung und Feuerleitung dient hierzu der Wjuga-Behälter unter dem Rumpf. Als letztes ein Kampftrainer Su-22UM3K des MFG 28 mit SPPU-Kanonenbehälter und nach unten gerichteter Kanone. Während die Kampfmaschinen der DDR-Streitkräfte rote Kennziffern trugen, waren sie bei den Schulflugzeugen schwarz. (drei Grafiken: Manfred Meyer)

Mikojan-Gurewitsch MiG-23 / MiG-27 Flogger

Beherrschte ein Pilot die MiG-23, ließen sich hervorragende Eigenschaften mit dem Kampfjet umsetzen. Das kräftige Nachbrennertriebwerk hatte großen Anteil daran. (Foto: Rob Schleiffert)

Historie

Mit der MiG-23 entstand seinerzeit eines der schnittigsten Jagdflugzeuge überhaupt, wobei man sich konzeptionell in manchen Belangen an der General Dynamics F-111 orientierte. Zu Anfang der 1960er-Jahre hatten die sowjetischen Luftstreitkräfte ein neues Allwetterkampfflugzeug gefordert, dass zugleich die 3. Generation strahlgetriebener Jäger verkörpern sollte. Geplant war, mehrere Vorgänger zu ersetzen und in deren Parametern natürlich zu übertreffen, ergänzt um moderne Navigations- und Zielsysteme sowie leistungsfähige Lenkraketen. Den zeitgemäßen Anforderungen entsprechend gehörten kurze Start- und Landestrecken, eine große Reichweite im wirtschaftlichen Marschflug sowie hohe Geschwindigkeiten in allen Flughöhen zu den Vorgaben. Im OKB MiG wurden parallel zwei Konzepte untersucht, die ersten Studien dazu ab Ende 1963 aufgenommen.

Zum einen entstand das Erzeugnis „23-01“, fälschlich oft auch als MiG-23DPD bezeichnet, das ähnlich dem legendären Vorgänger MiG-21 mit einem Deltatragwerk, einem Marschtriebwerk, aber zusätzlich mit zwei Hubtriebwerken zur Start- und Landebahnverkürzung ausgestattet war. Zum anderen wurde das Erzeugnis „23-11“ fertiggestellt, ohne Hubtriebwerke, aber mit von 16 bis 72 Grad schwenkbaren Tragflächen. Während der Deltaflügler die Flugerprobung am 3. April 1967 aufnahm, absolvierte der Schwenkflügler am 10. Juni desselben Jahres mit Alexander Fedotow an den Kontrollen seinen ersten Testflug. Beim zweiten Flug wurden die Tragflügel vollständig geschwenkt und beim dritten Flug mit Mach 1,2 die Schallgrenze überschritten. Bereits im Juli wurden beide Versuchsflugzeuge zur Luftparade in Moskau-Domodedowo öffentlich vorgeflogen, doch das Programm der „23-01“ nachfolgend beendet. Der Schwenkflügler machte das Rennen um das künftige Einsatzmuster mit vorwiegend auf die Nahbereichs- und Abfangjagd ausgerichteten Aufgaben.

Ursprünglich sah man nur zwei Prototypen für die Flugerprobung vor, doch wurde mit der Entwicklung von Erzeugnis 23-11 viel Neuland beschritten und praktisch ein ganzer Komplex mit neuen Systemen geschaffen. Hierzu zählten u.a. das RP-23-Radar, der TP-23-Infarotsensor, das automatische Flugkontrollsystem SAU-23 oder auch die R-23-Luftkampfrakete. Mikojan selbst drängte auf eine höhere Anzahl von Versuchsmaschinen, es folgte der Auftrag zum Bau von zehn flugfähigen Prototypen. Zweiter und dritter Prototyp begannen die Flugerprobung 1968, wobei der dritte als erster das vorgesehene Radar und deshalb auch eine überarbeitete Bugverkleidung erhielt. Die involvierten Testpiloten sprachen im Allgemeinen von einem guten Handling des Schwenkflüglers, guten Start- und Landeeigenschaften und erreichten hohe Geschwindigkeiten

Die MiG-23M stellte die erste Großserienversion des Jägers dar. An dieser Maschine ist der durch den Schwenkvorgang verursachte Abrieb an den inneren, beweglichen Tragflächen sehr gut zu sehen. (Foto: US DoD)

im Tiefflug. Insgesamt gab es aber Leistungsdefizite zuzüglich gefährlicher Rollraten sowie hohen Lastvielfachen beim Schwenken der Tragflächen. Auch das vorgesehene Equipment war noch nicht ausgereift oder verfügbar. Die staatlichen Abnahmetests nahmen ab 1969 im Erprobungszentrum Shukowski, Moskau ihren Lauf. In den ersten drei Erprobungsjahren gab es keine Unfälle mit den Versuchsmaschinen, bis am 16. September 1970 der zehnte Prototyp bei hoher Geschwindigkeit und Strukturversagen abstürzte. Noch im selben Monat stürzte eine weitere MiG-23 ab. Die gehörte zu den ersten, in geringer Stückzahl gebauten Vorserien- und Serienmaschinen, die nicht an die sowjetischen Luftstreitkräfte geliefert wurden, sondern weitere Testreihen bestritten. Zum Start der Serienproduktion 1969 standen weder Radar und Infrarotsensor zur Verfügung, noch war die Erprobung der vielversprechenden Lenkrakete R-23 abgeschlossen. So wurden die ersten, als MiG-23S bezeichneten Exemplare zu Interimsflugzeugen mit Ausrüstungskomponenten der MiG-21 inklusive RP-22-Radar, ASP-PFD-21-Visier oder den Luft-Luft-Lenkraketen R-3 und R-13. Einige der MiG-23S gingen an das Flugforschungsinstitut LII in Shukowski, an das Testzentrum der Luftwaffe in Achtubinsk sowie das Ausbildungszentrum in Lipezk, andere an das 32. und 929. Jagdfliegerregiment in Schatalowo bzw. Schtschutschin. Die neuen Flugzeuge galten als sehr komplex und anspruchsvoll und machten eine entsprechende Schulversion erforderlich. Die flog als MiG-23UB im Mai 1969 erstmalig und wurde im Folgejahr für den Serienbau freigegeben. Der Trainer besaß eine Tandemkabine, konnte auch verschiedene Waffensysteme einsetzen und verwendete während der bis 1985 laufenden Produktion drei unterschiedliche Tragflächentypen. Ursache waren einige unangenehme Eigenschaften mit den anfangs „glatten“ Tragflächen. Eine Sägezahnvorderkante sorgte ab Anfang der 1970er-Jahre für Abhilfe, später nochmals verbessert durch zwei weitere, kleine Sägezähne an der Tragwerkswurzel.

Bei der ersten Serienvariante MiG-23S befand sich das Leitwerk noch weiter vorn, sodass die Schubdüse den Abschluss bildet. Zudem besitzt der Bug noch eine andere Form, unter dem Tragwerk ist eine R-13-Luftkampfrakete zu sehen. (Foto: Heiko Thiesler)

Eine MiG-23MF der polnischen Luftwaffe setzt zur Landung an, die Tragflächen weisen die geringste Pfeilstellung auf und die Stabilisierungsflosse unter dem Heck ist beigeklappt. (Foto: Alexander Golz)

Diese tschechische MiG-23ML ist gerade gestartet, das Tragwerk weist eine Pfeilstellung von 16 Grad auf, die zusätzlichen Ansaugklappen an den seitlichen Lufteinlässen sind geöffnet, die Stabilisierungsflosse unter dem Heck ist in Stellung gebracht und das Fahrwerk fast völlig eingezogen. (Foto: Alexander Golz)

Eine ungarische MiG-23MF bewegt sich mit Nachbrennerschub sowie vollständig geschwenkten Tragflächen auf die Schallgrenze zu. (Foto: US DoD)

Inzwischen gab es auch vom Jäger neue Ausführungen, die mitunter als MiG-23SM, offiziell aber als MiG-23 (ohne Zusatzbuchstaben) Edition 1969, 1970 und 1971 bezeichnet wurden. Ab 1971 folgte auch hier die Verwendung modifizierter Tragflächen, später die Umrüstung aller MiG-23 mit zwei Sägezähnen pro Flügel (Typ 3). Mit Einführung der Sägezahnvorderkante 1971 vergrößerte sich die Flügelfläche um etwa 20% und führte zu einem weiteren, bemerkenswerten Aspekt. Mit der größeren Flügelfläche hatte sich die Form der Tragflügel leicht verändert, im Zusammenhang damit wiederum der tatsächliche Pfeilwinkel. Der betrug nun in den drei möglichen Festeinstellungen 18, 47 und 74 Grad, doch wurden die vorherigen Angaben im Cockpit sowie den Handbüchern offiziell beibehalten. Die Leitwerksflossen wurden um 0,86 m nach hinten versetzt, außerdem erhöhte sich die intern mitgeführte Kraftstoffmenge und das modifizierte R-27-Triebwerk verkraftete höhere Betriebstemperaturen. Dieses Aggregat wurde bei der nächsten, wesentlich besseren Baureihe MiG-23M durch das R-29-300 ersetzt. Als eines der überhaupt stärksten Strahltriebwerke jener Zeit lieferte es nicht nur mehr Schub, sondern auch eine gut 10% höhere Einsatzeffizienz. Für die MiG-23M wurde ferner das Hydrauliksystem überarbeitet, die verbesserte Variante des Radars als Saphir-23D bot eine höhere Auflösung sowie eine stärkere Resistenz gegenüber Störmaßnahmen. Es verfügte über eine sogenannte look-down-shoot-down-Fähigkeit gegen tiefer fliegende Ziele sowie eine Erfassungsreichweite von etwa 50, später bis zu 70 km gegen große Ziele. Bis auf 30 km Entfernung konnte außerdem der Infrarotsensor TP-23M Unterstützung bei der Zielerfassung leisten. Die Navigationsanlagen insgesamt konnten wie auch die Möglichkeiten zur elektronischen Abwehr aufgewertet werden. Neuerungen im Cockpit betrafen bspw. ein Head-Up-Display und im Laufe der Produktion bessere Mikojan-Schleudersitze. Mit Dienstantritt der MiG-23M 1974 waren auch die bis zu 35

Trainer vom Typ MiG-23UB wurden in großen Stückzahlen in Irkutsk hergestellt und spielten eine wichtige Rolle in den Streitkräften, die den Einsitzer verwendeten. (Foto: Alexander Golz)

Die Sägezähne der zurückgeschwenkten Tragflächen dieser MiG-23UB erzeugen Luftwirbel und sorgen zur Verbesserung der Anströmwerte und Manövrierfähigkeit. (Foto: Dirk Peisker)

km weit reichenden R-23R und R-23T mit halbaktiver Radar- bzw. Infrarotlenkung einsatzklar. Später kamen die für kurze Entfernungen bestimmten R-60 und R-60M, die Nachrüstung mit Typ 3-Tragflächen sowie als Standard die Einpunkt-Druckbetankung dazu. Nach den Luftstreitkräften war ab 1976 auch die sowjetische Luftverteidigung Nutzer, zuerst das 401. Jagdfliegerregiment in Smolensk. Mitte der 1970er-Jahre verfügten knapp 40 Einsatzstaffeln, auch die im Ausland stationierten Verbände und hauptsächlich die 16. Luftarmee in der damaligen DDR, massenhaft über MiG-23. In derselben Dekade wurde die Produktion der MiG-23M hochgefahren und generierte den Bau von bis zu 40 solcher Flugzeuge im Monat. Die steigende Anzahl sorgte bei der NATO für Unbehagen, inzwischen fanden auch die Exportversionen MiG-23MS und MF zunehmend Verbreitung. Die ab 1978 hergestellte MiG-23MF besaß außerhalb der Warschauer Vertragsstaaten eine etwas simplere Ausstattung und wurde zuerst an Kuba geliefert. Noch einfacher waren die Avionik- und Waffensysteme der Baureihe MS, was man allein schon an der kleineren Radarverkleidung am Bug erkennen konnte. Maschinen dieses Typs fanden vorwiegend im Nahen Osten sowie in Nordafrika Absatz.

Das Systeme und Leistungen der MiG-23 durchaus noch steigerungsfähig waren, bewies die Anfang 1975 zum Erstflug gestartete und im Folgejahr in die Serienproduktion überführte Baureihe ML. Sie erhielt das effizientere und noch stärkere R-35-Triebwerk, verschiedene Avionik-Upgrades und verkraftete Lastvielfache von bis zu 8,5g (MiG-23S 5,5g, MiG-23M 8,0g). Jetzt gehörten auch R-24-Luftkampfraketen als aerodynamisch verfeinerte R-23 zum Einsatzinventar. Für bessere Manövrierfähigkeit und höhere Anstellwinkel erfolgte bald auch die Ausstattung der kleinen Sägezähne an der Tragflächenwurzel, das modifizierte Fahrwerk gestattete Einsätze von unvorbereiteten Pisten. Dank neuer Stoßdämpfer erschien das Bugrad kürzer und am Boden lag das Heck des Flugzeugs dadurch nicht mehr so tief. Noch markanter an der MiG-23ML war allerdings die verkleinerte und ohne den starken Knick versehene Seitenflosse. Die MiG-23ML lief in großen Stückzahlen vom Band, ab 1978 von der hauptsächlich im Avioniksektor verbesserten MiG-23MLA gefolgt. Sie konnte auch die hochagile Luftkampfrakete R-73 und zum Schutz vor infrarotgelenkten Raketen Täuschkörperwerfer einsetzen. Die Einsatzbereitschaft mit dem Kampfjet wurde 1981 erreicht, zwei Jahre später erfolgte die Exportfreigabe. Ebenfalls 1983 endete die Serienfertigung der auf der Baureihe ML basierenden, aber vornehmlich als Abfangjäger für die sowjetische Luftverteidigung gedachten MiG-23P. Hier gab es wiederum einige Änderungen an den Avionikgeräten einschließlich dem neuen Radar N006 (auch als Saphir-P bekannt). Der Fokus lag im Einsatz auf der Abwehr auch tiefer fliegender Fluggeräte bis hin zu Marschflugkörpern, Lenkraketen konnten problemlos aus allen Winkeln auf das Ziel abgefeuert werden. Erstempfänger der MiG-23P war 1979 das 472. Jagdfliegerregiment in Kursk, weitere Einheiten der sowjetischen Luftverteidigung folgten ab Juni 1980. Zu jener Zeit gehörten MiG-23 zu den wichtigen Einsatzmustern der sowjetischen Streitkräfte auf ausländischen Basen in der DDR, der Mongolei, in Polen, Ungarn und der Tschechoslowakei, allein an ostdeutschen Standorten dienten neun Regimenter mit mindestens 150 dieser Maschinen. Ab 1984 waren MiG-23 auch an den Kampfhandlungen in Afghanistan beteiligt und setzten bei Attacken auf Bodenziele häufig ungelenkte Bomben und Raketen ein. Ebenfalls ab 1984 rüsteten die sowjetischen Marineflieger die dritte Staffel des 169. GwSAP in Cam Ranh, Vietnam mit MiG-23MLD aus, einer nochmals überarbeiteten Variante als Jäger. Wiederum gab es Aufwertungen bei den Avioniksystemen und die Verwendungsmöglichkeit neuester Luft-Luft-Lenkraketen. Hin-

Hier präsentierten die Sowjets 1991 eine MiG-23MLD in hervorragendem Zustand im ostdeutschen Jüterbog, beachtenswert die großen Täuschkörperwerfer auf dem Rumpfrücken. (Foto: Eric Bannwarth)

Als Subvariante der MiG-23ML verfügte die Baureihe MLA ebenfalls über das überarbeitete und leistungsstärkere R-35-Triebwerk. Dieses schöne Exemplar gehörte zur Luftwaffe Bulgariens. (Foto: Eric Bannwarth)

zu kamen aerodynamische Änderungen, um im Nahluftkampf bessere Eigenschaften wie einen geringeren Kurvenradius oder die Möglichkeit zum schnelleren „Abbremsen" zu ermöglichen. Dafür erhielten die Tragflügel mit 33 Grad eine neue Schwenkposition, die allerdings die Beschleunigungswerte reduzierte und die Handhabung des Flugzeugs komplexer gestalteten. Die auch als ultimative Jägerversion definierte MiG-23MLD entstand ausschließlich durch Umrüstung und betraf zwischen 1982 und 1985 insgesamt 560 Exemplare vorheriger Baureihen. Ungefähr zeitgleich entstanden auch in kleiner Stückzahl und zur elektronischen Kampfführung ausgerichtete MiG-23MLG u.a. mit SPS-141-Störanlagen und bewaffnet mit R-73-Raketen, während man zum gleichen Einsatzzweck Ende der 1980er-Jahre die MiG-23MLDG erprobte.

Mit den sich ändernden geopolitischen Verhältnissen, vor allem im Ostblock Ende der 1980er/Anfang der 1990er-Jahre, zeichnete sich ähnlich den Su-17/22 auch das baldige Einsatzende der MiG-23-Jäger ab. Immerhin gab es mehrere Modernisierungsangebote insbesondere als firmeneigene MiG-23-98, die mit verbesserten Sensoren und einer größeren Lenkwaffenpalette punkteten und dadurch kostengünstiger als neu zu beschaffende Flugzeuge Kampfaufträge erfüllen sollten. Doch wegen fehlendem Interesse gelang MiG keinerlei praktische Umsetzung dieser Programme. Das traf großteilig auch auf einen anderen Zweig der MiG-23-Familie zu – die der Jagdbomber.

Die MiG-23-Jäger ließen sich sekundär auch zu Luft-Boden-Angriffen einsetzen, konnten hierbei aber fast nur ungelenkte Waffen nutzten, ebenso war die Zuladung limitiert. Neben völlig neuen Entwürfen untersuchte das Konstruktionsbüro bereits mit Serienanlauf der MiG-23 Möglichkeiten, vom Jäger einen leistungsfähigen Jagdbomber abzuleiten und verwendete für eine zweckentsprechende Testausrüstung den vierten Prototyp. Bis April 1970 waren die vorgesehenen Systeme installiert und wie bspw. Zielgeräte sowie Mehrfachträger für Bomben nachfolgend erprobt worden. Als Ausgangsbasis durchaus geeignet, führte die Detailkonzeption letztlich zum Erzeugnis „32-24", dem Anfang einer ganzen Reihe neuer Angriffsflugzeuge. Praxisorientiert sollte für Angriffe auf Bodenziele die Sicht des Piloten verbessert werden und führte zu einer charakteristischen Neuerung. Dank eines abgeflachten, entenschnabelartigen Rumpfbugs erhöhte sich der Sichtbereich nach unten von 8,5 auf 18 Grad, ferner erhielt das Cockpit eine kugelsichere Verglasung sowie an beiden Seiten eine Panzerung aus Stahlplatten. Natürlich nahm der abgeflachte Bug kein Radar für Luftkämpfe mehr auf, sondern war für einsatzspezifische Zielgeräte reserviert. Auch die Navigationsausrüstung war neu, das Fahrwerk wurde verstärkt und mit größeren Niederdruckreifen versehen. Als Antrieb sollte zunächst das Ljulka AL-21F-3 dienen, zur Unterstützung beim Start konnten Hilfsraketen an den hinteren Rumpfstationen befestigt werden. Geblieben war das Schwenkflügeltragwerk mit Verstellmöglichkeiten von 16 bis 72 Grad. In dieser Konfiguration flog das erste Versuchsmuster am 18. Februar 1971 und wurde danach von zwei weiteren Testflugzeugen unterstützt. Zum Schluss nutzten sie Typ 3-Tragflächen und konnten Zusatztanks unter den beweglichen Tragwerksabschnitten mitführen. Allerdings mussten hierbei ein Pfeilwinkel von 16 Grad beibehalten oder die Tanks vor dem Schwenkvorgang abgeworfen werden. Nach der Werkserprobung 1971 folgten in Achtubinsk die staatlichen Abnahmetests, 1972 wurden die ersten 20 und im Folgejahr weitere 29 dieser nun als MiG-23B bezeichneten Jagdbomber gebaut. Davon erhielt das 760. Regiment im Trainingszentrum in Lipezk im Mai 1973 die ersten Exemplare. Erste operationelle Einheit wurde das 722. Re-

Noch mit spitzem Rumpfbug diente der vierte MiG-23-Prototyp ab 1969 Tests für die künftige Jagdbomberausführung. Unter den Tragflächen sind Tandemträger mit Bomben befestigt. (Foto: RSK MiG)

Die sowjetischen Luftstreitkräfte flogen den Jagdbomber MiG-23BN nur in begrenztem Umfang, er war vor allem für den Export gedacht. Diese Maschine ist mit Raketenabschussbehältern UB-16 bewaffnet. (Foto: Sergej Zwetkow-Collection)

Zwei MiG-27M im Marschflug. Aufgrund der technischen Ausstattung der ersten MiG-27-Baureihen stiegen Effektivität und Leistungsstärke, aber auch Kosten gegenüber der MiG-23BN an. Die ab 1977 produzierte MiG-27M erhielt wieder vereinfachte Systeme. (Foto: MPD via Muchin)

Öffentlich ausgestellt wurde diese MiG-27M 1993 in Moskau-Shukowski. Sie trägt den (roten) Dummy einer Anti-Radar-Lenkwaffe Ch-31P sowie unter dem Rumpfpylon eine FAB-500-Sprengbombe. Im nächsten Jahr war der Dienst des Jagdbombers in Russland endgültig vorbei. (Foto: Rob Schleiffert)

giment in Murawjowo, 1975 gefolgt vom 58. ABIP auf dem Stützpunkt Step im russischen Tschita. In erster Linie hatte der Betrieb mit diesen Flugzeugen Umschulungs- und Erprobungscharakter, 1973 wechselte die Produktion auf die Variante MiG-23BN. Die wurde bis 1985 hergestellt und erreichte durch die Verwendung des R-29-Triebwerks eine höhere Übereinstimmung mit dem MiG-23-Jäger. Im Sommer 1974 erreichten die ersten Maschinen das Trainingszentrum in Lipezk, vier Einsatzregimenter der sowjetischen Luftwaffe folgten. Etliche der Flugzeuge dienten Erprobungszwecken, zur Weiterentwicklung sowie zur Umschulung der Piloten von Exportkunden. Tatsächlich war die MiG-23BN vor allem für den Export gedacht, wobei in der Ausstattung der Flugzeuge zwischen Variante A und B unterschieden wurde. Variante A war für die verbündeten Armeen des Warschauer Pakts gedacht, sie entsprachen den sowjetischen Einsatzmaschinen und waren nuklearwaffenfähig. Die Avionik- und Waffeneinsatzsysteme von Variante B fielen simpler aus und schränkten deshalb auch die Verwendung von Lenkwaffen ein. In der Sowjetunion selbst hatte man eigentlich auf eine besser ausgestattete und bewaffnete Ausführung des Jagdbombers gewartet, die beinah parallel als Erzeugnis „32-25“ bzw. MiG-23BM entwickelt worden und am 17. November 1972 zum Erstflug gestartet war. Die zweite, im März 1973 eingeflogene Testmaschine verfügte von Beginn an über Panzerung und die später viel diskutierte sechsläufige Bordkanone. Die staatlichen Abnahmeprüfungen fanden bis September 1974 ihr Ende, im nächsten Jahr galt das Flugzeug als dienstklar und erhielt die geänderte Typenbezeichnung MiG-27.

Die MiG-27 war neben der größeren Su-24 der erste, für Einsätze mit Präzisionswaffen gedachte Jagdbomber der Sowjetunion. Die PrNK-23-Anlage mit Navigationssystem, Bordrechner, Laserentfernungsmesser und weiteren Geräten machte es möglich, bestimmte Arbeitsabläufe zu automatisieren, den Piloten dabei zu entlasten und eine Vielzahl von Lenkwaffen gegen Bodenziele einzusetzen. Die Feuerkraft wurde durch die GSch-6-30-Bordkanone erheblich verstärkt. Sie stammte von einer Schiffskanone ab und verschoss schwere 400-g-Granaten mit hoher Feuergeschwindigkeit und Genauigkeit. Die Kanone nutzt ein gasbasiertes System, dessen Energie beim Schießen die sechs Läufe in Rotation versetzt, allerdings auch einige Probleme verursachte. Der enorme Rückstoß bremste das Flugzeug nicht nur ab, sondern war der Auslöser für verschiedenartige Beschädigungen. Es kam zu Verformungen der Fahrwerksklappen und verhinderte mehrmals das Ausfahren des Fahrwerks, auch Kraftstoff- und Sauerstoffsystem wurden in Mitleidenschaft gezogen. Es fielen Cockpitinstrumente oder die Funkausrüstung aus, Landelichter funktionierten nicht und die Kanone selbst überhitzte. So war der Abschuss von mehr als 40 Granaten anfangs nicht vertretbar, bis man die Feuergeschwindigkeit der verheerenden Waffe von 6000 auf 4000 Schuss pro Minute verringerte und die Abgase des Mündungsfeuers ablenkte. Davon abgesehen besaß die MiG-27 weitere Unterschiede zum Vorgänger MiG-23B/BN wie bspw. eine kürzere Schubdüse, nicht verstellbare Lufteinlässe mit wesentlich kürzeren Grenzschichtschneiden sowie eine höhere Waffenlast.

Als MiG-23BK unternahm zum Jahresende 1974 eine weitere Version ihren Erstflug, die dann als MiG-27K in den Streitkräften geführt wurde und zur fortschrittlichsten aller Jagdbombervarianten avancierte. Das lag an den weiterentwickelten Einsatzsystemen wie dem Kaira-Laser- und TV-Zielgerät in der Bugnase, dem nunmehr verwendeten Digitalcomputer sowie neuen Warn- und Störsensoren. Sie machten das Flugzeug teuer, doch lag der Einsatzwert für gleichartige Missionen beinah doppelt so hoch als bei einer MiG-23BN. Trotzdem wurde nochmal abgespeckt und ab 1978 die vereinfachte MiG-27M ausgeliefert. Das Kaira-System wurde durch einen Klen-Laser-

Die MiG-27 galt als zuverlässiges Flugzeug, hier lösen zwei Maschinen der Luftwaffe Sri Lankas ihre Formation. (Foto: Alexander Golz)

zielgerät ersetzt und zugleich auf einen TV-Sucher verzichtet, andererseits konnten zusätzliche Lenkpods extern mitgeführt werden. Die offizielle Indienststellung ist auf das Jahr 1980 datiert, neben Neubauten wurden viele frühere Modelle auf den M-Standard gebracht. Doch gerade zu Anfang mussten die Streitkräfte mit einigen Mängeln kämpfen, wozu eine schlechte Verarbeitung und Oberflächengüte, undichte Tanks und Kraftstoffleitungen oder auch das Ausbleiben von Zulieferbauteilen gehörte. Das lag sicher mit daran, dass die MiG-27M in einem Werk in Ulan-Ude produziert wurde, in dem zuvor Hubschrauber vom Band liefen. So war einiges an Improvisationstalent gefragt, was nicht immer von Erfolg gekrönt war. Die etwa 300 früheren und zu MiG-27M umgerüsteten Exemplare erhielten nachfolgend die Bezeichnung MiG-27D.

Mit der MiG-27L existierte zudem eine Exportversion, für die Indien 1980 eine Lizenzvereinbarung unterzeichnet hatte. Es dauerte bis zum Januar 1986, als eine erste in Indien gefertigte Maschine als MiG-27ML zum Erstflug abhob. Danach erfolgte die Ausrüstung von acht Staffeln der indischen Luftwaffe mit dem Typ, doch fiel letztlich die Stückzahl geringer als ursprünglich veranschlagt aus und endete nach etwa 150 Maschinen. Das Interesse Indiens an dem von MiG offerierten M-99-Upgrade zerschlug sich mit der Präsentation eines landeseigenen Modernisierungsprogramms als MiG-27UPG. Das ambitionierte Projekt bezog vor allem lokal hergestellte Systeme, ein Glascockpit sowie die Ausstattung mit einer Nachtanksonde ein. So kam es zur Einrüstung von Multifunktionsbildschirmen, einem mit allen wichtigen Bedienfunktionen versehenen HOTAS-Steuerknüppel, eines neuen Missionscomputers, GPS und einer modernisierten Funkanlage. Einige Geräte steuerten Thales aus Frankreich sowie Elbit aus Israel bei, ein Luftbetankungsstutzen fand dagegen keine Verwirklichung. Zwischen 2007 und 2009 wurden 35 Exemplare zu MiG-27UPG aufgewertet, die restlichen mit dem alten Standard bis Ende 2017 ausgemustert. Zwei Jahre später wurden auch die modernisierten Jagdbomber in den Ruhestand verabschiedet.

In der Sowjetunion gehörten die MiG-23 und -27 über viele Jahre zu den wichtigsten Kampfflugzeugen, wenn auch die Ablösung des Vorgängers MiG-21 nicht in dem Tempo und dem Ausmaß wie geplant verlief. Es handelte sich um sehr komplexe Flugzeuge mit hohen Anforderungen und gleichfalls einigen verbesserungswürdigen Eigenschaften. Anfangs gab es Probleme mit dem Schwenkmechanismus, was häufig im Einklang mit Strukturschwächen und -brüchen stand. So waren die festen Tragwerksabschnitte und die Schwenkbolzen betroffen, aber auch der Rumpf. Das führte zu Restriktionen im Flugbetrieb, wo das Lastvielfache zunächst auf 4g begrenzt war, zudem zu Änderungen in den Fertigungstechnologien und der Verstärkung von Baugruppen. Hohe Anstellwinkel und das Fliegen von schnellen Rollen waren gefährlich, während das Personal am Boden einen erhöhten Wartungs- und Trainingsaufwand vermeldete. Triebwerkswechsel oder Arbeiten am Hydrauliksystem gestalteten sich aufwendig. Im Einsatz generierte auch das Radar Probleme einschließlich einer mangelhaften Kühlung. Trotz erreichter Sicherheitsstandards gab es zahlreiche Unfälle, in sowjetischen Diensten sollen mindestens 315 MiG-23 und 62 MiG-27 bei Havarien und Abstürzen verloren gegangen sein. Einer der spektakulärsten Unglücksfälle ereignete sich am 4. Juli 1989 mit einer sowjetischen MiG-23M. Die in Kolobrzeg, Polen stationierte Maschine hatte nach dem Start Triebwerksprobleme, sodass die Bodenleitstelle den Piloten zum Katapultieren aufforderte. Überraschenderweise stabilisierte sich das Flugzeug danach wieder, stieg auf über 12.000 m Höhe und setzte den Flug unbemannt weitere 900 km über (Ost- und West)Deutschland, der Niederlande und Belgien fort, bis es dort aus Kraftstoffmangel in ein Haus stürzte und einen Bewohner tötete.

Die MiG-23 verfügt über ein robustes, dreiteiliges Fahrwerk in Bugradanordnung. Gut zu sehen die kastenförmigen, verstellbaren Lufteinlässe oder auch die mit je zwei Sägezähnen ausgestattete Vorderkante der Tragflächen. (Foto: RSK MiG)

Mit Auflösung der Sowjetunion erhielt Russland den größten Teil der MiG-Schwenkflügler, reduzierte aber schon bald die Zahl der Einsatzflugzeuge. Unregelmäßige Lieferungen und die Verringerung verfügbarer Kraftstoffmengen, der Mangel an wetterbeständigen Unterstellmöglichkeiten, Trainings- und Sicherheitsdefizite trugen mit dazu bei. Viele Maschinen besaßen noch eine hohe Restbetriebszeit und waren längst nicht abgeflogen, wurden aber Anfang der 1990er-Jahre zu Hunderten eingelagert und verschrottet. Die letzten Jäger waren MiG-23P und wurden bis Dezember 1998 geflogen, etwas früher endete der operationelle Dienst der MiG-27 im Jahr 1994. Ähnlich spielte es sich bei anderen Nachfolgestaaten der Sowjetunion sowie osteuropäischen Exportkunden ab, hier wurden 2002 die letzten MiG-23MLD in Bulgarien aus dem Dienst genommen.

Das ASCC vergab folgende Codenamen:
Flogger-A für MiG-23S und MiG-23 (ohne Zusatzbuchstabe)
Flogger-B für MiG-23M und MiG-23MF
Flogger-C für MiG-23UB
Flogger-D für MiG-27
Flogger-E für MiG-23MS
Flogger-F für MiG-23B und MiG-23BN
Flogger-G für MiG-23ML, MiG-23MLA und MiG-23P
Flogger-H für MiG-27M
Flogger-J für MiG-27D
Flogger-J2 für MiG-27K
Flogger-K für MiG-23MLD und MiG-23MLAE

Produktion und Serienversionen

MiG-23 und 27 wurden in gewaltigen Stückzahlen hergestellt und ergeben zusammen annähernd 6000 Einheiten. Die Aufschlüsselung der einzelnen Versionen ist erwartungsgemäß schwierig. Von den Jägerbaureihen sollen allein 3630 Stück die Werkhallen des Herstellerbetriebes Nr. 30 in Moskau-Luchowizki (MAPO) zwischen 1969 und 1985 verlassen haben, zuzüglich den Jagdbombern MiG-23B und BN. Bei den zweisitzigen Trainingsflugzeugen schwanken die Angaben zwischen 769 und 1020. Die wurden im Herstellerwerk Nr. 39 in Irkutsk (IAPO) gefertigt, ebenfalls der Großteil der MiG-27-Ausführungen. Zusätzlich produzierte der Flugzeugbaubetrieb Nr. 99 in Ulan-Ude (U-UAPO) die MiG-27M und Hindustan in Nasik, Indien diesen Typ in Lizenz.

MiG-23S, erste Serienversion als Übergangslösung, Erstflug 28. Mai 1969, 60 Exemplare mit R-27F-300 oder R-27F2M-300 als Triebwerk bis Anfang 1970 geliefert und vorwiegend für Tests und Training eingesetzt, Radar und andere Komponenten von MiG-21, Typ 1-Tragflächen mit Vorflügeln

MiG-23, inoffiziell auch MiG-23SM genannt, unter Edition 1969 als Vorserienflugzeuge geführt und ausschließlich zu Testzwecken verwendet, zwölf Exemplare; Edition 1970 ebenfalls zur Erprobung und zur Umschulung in 28 Exemplaren gebaut, neues, größeres Radom, sonst ähnlich MiG-23S; Edition 1971 mit Typ 2-Tragflächen ohne Vorflügel, aber mit Sägezahnvorderkante und größerer Flügelfläche, Leitwerkskomplex nach hinten versetzt, Avionikausstattung vollständig, 102 Stück mit R-27F2M-300-Triebwerk

MiG-23UB, Trainervariante mit Tandemcockpit, Erstflug 11. Mai 1969, ab 1970 Herstellung von bis zu 1020 Flugzeugen, im Laufe der Serienproduktion Verwendung der Tragflächentypen 1 bis 3, vereinfachte Avionik und nach den ersten Exemplaren mit Saphir-21M immer ohne Radar, Möglichkeiten zum Waffeneinsatz inklusive der fest installierten Bordkanone

MiG-23M, erste Hauptserienvariante als Jäger mit 1353 Exemplaren, Erstflug im Juni 1972, Serienbau bis 1978, R-29-300-Triebwerk, später Typ 3-Tragflächen mit Sägezähnen und abklappbaren Nasenkanten sowie Einpunktbetankung als Standard, verbessertem Radar und automatisiertem SAU-23A-Flugleitsystem, TP-23-Infrarotsensor unter dem Vorderrumpf

MiG-23MS, vereinfachte Exportversion mit schmalerem Bug, RP-22SM-Radar und ASP-PFD-21-Visier als Bestandteil des Almaz-23-Feuerleitsystems, zwischen 1974 und 1978 insgesamt 179 Exemplare ausgeliefert

MiG-23MF, leistungsfähigere Exportversion und hauptsächlich für WVS bestimmt, ab 1978 in 278 Exemplaren und mit verschiedenartiger Ausrüstung gebaut

MiG-23ML, aerodynamisch und ausrüstungstechnisch überarbeitete Version als Jagdflugzeug, R-35-Triebwerk, neues Navigationssystem, verbessertes Radar und Infrarotsensor, verändertes Kraftstoffsystem, verkürzte Seitenflosse, verlängerte Flügelwurzel und modifiziertes Fahrwerk, Erstflug 21. Januar 1975, ab 1976 Auslieferung von 1308 Maschinen inklusive ca. 200 **MiG-23MLA** als Subvariante mit modifizierter Avionik und Bewaffnung ab 1978

MiG-23P, Abfangjäger für die sowjetische Luftverteidigung, modifizierte Radar- und Waffeneinsatzsysteme, halbautomatisches, sprechfunkloses LASUR-M-Leitsystem für Kurs, Flughöhe und Geschwindigkeit, ab 1977 Bau von 321 Exemplaren

MiG-23MLD, ab 1982 modernisierte Umrüstmaschinen und insgesamt 560 vormalige MiG-23ML, MLA, P mit aufgewertetem Equipment und besserer Manövrierfähigkeit, zwei große Täuschkörperwerfer auf dem Rumpfrücken

MiG-23MLAE, insgesamt 66 zwischen 1982 und 1984 neugebaute Exemplare für den Export, Tragflächen ohne Verlängerungen an der Wurzel, modifizierte Radar- und Warngeräte

MiG-23MLG, mindestens vier Flugzeuge, die ab 1983/84 vorwiegend zur elektronischen Kampfführung erprobt und genutzt wurden

MiG-23B, erste Jagdbomberversion mit abgeflachtem Rumpfbug, Erstflug 18. Februar 1971, bis 1973 Bau von 49 Exemplaren, einsatzspezifische Ausrüstung für Luft-Boden-Angriffe, AL-21F-Triebwerk, Tragflächen mit Sägezahnvorderkante

An dieser MiG-27M ist die verlängerte Flügelwurzel der Schwenkflügel gut zu erkennen, ebenso das einzelne Sichtfenster für das Klen-Zielgerät in der Unterseite der Rumpfspitze. (Foto: Heiko Thiesler)

MiG-23BN, hauptsächlich für den Export gedachte Jagdbomberausführung mit unterschiedlicher Ausstattung (A und B) im Avionik- und Waffensektor, R-29B-300-Triebwerk, kürzere Schubdüse, Bau von 624 Exemplaren bis 1985

MiG-27, schlagkräftigere, ursprünglich als MiG-23BM bezeichnete Baureihe als Jagdbomber, erhöhte Waffenlast, vergrößerte Lenkwaffenpalette und sechsläufige Bordkanone, effektivere Zielgeräte, R-29B-300-Triebwerk mit nicht verstellbaren Lufteinlässen und verkürzten Grenzschichtschneiden, Erstflug 17. November 1972, bis 1977 Herstellung von 360 Exemplaren

MiG-27K, ursprünglich als MiG-23BK bezeichnet, Erstflug 30. Dezember 1974, ab 1976 in 215 Exemplaren gebaut, leistungsfähigere Navigations-, Warn-, Stör- und Feuerleitsyste-

Cockpit einer Museums-MiG-23MS (Foto: USAF)

me, zwei Sichtfenster für Zielgeräte in der Rumpfnase

MiG-27M, vereinfachte und kostengünstigere Jagdbomberversion, Erstflug im April 1976, ab 1977 Produktion von 146 Exemplaren, ein Sichtfenster für Zielgerät im Bug, Typ 3-Tragflächen

MiG-27D, insgesamt 305 Umrüstmaschinen vormaliger MiG-27 auf den M-Standard ab 1983, zusätzlich Langstrecken-Funknavigationssystem RSDN-10

MiG-27L, Exportausführung, von Hindustan (HAL) als **MiG-27ML** ab 1986 in 150 Exemplaren gebaut, Erstflug 11. Januar 1986, neues Navigations- und Feuerleitsystem PrNK-44, Digitalrechner sowie modifiziertes IFF-Gerät

MiG-27UPG, von Hindustan in Indien realisiertes Upgrade-Programm, mitunter als **MiG-27MU** bezeichnet, Erstflug der ersten Umbaumaschine 25. März 2004, ab 2007 Modernisierung von 35 Flugzeugen mit digitalisiertem Cockpit, neuer Funkausrüstung, neuen Sensor- und Waffensystemen

Aufbau, Ausstattung und Bewaffnung

Zum Bau der MiG-23 und -27 wurden verschiedene Materialien verwendet, vor allem hochfester Stahl, Titan, Aluminium- und Magnesiumlegierungen. Das Schwenkflügeltragwerk besitzt Schulterdeckeranordnung und kann die Tragflächen hydraulisch innerhalb von zwölf bis 18 Sekunden von 16 bis 72, ab den Typ 2-Tragflächen der Edition 1971 eigentlich von 18 bis 74 Grad verstellen. Die Zwischenstellung betrug 45, später 47 Grad und mit der Baureihe MLD kam eine weitere mit 33 Grad hinzu. Der Vorgang wird automatisch oder manuell vom Piloten gesteuert. Die ersten, Typ 1 genannten Tragflächen verfügten über Vorflügel über fast die gesamte Länge der beweglichen Segmente, welche bei Typ 2 nicht mehr vorhanden waren. Typ 2 erhielt stattdessen eine Sägezahnvorderkante sowie eine größere Flügelfläche und Typ 3 wiederum Vorflügel und Sägezahn. Ein weiterer Sägezahn entstand an der Flügelwurzel. Geteilte Landeklappen gibt es an der Tragwerkshinterkante, oben sind Spoiler zu finden. Die Höhenleitwerke der MiG-Schwenkflügler sind voll beweglich, das Seitenleitwerk besaß bis zur Baureihe MF eine lange Wurzel mit nachfolgendem Knick. Alle Varianten erhielten unter dem Rumpfheck einen Falschkiel als zusätzliche Stabilisierungsflosse im Flug, die bei Start/Landung sowie am Boden nach steuerbord geklappt ist. Der Rumpf der MiG-23-Jäger beginnt mit einem spitzen Bug, der ein Radar aufnimmt. Bei den Jagdbomberausführungen ist er abgeflacht und vermittelt eine bessere Sicht nach unten. Kastenförmige Lufteinlässe für das Triebwerk befinden sich beiderseits des Rumpfes, sie sind je nach Version verstellbar und für die Beeinflussung der Luftströmung mit großen (MiG-23) oder kleinen Grenzschichtschneiden (MiG-27) ausgerüstet. Das Triebwerk war zunächst das R-27F-300 oder R-27F2M-300 mit 78,5 bzw. 98,1 kN Nachbrennerleistung, ab der MiG-23M das R-29-300 mit 122,6 kN Nachbrennerschub und bei der MiG-23ML und den folgenden das R-35-300 mit 127,5 kN Maximalleistung. Jagdbomber vom Typ MiG-23B erhielten das Ljulka AL-21F-3 mit 109,8 kN, die Serie BN sowie die MiG-27-Varianten das R-29B-300 mit 112,8 kN Nachbrennerleistung. Während das R-27 anfangs alle 25 h eine Überholung benötigte, konnte das Interwall beim R-29 auf mindestens 500 h ausgedehnt werden. Bei der Zuordnung der Triebwerke zu Designer oder Produzent treten regelmäßig Verwirrungen auf. Das R-27, R-29 sowie R-35 stammen alle von der Produktionsvereinigung (NPO) Sojus. Meistens werden allerdings die damaligen Konstrukteure bzw. Leiter der Konstruktionsbüros wie S. Tumanski oder K. Katschaturow vor dem Typ benannt. Ähnlich dem AL-21, das der NPO Saturn entstammt, aber meistens unter dem Namen des Chefkonstrukteurs A. Ljulka geführt wird.

An internem Kraftstoff standen den ersten MiG-23-Ausführungen 4250 l in neun Rumpf- und Tragflächentanks zur Verfügung, ab der Edition 1971 wurden 4700 l in zehn Tanks mitgeführt. Bei der MiG-23UB waren es 4240, bei den Jagdbombern MiG-23B und BN in zwölf Tanks 5630 und bei den MiG-27 insgesamt 5180 l in elf Tanks. Ferner war die Mitnahme von drei Zusatztanks mit jeweils 800 l Volumen möglich. Am Heck gibt es vier ausklappbare Luftbremsen, zur Verkürzung der Landestrecke dient zudem ein Bremsschirm. Die Bugradstrebe des kräftigen Fahrwerks ist doppelt, die beiden Hauptbaugruppen sind je einfach bereift. Ab der MiG-23ML sowie bei den MiG-27 ist die Bodenfreiheit größer und gestattet den Einsatz auf Graspisten. In der Druckkabine gelangten Schleudersitze der Mikojan-Typen KM-1 und KM-1M, zum Schluss der KM-3 mit Null-Null-Fähigkeit zum Einbau.

Zur Avionik zählen auszugsweise (in Klammern die jeweilige Baureihe):

Navigationsanlage Poljot-1L-23 (**MiG-23S**, **M**, **UB**), Poljot-2L-23 (**MiG-23ML**), Navigations- und Zielsystem KN-23 (**MiG-23B**, **BN**, **MiG-27**), PrNK-23K (**MiG-27K**), PrNK-23M

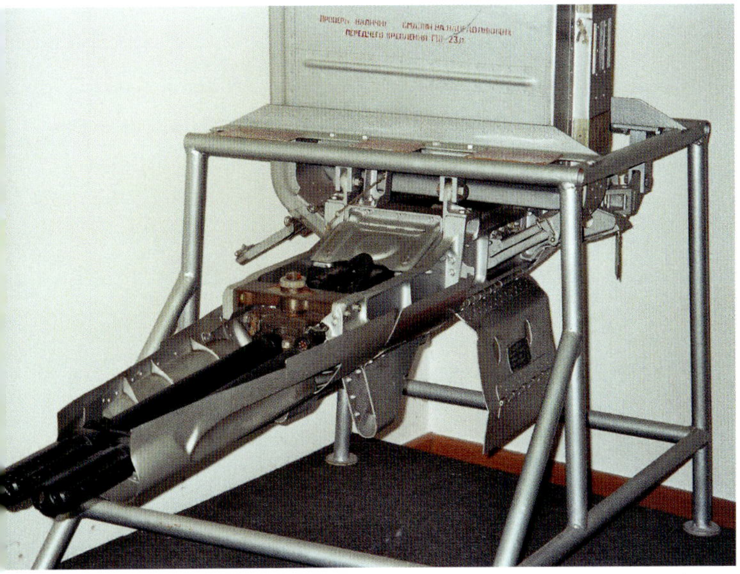

Die doppelläufige Bordkanone GSch-23. (Foto: Heiko Thiesler)

Luft-Luft-Lenkraketen R-3S an einer MiG-23. (Foto: D.S. Montgomery)

(**MiG-27M**), PrNK-44 (**MiG-27L**) mit Kurzstrecken-Funknavigationssystem RSBN-6 (**MiG-23S**, **M**), RSBN-6S (**MiG-23UB**, **M**, **ML**, **B**, **MiG-27**, **-27D**, **M**), A321 (**MiG-27MLD**)

Radar RP-22S Saphir-21 (**MiG-23S**, **MS**), Saphir-21MU (anfangs **MiG-23UB**), RP-23 Saphir-23 (**MiG-23S**, **MiG-23 Edition 1971**), Saphir-23D-III (**MiG-23M**), Saphir-23E (**MiG-23MF**), Saphir-23ML (**MiG-23ML**), N006 Ametist (**MiG-23P**), N008 Ametist / Saphir-23MLA (**MiG-23MLA**, **MLD**), N003E Saphir-23MLAE (**MiG-23MLAE**)

Dopplergerät DISS-7 (**MiG-23ML**, **B**, **MiG-27**, **-27M**, **D**)

Funkhöhenmesser RW-4 (**MiG-23M**), RW-5 (**MiG-23UB**, **MiG-27M**, **D**), RW-5R (**MiG-23ML**, **MLA**, **MLD**, **B**, **MiG-27**), RW-15 (**MiG-27K**), RAM-1725A (**MiG-27UPG**)

Automatisches Flugkontrollsystem SAU-23A (**MiG-23S**, **M**), SAU-23AM (**MiG-23ML**, **MLA**, **MLD**), SAU-23B (**MiG-23B**, **BN**, **MiG-27**), SAU-23BI (**MiG-27K**), SAU-23UB (**MiG-23UB**), SAU-23PM (**MiG-23P**)

GPS Sigma-95 (**MiG-27UPG**)

Leitsystem LASUR-S (**MiG-23S**, **ML**), LASUR-SM (**MiG-23M**), LASUR-M (**MiG-23P**), LASUR-SML (**MiG-23MLA**, **MLD**)

Warnempfänger Sirena-3M (**MiG-23ML**, **MLG**, **UB**, **B**, **MiG-27**), Berosa-L (**MiG-23MLD**, **MiG-27K**, **M**, **D**), Tarang Mk.2 (**MiG-27UPG**)

Freund-Feind-Erkennungsgeräte SRO-2 (**MiG-23M**, **UB**, **MiG-27**, **-27M**, **D**), SRO-1 Parol (**MiG-23ML**, **MLD**, **UB**, **MiG-27K**)

Funkkommunikation R-802 (**MiG-23M**, **UB**), R-832M (**MiG-23B**, **MiG-27**), R-862 (**MiG-23MLA**, **MLD**, **MiG-27K**)

Optische Visiere ASP-PFD-21 (**MiG-23S**, **UB**, **MS**), ASP-23D (**MiG-23 Edition 1971**, **M**), ASP-17ML (**MiG-23ML**), ASP-17MLP (**MiG-23P**), ASP-17B (**MiG-23BN**) S-17WG-1 (**MiG-23B**, **BN**, **MiG-27M**, **D**)

Bombenvisiere PBK-3 (**MiG-23B**, **BN**)

Infrarotzielsystem TP-23 (**MiG-23 Edition 1970** und **1971**, **M**), TP-23M (**MiG-23ML**, **P**)

Zielgeräte / -behälter Delta-N/NG (**MiG-23S**, **UB**, **B**, **BN**, **MiG-27K**, **M**, **D**), Fon (**MiG-23B**, **MiG-27**), Kaira (**MiG-27K**), Klen-PM (**MiG-27M**, **D**), Wjuga (**MiG-27**, **-27K**, **M**, **D**), Litening (**MiG-27UPG**)

Störanlagen SPS-141 (**MiG-23ML**, **MLG**, **B**, **BN**, **MiG-27M**, **D**), Remora (nur **MiG-23ML**-Upgrade Irak)

Zum eigenen Schutz konnten Täuschkörperwerfer PKVP-23

Kleine R-60-Luftkampfraketen für den Nahbereich sowie eine größere R-23R für mittlere Entfernungen machen neben der fest installierten Bordkanone die Bewaffnung dieser ungarischen MiG-23MF aus. (Foto: Eric Bannwarth)

Typ	MiG-23S	MiG-23M	MiG-23ML	MiG-23UB
Verwendung	Jäger	Jäger	Jäger	Kampftrainer
Besatzung	1	1	1	2
Triebwerk und Maximalschub	ein Sojus R-27F2-300 mit 91,2 kN mit Nachbrenner	ein Sojus R-29-300 mit 122,6 kN mit Nachbrenner	ein Sojus R-35-300 mit 127,5 kN mit Nachbrenner	ein Sojus R-27F2M-300 mit 98,1 kN mit Nachbrenner
Spannweite (m)	7,40-13,97	7,78-13,97	7,78-13,97	7,78-13,97
Länge (m)	17,10	16,71	16,63	17,11
Höhe (m)	4,80	4,82	5,00	4,82
Flügelfläche (m²)	29,89-32,10	34,16-37,35	34,16-37,35	34,16-37,35
Leermasse (kg)	10.460	10.869	10.230	10.880
Startmasse max. (kg)	14.090	18.400	17.800	18.000
Höchstgeschwindigkeit (km/h)	2400	2500	2500	2445
Steiggeschwindigkeit (m/s)	195	215	230	145
Landegeschwindigkeit (km/h)	240	255	250	260
Startstrecke (m)	650	600	450	700
Landestrecke (m)	550	800	750	850
Dienstgipfelhöhe (m)	18.000	17.500	18.600	15.850
Reichweite (km)	1800	1450	1450	1210
Bewaffnung	eine doppelläufige 23-mm-MK und bis 2000 kg Bomben, Raketen	eine doppelläufige 23-mm-MK sowie bis 2000 kg Bomben, Raketen, Waffenbehälter	eine doppelläufige 23-mm-MK sowie bis 2000 kg Bomben, Raketen, Waffenbehälter	eine doppelläufige 23-mm-MK sowie bis 1600 kg Bomben, Raketen

(**MiG-23ML**), KDS-23 (**MiG-23MLA**), BVP-50-60 (**MiG-23MLD, MLG**, **MiG-27K**), CMDS (nur **MiG-27UPG** und **MiG-23BN**-Upgrade Indien, Äthiopien) montiert werden.
Zur Bewaffnung gehörten bei den MiG-23-Jägern sowie den Versionen B und BN eine fest installierte, zweiläufige 23-mm-Kanone GSch-23L mit 200 Schuss Munitionsvorrat unter dem Rumpf, bei sämtlichen MiG-27-Ausführungen eine sechsläufige 30-mm-MK GSch-6-30A mit 265 Granaten. Zusatztanks, Lenkpods sowie die Waffenzuladung fanden bei den MiG-23 an bis zu sieben externen Stationen Platz, bei den MiG-27 standen dafür bis zu neun Stationen zur Verfügung.

Die Bewaffnungsmöglichkeiten bestehen aus:
normal bis zu 2000 kg bei den MiG-23-Jägern, bis zu 3000 kg bei MiG-23B und BN sowie bis zu 4000 kg Abwurfwaffen bei den MiG-27 wie
Atombomben RN-24, RN-28, RN-40
Sprengbomben FAB-100, FAB-250, FAB-500
Splittersprengbomben OFAB-100, OFAB-250
Lasergelenkte Bomben KAB-500L (nur **MiG-27**)
TV-gelenkte Bomben KAB-500Kr (nur **MiG-27**)
Clusterbomben RBK-250, RBK-500
Brandbomben ZAB-100, ZAB-250 und Napalmtanks ZB-500
Behälter UB-16 und UB-32 mit 16 bzw. 32 ungelenkten 57-mm-Raketen
Behälter B-8M mit 20 ungelenkten 80-mm-Raketen
Behälter B-13 mit fünf ungelenkten 122-mm-Raketen (nur **MiG-27**)

Typ	MiG-23BN	MiG-27M
Verwendung	Jagdbomber	Jagdbomber
Besatzung	1	1
Triebwerk und Maximalschub	ein Sojus R-29B-300 mit 112,8 kN mit Nachbrenner	ein Sojus R-29B-300 mit 112,8 kN mit Nachbrenner
Spannweite (m)	7,78-13,97	7,78-13,97
Länge (m)	16,84	17,07
Höhe (m)	5,14	5,14
Flügelfläche (m²)	34,16-37,35	34,16-37,35
Leermasse (kg)	10.700	11.256
Startmasse max. (kg)	18.850	20.670
Höchstgeschwindigkeit (km/h)	1900	1800
Steiggeschwindigkeit (m/s)	200	200
Landegeschwindigkeit (km/h)	250	260
Startstrecke (m)	850	800
Landestrecke (m)	850	850
Dienstgipfelhöhe (m)	15.600	15.600
Reichweite (km)	1370	1810
Bewaffnung	eine doppelläufige 23-mm-MK sowie bis 3000 kg Bomben, Raketen, Waffenbehälter	eine sechsläufige 30-mm-MK sowie bis 4000 kg Bomben, Raketen, Waffenbehälter

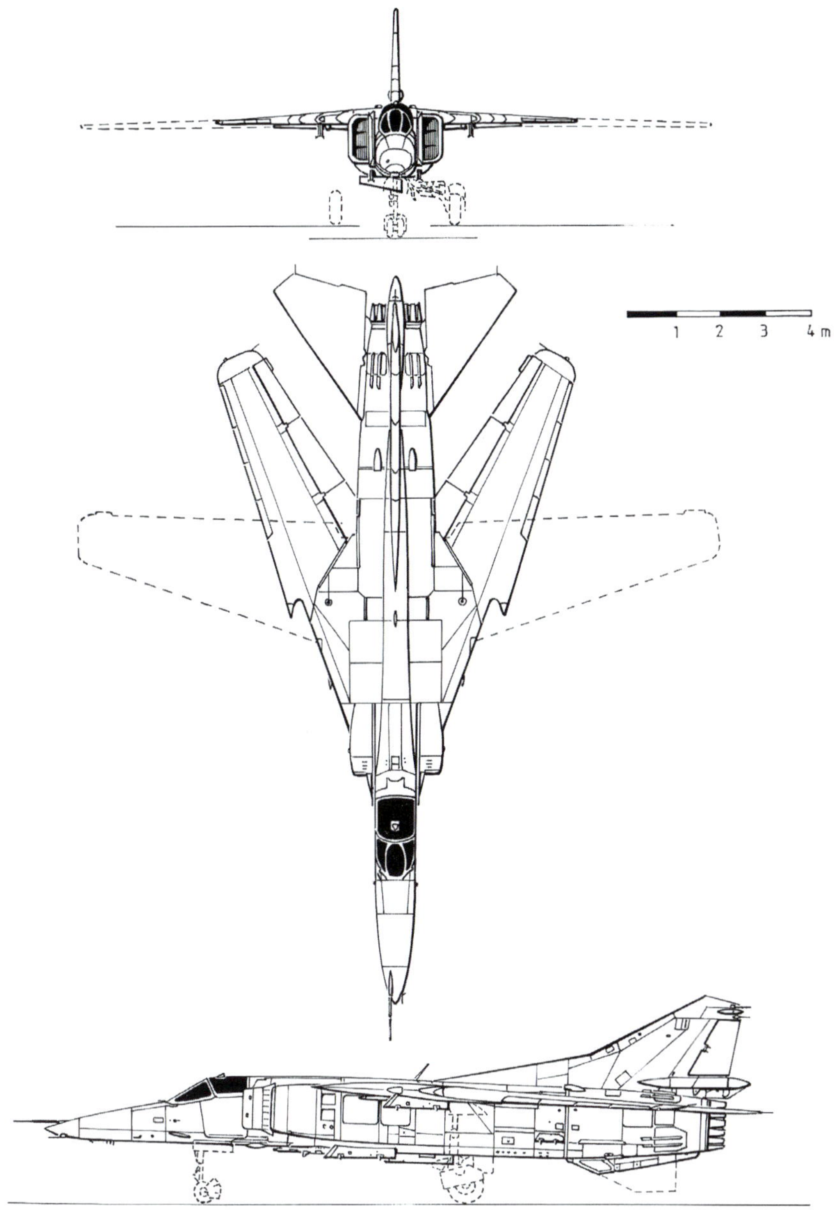

Dreiseitenriss der MiG-23BN. (Zeichnung: Manfred Meyer)

Ungelenkte 240-mm-Raketen S-24 (nur **MiG-27**)
Luft-Boden-Lenkwaffen Ch-23 / 23M, Ch-25ML / MP / MR / MT (nur **MiG-27**), Ch-29L / T / TE (nur **MiG-27**), Ch-59
Anti-Radar-Lenkwaffen Ch-27PS (nur **MiG-27**)
Luft-Luft-Lenkraketen R-3S / R, R-13M (alle), R-23R / T (ab **MiG-23**), R-24R / T (ab **MiG-23ML**), R-60 / 60M (ab **MiG-23M**), R-73 (ab **MiG-23ML**)
Waffenbehälter UPK-23-250 mit einer doppelläufigen 23-mm-MK GSch-23 mit 250 Schuss Munitionsvorrat
Waffenbehälter SPPU-22 mit einer doppelläufigen schwenkbaren 23-mm-MK GSch-23 mit 260 Schuss Munitionsvorrat (nur **MiG-27**)

Ganz klar an den beiden Sichtfenstern für das Kaira-Zielgerät im Bug zum Einsatz von laser- sowie TV-gelenkten Waffen zu erkennen, handelt es sich hier um eine MiG-27K. Die angehängte Bewaffnung mit Sprengbomben und Raketenabschussbehältern fällt diesmal allerdings konventionell aus. (Foto: Detlev Grass)

Nutzer der MiG-23 / 27

In der Sowjetunion nutzten die taktischen Fliegerkräfte die frühen MiG-23 vorwiegend zur Bewertung, Umschulung, zum Kennenlernen und Beherrschen der neuen Technik. Einige MiG-23S gingen zumindest an das 32. GwIAP in Schatalowo, einige MiG-23 Edition 1971 an das 168. IAP in Starokonstantinow, um den regulären Dienst vorzubereiten. Die Piloten bildete man indes vor allem im 4. Trainingsregiment in Lipezk aus. Der Januar 1974 gilt schließlich als offizieller Termin der Indienststellung bei den sowjetischen Frontfliegerkräften. Anfängliche Probleme mit dem anspruchsvollen und komplexen Flugzeug führten in den 1970er-Jahren zu einem bemerkenswerten Anstieg von Unfällen, zugleich wurden MiG-23M massenhaft an die Jagdfliegerregimenter ausgeliefert. Die Großserienversion galt 1974 als einsatzklar und wurde in nahezu allen Verbänden durch Schulmaschinen MiG-23UB ergänzt. Des Weiteren schuf die sowjetische Luftwaffe für ein erweitertes Luftkampftraining sogenannte Aggressorstaffeln, die vergleichbar mit derartigen US-amerikanischen Squadrons gegnerische Luftkampftaktiken simulierten und so die Jagdflieger besser auf einen vermeintlichen Gegner vorbereiten sollten. Bekannt ist zu diesem Zweck der 1521. Stützpunktverband in Mary-1, Turkmenistan, wo die MiG-23M gleichfalls zu Anfang der 1970er-Jahre eintraf. Ebenso gelangte der Typ in großem Umfang auf Basen im Ausland, allen voran in der ehemaligen DDR als Teil der 16. Luftarmee und der Gruppe der sowjetischen Streitkräfte in Deutschland (ab 1989 Westgruppe genannt). Hierzu gehörten das 31. GwIAP in Falkenberg, das 33. IAP in Wittstock, das 35. IAP in Zerbst, das 73. GwIAP in Köthen, das 85. GwIAP in Merseburg, das 773. IAP in Damgarten, das 787. IAP in Finow, das 833. IAP in Jüterbog sowie das 968. IAP in Altenburg. Oft waren es Vorzeigeverbände mit gut ausgebildeten Piloten und Flugzeugen in ausgezeichneter Qualität, sodass die neueren Versionen bis hin zur MiG-23MLD hier frühzeitig ihren neuen Stationierungsort fanden. Teilweise dienten wie im 968. IAP auch nur Schulmaschinen MiG-23UB. Sie waren dann die letzten MiG-23, die im März 1994 ihren Heimweg antraten. Auch in der Mongolei, in Polen, der Tschechoslowakei und Ungarn waren MiG-23 der sowjetischen Luftwaffe stationiert, in Cam Ranh, Vietnam rüstete dagegen die sowjetische Marine eine Staffel mit MiG-23MLD aus. Die dort von 1984 bis 1990 eingesetzten Maschinen führten möglichweise zu der gelegentlich aufgestellten Behauptung, auch Vietnam hätte MiG-23 gekauft. Die Marineflieger nutzten die MiG-23 auch im 841. IAP in Meria, Georgien, während beim 88. OMAPIB in Olenegorsk nur Schulmaschinen zum Einsatz gelangten. Die sowjetische Luftverteidigung begann im März 1976 mit der Indienststellung der MiG-23M, zuerst beim 401. IAP in Smolensk und mindestens sechs weitere Regimenter folgten im Laufe des Jahres. Zu diesem Zeitpunkt flogen 33 Einheiten den Schwenkflügler bei der Luftwaffe, bei der Luftverteidigung erhielten in der Folgezeit mindestens drei Dutzend Regimenter, auch Schulungsverbände wie das 218. oder 713. UAP, die MiG-23. Hier erfolgte später die Umstellung auf Maschinen der Baureihe ML und P, ergänzt um Umrüstexemplare MLD. Die Umrüstung früherer Maschinen auf den MLD-Standard erfolgte in drei Einrichtungen der Luftwaffe in Lwiw, Moskau und Tschuguew. Anderenorts verwendete das 715. UAP in Frunse (heute Bischkek), Kirgisistan die Exportvariante MiG-23MS zur Schulung ausländischer Kadetten. Sowjetische MiG-23 waren auch an den Kampfhandlungen in Afghanistan beteiligt, sie flogen ab 1984 Begleitschutz, Luftraumüberwachung sowie selbst Angriffe auf Bodenziele. 1990 hatte die MiG-23 gut 1,5 Millionen Flugstunden absolviert, zur selben Zeit befanden sich noch etwa 1500 dieser Flugzeuge im Bestand der sowjetischen Streitkräfte. Mit dem politischen Umbruch in Osteuropa und der Auflösung der Sowjetunion begannen umfangreiche Reduzierungen und viele der Flugzeuge wurden nicht mehr gebraucht. Am längsten hatten zwei Verbände der nunmehr russischen Luftwaffe den Jäger MiG-23P im Inventar, bis die Außerdienststellung zum Jahresende 1998 beim 472. IAP endgültig vollzogen war. Ähnlich erging es seinerzeit den Jagdbombern der vormals sowjetischen Frontfliegerkräfte.

Im Mai 1973 wurden die ersten MiG-23B für diensttauglich befunden, währenddessen die MiG-27 bereits ihre Flugerprobung absolvierte. Sie galt 1975 als einsatzklar und die ersten Einsatzexemplare gingen wie ein Jahr zuvor die ersten MiG-23BN an das Trainingszentrum in Lipezk. Die MiG-27 erreichte in unterschiedlichen Baureihen in den 1980er-Jahren ihr Hoch, als 27 Jagdbomber- sowie sechs Ausbildungsregimenter das Flugzeug einsetzten. Auch im Ausland und wiederum hauptsächlich in der DDR waren diese Jagdbomber bis 1993 stationiert. Sie flogen im 19. GwAPIB in Lärz, im 296. APIB in Altenburg (1989 Verlegung nach Großenhain), im 559. APIB in Finsterwalde sowie im 911. APIB in Brand. Andere MiG-27-Verbände operierten bis 1990 in Afghanistan, der Mongolei, der Tschechoslowakei und Ungarn. Schließlich verringerte man die Zahl der Einsatzverbände und -maschinen mit dem Ende der Sowjetunion. In Russland und Belarus flogen die Jagdbomber bis 1994, bis zur Jahrtausendwende noch in Turkmenistan sowie der Ukraine und Kasachstan setzt die MiG-27 plus einige Trainer MiG-23UB vereinzelt bis heute ein.

Ab 1979 erhielt das in Kursk beheimatete 472. IAP der sowjetischen Luftverteidigung die MiG-23P. Andere gingen an das 415. IAP und fielen durch große aufgemalte Augen am Vorderrumpf auf. Angeblich sollten diese Augen Vögel vom Flugzeug fernhalten. (Foto: Wjatscheslaw Jegorow)

Zum 559. APIB in Finsterwalde gehörte diese MiG-27K. Man erkennt eine deutliche Verdickung als Panzerung, auf der die taktische Kennziffer aufgetragen ist. (Foto: Alexander Golz)

Einsatzregimenter Jagdflugzeuge/Trainer MiG-23 (Auswahl)

Sowjetunion

5. GwIAP, 14. GwIAP, 22. GwIAP, 28. GwIAP, 31. GwIAP, 32. GwIAP, 33. IAP, 35. IAP, 41. IAP, 45. IAP, 53. IAP, 61. IAP, 73. GwIAP, 85. GwIAP, 86. IAP, 88. OMAPIB, 92. IAP, 114. IAP, 115. GwIAP, 120. GwIAP, 126. IAP, 129. APIB, 145. IAP, 152. IAP, 163. IAP, 168. IAP, 169. GwSAP, 176. IAP, 177. IAP, 190. IAP, 191. IAP, 192. IAP, 201. IAP, 218. UAP, 224. IAP, 234. GwIAP, 236. IAP, 266. APIB, 296. APIB, 301. IAP, 308. IAP, 333. OIAP, 366. IAP, 384. IAP, 387. IAP, 401. IAP, 404. IAP, 412. IAP, 415. IAP, 425. IAP, 472. IAP, 515. IAP, 528. IAP, 601. IAP, 636. IAP, 642. IAP, 655. IAP, 656. IAP, 681. IAP, 683. IAP, 689. GwIAP, 713. UAP, 715. UIAP, 735. IAP, 737. IAP, 765. IAP, 773. IAP, 787. IAP, 812. IAP, IAP, 821. IAP, 833. IAP, 841. IAP, 849. IAP, 871. IAP, 894. IAP, 899. APIB, 905. UIAP, 911. APIB, 927. IAP, 968. IAP, 979. IAP

Russland

23. IAP, 30. IAP, 41. IAP, 472. IAP

Einsatzregimenter Jagdbomber MiG-23B / BN / MiG-27 (Auswahl)

Sowjetunion

18. GwAPIB, 19. GwAPIB, 25. IBAP, 53. GwAPIB, 58. IBAP, 88. GwAPIB, 129. APIB, 134. APIB, 224. APIB, 236. APIB, 266. APIB, 281. APIB, 296. APIB, 300. APIB, 314. APIB, 321. APIB, 372. APIB, 559. APIB, 642. APIB, 715. UIAP, 722. UIAP, 899. APIB, 911. APIB, 940. APIB

Russland

53. APIB, 58. APIB, 224. APIB, 266. APIB, 372. APIB, 911. APIB

Ab 1976 übernahm das 559. ABIP die ersten MiG-27, ab 1982 die MiG-27K wie hier im Bild. Es handelte sich um die leistungsstärkste Ausführung des Jagdbombers. (Foto: Detlev Grass)

Einsatzregimenter (Auswahl)
Belarus
201. IAP, 911. APIB, 927. IAP
Kasachstan
129. APIB, 715. IAP, 604. AB
Turkmenistan
55. IAP, 107. IAP
Ukraine
114. IAP, 190. IAP, 642. IAP, 737. IAP, 894. IAP

Mit Zusatztanks tritt diese MiG-27D des 19. GwAPIB im März 1993 den Heimweg nach Russland an und markiert das Einsatzende des Jagdbombers in Deutschland. (Foto: Rob Schleiffert)

Ägypten: Als sich die Beziehungen zwischen der Sowjetunion und Ägypten, und gerade auch im Bereich der militär-technischen Kooperation, verschlechterten, wurden für die ägyptische Luftwaffe neue, für den Export verfügbare Kampfflugzeuge bestellt. Dabei handelte es sich um acht MiG-23MS, acht MiG-23BN sowie vier MiG-23UB, die dann im zweiten Halbjahr 1974 geliefert wurden. Der Einsatz dauerte lediglich bis 1976 an und wurde von einem Unfall, bei dem gleich vier der Maschinen crashten, überschattet. Nach der Einlagerung der übrig gebliebenen Exemplare zeigte sich Ägypten wiederum großzügig und verkaufte je zwei MS, BN und UB an China, wo sie ausgiebig untersucht wurden. Forschungen zu eigenen Schwenkflügelflugzeugen führten in China zu keinem Serienmuster, wohl aber modifizierte MiG-23-Elemente wie Lufteinlässe und die klappbare Stabilisierungsflosse eine serienmäßige Anwendung beim lokal entwickelten Jagdflugzeug Shenyang J-8II. Des Weiteren gelangten einige Exemplare in die USA, wurden dort bewertet oder zur Feinddarstellung eingesetzt.

Äthiopien: Die landeseigene Luftwaffe erhielt die ersten von annähernd 70 MiG-23 im Jahr 1977. Vornehmlich handelte es sich um Jagdbomber MiG-23BN, ergänzt um einige Trainer und knapp 20 Jäger der Baureihe ML. Die Flugzeuge operier-

Auf der Waffenausstellung KADEX 2012 macht diese MiG-27D der Luftwaffe Kasachstans Eindruck. Sie ist mit Ch-27PS-Anti-Radar-Lenkraketen sowie unter der Rumpfmitte mit OFAB-100 und am Heck mit FAB-500-Bomben bestückt. Am Lufteinlass das Wappen der 604. Awiabasa. (Foto: Dr. Andreas Zeitler)

Diese MiG-23BN samt Piloten war eine von mehreren Flugzeugen und Hubschraubern, die 1991 ins benachbarte Djibouti flohen, nachfolgend durch französisches Luftwaffenpersonal ihrer Waffen entledigt und dann wieder an die äthiopischen Behörden zurückgegeben wurden. (Foto: T. Laurent)

Wesentlich länger als Russland setzte Kasachstan MiG-23 und MiG-27 ein, im Bild zwei UB-Schulmaschinen in prächtiger Lackierung. (Foto: Kazakh MOD)

Landung einer bulgarischen MiG-23UB in Plowdiw 1999. (Foto: Alexander Golz)

ten von drei Hauptbasen, wozu Asmara im heutigen Eritrea zählte. Mit der Unabhängigkeit Eritreas gingen vormals äthiopische und in Asmara stationierte Kampfjets inklusive einige wenige MiG-23BN in den Bestand der eritreischen Streitkräfte, erlangten aber nie operationellen Einsatzstatus. Die äthiopische Luftwaffe hat noch immer einige MiG-23BN und UB im Inventar.

Algerien: Algerien rüstete seine Luftwaffe ab 1976 mit MiG-Schwenkflüglern aus. Als erstes begann für zwei in Laghouat stationierte Angriffsstaffeln die Lieferung von 40 Jagdbombern MiG-23BN, ergänzt um angeblich bis zu zehn UB-Trainingsflugzeugen. Während Jäger MiG-23MS aufgrund ihrer Schlichtheit abgelehnt wurden, erfolgte der Kauf von mindestens 16 MiG-23MF und 1982 deren Eingliederung in die 14.

Angola kaufte an den 1980er-Jahren eine stattliche Anzahl MiG-23, die abgebildeten Exemplare wurden 2007 im ukrainischen Odessa überholt. (Foto: Alexander Golz)

Eine von insgesamt 32 in die DDR gelieferte MiG-23 in der Version ML, hier mit R-60 und R-23-Luftkampfarketen beim JG 9 in Peenemünde. (Foto: Eric Bannwarth)

Das JBG 37 (vormals JBG 31) übernahm ab 1979 insgesamt 22 Jagdbomber MiG-23BN. (Foto: Detlev Grass)

Staffel in Ouragla. All die MiG-23 wurden im Laufe der ersten Dekade des 21. Jahrhunderts ausgemustert.

Angola: Mitte der 1980er-Jahre wurden die MiG-23ML und UB-Lieferungen nach Angola aufgenommen und sollen später einschließlich gebrauchter Exemplare aus sowjetischen, später russischen und ukrainischen Beständen gut 80 Maschinen ausgemacht haben. Hingegen handelt es sich bei der Verwendung kubanischer MiG-23BN durch Angola offenbar um ein Fake. Die Flugzeuge wurden auf mindestens acht Stützpunkte verteilt und wurden vielfach bei Kampfhandlungen eingesetzt. Im Laufe der Einsatzzeit gab es etwa zwölf Verluste durch Havarien und gegnerischen Beschuss. Im Jahr 2005 erhielten 18 der Jagdflugzeuge ein MLD-Upgrade, der Einsatz dauert an, dürfte aber durch den Zulauf moderner Einsatzmuster (Su-27/30) bald enden.

Bulgarien: Als einer der Warschauer Vertragsstaaten nutzte die bulgarische Luftwaffe immer wieder neue Modelle des MiG-Schwenkflüglers. Zunächst trafen ab November 1976 die ersten von 13 Schulmaschinen MiG-23UB sowie von später insgesamt 36 MiG-23BN ein, ab 1978 gefolgt von zwölf MF und acht MLA ab 1983. Ab dem nächsten Jahr begann die Lieferung von 16 MiG-23MLAE, welche die überhaupt letzten neu gebauten Exemplare aus dem Moskauer Herstellerbetrieb darstellten. 1992 erfolgte eine Reorganisation, aus Regimentern wurden Korps und die Schwenkflügler innerhalb des 1. Stützpunktverbandes in Dobroslawzi zusammengezogen. Einige Flugzeuge erhielten lebensverlängernde Maßnahmen, der Dienst endete schließlich im November 2002. Bis dahin mussten 13 MiG-23 durch Unfälle abgeschrieben werden.

DDR: Die ostdeutschen Luftstreitkräfte/Luftverteidigung stellten insgesamt 77 MiG-23 in Dienst – zwölf MF, 32 ML, 22 BN, elf UB. Den Anfang machten im Juni 1978 zwei Schulmaschinen, im nächsten Monat gefolgt von den ersten MiG-23MF. Die Jäger sowie die meisten Trainer gingen an das 9. Jagdfliegergeschwader (JG 9) in Peenemünde, die Jagdbomber an das Jagdbombergeschwader 37 (JBG 37), dass bis Dezember 1981 JBG 31 hieß und in Drewitz beheimatet war. Die MiG-23 waren zunächst top secret, zugleich anspruchsvoller als ihre Vorgänger. Im Dienst mussten insgesamt drei MF, vier ML, vier BN sowie zwei UB als Verlust gemeldet werden. Mit der deutschen Wiedervereinigung erhielten die MiG-23 bundesdeutsche Kennungen, einige wurden bei der WTD 61 in Manching, aber auch in Großbritannien und den USA getestet und bewertet. Immerhin gingen zwölf MiG-23ML in die Vereinigten Staaten, wo sie möglicherweise Teil sogenannter Aggressorstaffeln waren.

Elfenbeinküste: Mit Ausbruch des Bürgerkriegs 2002 nahmen Bestrebungen nach Waffenkäufen zu. Bulgarien veräußerte zwei MiG-23MLAE, die im Frühjahr 2003 in Abidjan eintrafen. Obwohl einsatzfähig, gelangten sie im Folgejahr aus unbekannten Gründen nach Togo und wurden nie mehr geflogen.

Indien: Mit insgesamt 40 MiG-23MF, 25 MiG-23UB, 95 MiG-23BN sowie 150 MiG-27ML war Indiens Luftwaffe der zweitgrößte Nutzer des Schwenkflüglers nach der Sowjetunion. Die ersten Trainer und Jagdbomber waren zum Jahresende 1980 eingetroffen, zwei Jahre später folgten die ersten Jäger und ab 1986 die ersten MiG-27. Letztgenannte dienten auch am längsten und wurden erst 2019 aus dem Dienst genommen. Die MiG-23MF rüsteten zur Luftverteidigung zwei Staffeln in Adampur aus, ab 1993 und bis zur Außerdienststellung 2007 war es nur noch die No 224 Sqn. Die MiG-23BN-Jagdbom-

Innerhalb des Geschwaders war die Kontroll- und Reparaturstaffel (KRS) mit wiederkehrenden Kontrollen, umfänglichen Fehleranalysen und bei Bedarf Reparaturen für die Einsatzbereitschaft der MiG-23BN zuständig. (Foto: Detlev Grass)

Indien kaufte 40 MiG-23MF und erhielt die ersten Exemplare 1982. (Foto: Eric Bannwarth)

Foto aus besseren Zeiten: eine einsatzbereite MiG-23MLA der kubanischen Luftwaffe. (Foto: Granma)

MiG-23MLD gehörten zu den umfangreichen Anschaffungen von Schwenkflüglern innerhalb der libyschen Luftwaffe. (Foto: Chris Lofting)

ber dienten in vier Staffeln und erlebten 2009 ihr Dienstende, No 10 Sqn rüstete auf die MiG-27ML um. Maschinen dieses Typs waren Teil von neun operationellen Staffeln, modernisierte Exemplare wurden zum Schluss und bis Dezember 2019 von Jodhpur aus eingesetzt. Für die indische Luftwaffe war die MiG-27 ein bedeutendes und geschätztes Einsatzmuster, auch wenn es mehrmals Zuverlässigkeitsdefizite, Flugverbote und mindestens zwölf MiG-27-Verluste während der Dienstzeit gab. Von den anderen Versionen verlor Indien rund 50 Maschinen durch Abstürze und andere Unfälle.

Irak: Im Jahr 1974 begann der Zulauf von MiG-23 an die irakische Luftwaffe, zunächst der Schulversion UB, der einfachen Exportausführung MS sowie von BN-Jagdbombern. Ab 1980 folgten MiG-23MF und ab 1984 MiG-23ML in den Bestand, die allesamt einen wichtigen Part im Krieg mit Iran spielten. Hierbei reduzierte sich der Bestand stetig, nicht zuletzt durch die alliierten Angriffe während der Operation „Desert Storm" 1991. Der genaue Umfang der MiG-23-Lieferungen an den Irak ist bis heute nicht bekannt, es dürften aber ungefähr 20 MiG-23UB, 18 MS, 18 MF, etwa 60-70 ML/MLA und bis zu 90 BN gewesen sein, die auf mindestens fünf großen Basen zu Hause waren. Nach dem erneuten Waffengang gegen Irak 2003 flog dort keine MiG-23 mehr.

Kongo: Die demokratische Republik Kongo (vormals Zaire) erhielt Ende der 1990er-Jahre von Libyen zwei bis drei MiG-23MS sowie ein bis zwei MiG-23UB, deren nachfolgender Status aber unbekannt ist.

Kuba: Eine gemischte Flotte aus insgesamt rund 70 MiG-23MF, MLA, BN und UB betreibt Kuba als einziger offizieller Nutzer des MiG-Schwenkflüglers in Amerika. Die ersten Flugzeuge lieferte die Sowjetunion 1978, die meisten trafen im nachfolgenden Jahrzehnt ein und rüsteten mindestens drei Verbände an den Standorten San Antonio de los Banos und Santa Clara aus. In den 1980er-Jahren beteiligten sich kubanische Crews mit MiG-23 im Bürgerkrieg in Angola, mussten aber einige Verluste hinnehmen. Mit dem Ende der Sowjetunion blieben materielle und finanzielle Hilfen für den Betrieb aus, zudem wurden nachfolgend Kerosin und Ersatzteile rationiert und der Flottenbestand schrumpfte. Ein MiG-23BN-Pilot desertierte im März 1991 in die USA, wo man diese Jagdbomber als Atomwaffenträger einstufte und als Bedrohung ansah. Inzwischen spielen diese Flugzeuge aber keine Rolle mehr in der kubanischen Luftwaffe, gleichfalls ist der heutige Status der anderen Versionen unklar.

Libyen: Die libysche Luftwaffe zählte zu den Großabnehmern der MiG-23 und vereinzelt fliegt sie dort bis heute. Die Lieferungen nahmen ab 1974/75 ihren Lauf und beinhalteten den Kauf von 54 MiG-23MS, 40 UB, 36 bis 48 BN, 24 MF und 48 MLD. Zu Beginn waren die libyschen Piloten mit der Ausstattung und dem Flugverhalten unzufrieden, Techniker beklagten einen hohen Wartungsaufwand und Fehlfunktionen. Der Klarstand der MiG-23 lag anfangs oft unter 40% und es gab mehrere Unfälle. Mit den neueren Versionen sowie erweiterten Kursen besserte sich die Lage, doch kam es in den 1990er-Jahren zu Reduzierungen im Einsatzbetrieb bis hin zur Einlagerung der Flotte. Dank Überholungen waren etliche MiG-23MF und

MLD wieder zu Anfang des 21. Jahrhunderts flugbereit. Mit den Unruhen ab 2011 und den nachfolgenden Bürgerkriegen versahen einsatztüchtige Exemplare schon bald den Dienst bei gegeneinander gerichteten Milizen mit eigenen Flugzeugen, die als Libyan Dawn Air Force sowie Libyan National Air Force bis heute bekannt sind.

Namibia: Anfang 2005 gab Angola zwei bis vier MiG-23MLA an die neu geformte Luftwaffe Namibias ab, die für kurze Zeit mit diesen Maschinen von der Basis Grootfontein aus operierte.

Nordkorea: Im Herbst 1984 begann die Lieferung einer ersten Tranche von zehn MiG-23ML und UB an die nordkoreanische Luftwaffe, weitere Lieferungen brachten den Bestand bis 1986 auf ungefähr 60 Maschinen. Mindestens zwei Jagdfliegerregimenter in Pukchang und Toksan wurden mit diesen Flugzeugen ausgerüstet, bis heute betreibt das 58. Regiment Ein- und Zweisitzer.

Polen: Neben sechs Schulmaschinen MiG-23UB nutzte Polen die Jägervariante MF und erhielt im Juni 1979 die ersten von später 36 Exemplaren. Die gingen alle an das 28. Jagdfliegerregiment in Slupsk. Der Einsatz gestaltete sich zunächst wenig effizient, konnte aber verbessert und mit hohen Sicherheitsstandards betrieben werden. So gingen in 20 Einsatzjahren lediglich sechs polnische MiG-23 verloren, der Flugbetrieb mit dem Typ wurde im September 1999 eingestellt.

Rumänien: Anfang 1979 trafen die ersten Trainer MiG-23UB für die rumänische Luftwaffe ein, im Mai folgten die ersten zwölf MF-Jäger. Von dieser Version wurden insgesamt 37 Exemplare beschafft, von den Trainern zehn. Sie rüsteten zunächst je eine Staffel des 57. und 93. Regiments in Constanta bzw. in Timisoara aus. Eine 2. Staffel in Constanta folgte 1980, die allerdings 1992 zum 57. Regiment wechselte. Drei Jahre später wurden aus den Regimentern Jagdfliegergruppen, die Zahl einsatzfähiger Maschinen verringerte sich durch mangelnde Finanzen zusehends und führte 2001 zur offiziellen Außerdienststellung.

Simbabwe: Zwei MiG-23MS und eine MiG-23UB bezog die einheimische Luftwaffe im Jahr 2000 von Libyen, denen angeblich weitere Überschussmaschinen folgten. Heimatstandort war die zentral gelegene Basis Gweru-Thornhill.

Sri Lanka: Zur Bekämpfung der tamilischen Rebellen suchte die Luftwaffe Sri Lankas nach einem brauchbaren Muster für Luft-Boden-Angriffe und kaufte zu diesem Zweck zum Jahresende 2000 sechs gebrauchte MiG-27M sowie eine MiG-23UB von der Ukraine. Bis zur Verfügbarkeit entsprechend ausgebildeter einheimischer Piloten operierten die Flugzeuge dann auch mit ukrainischen Crews von der Katunayake-Luftwaffenbasis aus. 2001 wurde eine MiG-27 abgeschossen, 2003 die Flotte temporär eingelagert. Schon im nächsten Jahr erfolgte die Reaktivierung, nochmals sechs ukrainische MiG-27M erreichten 2007 Sri Lanka. 2004 und 2012 havarierte jeweils eine weitere Maschine, der Jagdbomberverband wechselte später zum Standort Bandaranaike und wurde 2014 samt Flugzeugen außer Dienst gestellt.

In Slupsk waren die polnischen MiG-23 zu Hause wie diese Maschine mit voll zurück geschwenktem Tragwerk. (Foto: Helge Schwarzlose)

Ab 1979 trafen die ersten MiG-23 in Rumänien ein, dieser bullige UB-Trainer trägt einen imposanten Tarnanstrich und die jüngeren Hoheitszeichen mit Roundel am Leitwerk. (Foto: Chris Lofting)

Drei MiG-27 der Luftwaffe Sri Lankas im Jahr 2011. (Foto: Alexander Golz)

Unbewaffnete MiG-27 der Luftwaffe Sri Lankas während eines Übungsfluges, Vorflügel, Klappen und Höhenflossen leisten ganze Arbeit. (Foto: Roger Westerhuis)

Die tschechoslowakische Luftwaffe nutzte die MiG-23BN im 28. Jagdbombenfliegerregiment, hier zu Besuch im ostdeutschen Drewitz 1987. (Foto: Detlev Grass)

Zwölf MiG-23MF und fünf MiG-23UB dienten innerhalb der ungarischen Luftwaffe auf der Basis Papa, hier noch in dem frühen Einheitsgrau und den sternförmigen Hoheitszeichen. (Foto: Hungarian AF via Miklos Bakcó)

Sudan: Auch für die sudanesische Luftwaffe war Libyen die Bezugsquelle des Schwenkflüglers. Zehn MiG-23MS sowie zwei UB-Trainer sollen es gewesen sein, die Ende der 1980er-Jahre übergeben und bis Anfang des 21. Jahrhunderts eingesetzt wurden.

Syrien: Die Luftwaffe Syriens zählt zu den größten, längsten und gleichfalls intensivsten Nutzern der MiG-23. Die ersten von 20 MS- und UB-Maschinen trafen möglicherweise noch Ende 1973 ein, 1974 die ersten der zwölf BN-Jagdbomber. Noch bis Ende des Jahres gab es mit einem Dutzend Verluste eine enorme Abschreibungsrate, die nicht nur auf eine schlechte Verarbeitung der Flugzeuge und das Fehlen technischer Dokumentationen, sondern auch auf die Unerfahrenheit sowie Selbstüberschätzung der syrischen Piloten zurückzuführen ist. Ab 1978 folgten 30 MF sowie ab 1979 weitere 36 BN ins Inventar, ergänzt um nochmals 12 BN sowie etwa 50 MLD ab 1982. In jenem Jahr gab es auch hohe Verluste bei Kampfeinsätzen über dem Libanon. Verschleiß führte zu weiteren Bestandsreduzierungen und mit Beginn des Bürgerkriegs 2011 war höchstens ein Drittel der verfügbaren MiG-23 einsatzfähig. Zwischenzeitlich stießen Überschussmaschinen aus Belarus hinzu, die sich mehrheitlich aber in keinem guten Zustand befanden. Lokal durchgeführte Überholungen verbesserten die Situation in den nächsten Jahren, doch gab es durch die Kampfhandlungen wiederum hohe Verluste, zugleich schrumpften die Vorräte an Bewaffnung und Kerosin. Durch Marschflugkörperbeschuss von US-Schiffen aus verringerte sich 2014 die MiG-23-Flotte um mindestens zwölf Einsatzmaschinen, die BN-Jagdbomber schieden wohl 2018 endgültig aus dem Dienst. Eine Handvoll MiG-23-Jäger übernimmt seitdem noch Angriffe auf Bodenziele.

Tschechoslowakei / Tschechien: Die Tschechoslowakei kaufte insgesamt 32 MiG-23BN, acht UB, 13 MF sowie 16 ML, wobei die ersten BN-Jagdbomber zum Jahresende 1977 übergeben wurden. Die Lieferung dieser Maschinen erfolgte in vier Losen, sie wurden dem 28. Jagdbomberregiment unterstellt. Im August 1978 trafen die ersten MiG-23MF und im November 1981 die ersten ML ein. Mit der Teilung des Landes 1993 übernahm Tschechien sämtliche MiG-Schwenkflügler, doch schon im nächsten Jahr kam das Einsatzende für die MiG-23BN. Die ML dienten noch bis Ende 1998 in der 41. Jagdfliegerstaffel in Caslav. Neun Flugzeuge wurden in der gesamten Einsatzzeit als Verluste gemeldet.

Uganda: Über Libyen kamen bis zu fünf MiG-23MS in den Bestand der ugandischen Luftwaffe und wurden zu Anfang des 21. Jahrhunderts eingesetzt. Interessanterweise behielten sie die libyschen Kennungen.

Ungarn: Die 1. Jagdstaffel des 47. Taktischen Jagdfliegerregiments auf der Papa-Luftwaffenbasis wurde ab 1979 mit insgesamt zwölf MiG-23MF sowie fünf MiG-23UB ausgestattet. Bei der relativ kleinen Gesamtstückzahl fiel die Verlustrate mit

Einsatzverbände (Auswahl)
Ägypten
No 47 Squadron
Äthiopien
12., 44. Squadron
Algerien
14., 27., 28. Escadron
Angola
EC 12, 13
Bulgarien
25. IBAP, 18. IAP
DDR
JG 9, JBG 37
Indien
No 2, 9, 10, 18, 20, 22, 29, 31, 51, 220, 221, 223, 224 Squadron
Irak
No 23, 26, 29, 39, 49, 59, 63, 67, 81, 93 Squadron
Kuba
UM1779, UM1890, UM2661
Libyen
No 1023, 1024, 1040, 1050, 1060, 1070, 1090, 1124 Squadron
Nordkorea
56., 58. Regiment
Polen
28 PLM
Rumänien
57., 93. Jagdfliegerregiment / -gruppe
Simbabwe
No 1 Squadron
Sri Lanka
No 5, 12 Squadron
Syrien
No 67, 77, 78, 95, 96, 97, 98, 675, 678, 697, 698, 946 Squadron
Tschechoslowakei
1. SLP, 11. SLP, 28. SBoLP,
Tschechien
41. SLt
Ungarn
47. Jagdfliegerregiment

drei MF und zwei UB hoch aus, allein drei Exemplare stürzten 1990 ab. Zwei Jahre vor dem Beitritt Ungarns zur NATO erfolgte 1997 die Ausmusterung der MiG-23.

Kampfeinsätze

Es handelte sich um MiG-23M des 152. IAP, die als erste sowjetische Maschinen aus dieser Typenreihe, Waffen einsetzten. Zwei in den sowjetischen Luftraum eingedrungene iranische CH-47-Hubschrauber wurden dabei im Juni 1979 mit R-60-Raketen abgeschossen. Der Vorfall wiederholte sich in ähnlicher Art und Weise im September 1988, als wiederum zwei iranische Hubschrauber, diesmal AH-1 Cobra, von MiG-23MLD über sowjetischem Hoheitsgebiet abgeschossen wurden. In der Zwischenzeit waren MiG-23 und 27 schon längst in den Afghanistan-Krieg involviert.

Ein erstes, aber kurzes Gastspiel über afghanischem Luftraum gaben MiG-23M 1982 für einige Tage als Begleitschutzjäger für Hubschrauber, letztlich wenig erfolgreich für die zu schützenden Drehflügler. Im Herbst 1983 folgte ein erneuter Einsatz mit Übungscharakter und ab Juli 1984 eine ständige Präsenz von MiG-23MLD bis zum Abzug der sowjetischen Truppen. Die Flugzeuge wurden vielfach eingesetzt, verdrängten in der Jägerrolle teilweise MiG-21, flogen Begleitschutz oder selbst Angriffe auf Bodenziele. Die für den Luftkampf optimierte MiG-23MLD wurde dabei zunehmend für Jagdbombereinsätze verwendet, sie attackierten Rebellenstützpunkte, nutzten Kassettenbomben zur Verminung von Nachschubwegen oder unterstützten Bodentruppen der eigenen Streitkräfte. Mehrmals gab es Begegnungen mit pakistanischen Kampfflugzeugen, zwei MiG-23-Abschüsse durch F-16 im Jahr 1988 konnten ebenso wie Luftsiege durch die sowjetischen Maschinen nicht bestätigt werden. Insgesamt acht sowjetische Jagdfliegerregimenter verlegten ihre MiG-23 auf die afghanischen Stützpunkte Bagram, Kandahar sowie Shindand und wechselten sich jährlich ab. Als erstes kamen je eine Staffel des 905. IAP nach Kandahar und Bagram, zuletzt Maschinen des 120. IAP und dabei unterstützt von Personal des 32. GwIAP aus Schatalowo. Im Einsatz gab es elf MiG-23-Verluste, meistens durch Beschuss vom Boden aus. Keine Verluste hatte man hingegen mit der MiG-27 zu beklagen, doch erreichte diese erst in der Schlussphase den Kriegsschauplatz. Das 134. APIB brachte drei Staffeln mit jeweils 12 MiG-27D und M Ende Oktober 1988 nach Shindand und flog nachfolgend drei und mehr Einsätze pro Tag mit diesen Jagdbombern. Um tragbaren Luftabwehrraketen wie der Stinger zu entgehen, wurden Täuschkörperwerfer montiert und die Angriffe in Höhen über 5000 m geflogen. Das schränkte allerdings die Nutzung von Lenksystemen und Lenkwaffen ein. Insgesamt erwiesen sich die MiG-27 in Afghanistan als zuverlässig, verschiedenen Bordsysteme zugleich als empfindlich und wartungsintensiv. Im Februar 1989 wurde das Kontingent wieder zurück in die Sowjetunion beordert.

Im Krieg gegen Iran verwendete die irakische Luftwaffe MiG-23 sehr umfangreich. Am 22. September 1980, dem ersten Tag der Auseinandersetzungen, absolvierten irakische BN-Jagdbomber etwa 70 Kampfeinsätze, um vorwiegend iranische Flugplätze zu attackieren. Danach gehörten auch andere militärische Einrichtungen oder gegnerische Truppenansammlun-

Ganz oben ist eine MiG-23MS der ägyptischen Luftwaffe im üblichen Nahost-Tarnschema zu sehen. Als zweites eine MiG-23MF der tschechoslowakischen Luftstreitkräfte mit Sonderbemalung zum 50. Jubiläum des 1. Jagdfliegerregiments im Jahr 1994. Der großflächig aufgetragene Teufel am Leitwerk ist Bestandteil des Verbandswappens. Die MiG-23MF-Jäger der kubanischen Luftwaffe waren in der 232. Staffel in San Julian zusammengefasst, das abgebildete Exemplar in der dritten Ansicht trägt das ältere Tarnmuster und gelangte später ins Museum der Kubanischen Luftwaffe in Havanna. Darunter: wegen der Bugverzierung mitunter als „Peenemünder Hai" interpretiert, erhielt die MiG-23ML der DDR-Luftstreitkräfte/Luftverteidigung zur Außerdienststellung 1991 dieses spezielle Farbschema, in dem auch der rotfarbene Greif des Landeswappens sowie die Landesfarben Mecklenburg-Vorpommerns zur Geltung kommen. (vier Grafiken: Srecko Bradic). Die Ansicht ganz unten zeigt einen Trainer MiG-23UB, der R-3S-Luftkampfraketen und UB-16-Behälter sowie am Bug ein Qualitätsabzeichen trägt. (Grafik: Manfred Meyer)

gen, Panzerverbände sowie Schiffe im Persischen Golf zu den Zielen. Die wurden teils in großen Formationen von bis zu 50 Flugzeugen angegriffen. Später nutzten irakische MiG-23ML auch französische ECM-Behälter und MiG-23BN Streubomben aus chilenischer und südafrikanischer Produktion, einige der Flugzeuge erhielten eine feststehende Nachtanksonde. Besonders in den ersten drei Jahren des Konflikts waren die Verluste durch Beschuss vom Boden oder durch iranische Jagdflugzeuge hoch. Ebenso gelangen den irakischen MiG-23MS und MF Luftsiege, erstmals am zweiten Kriegstag gegen eine F-5E und 1984 sowie 1986 jeweils auch gegen eine F-14 Tomcat. Schlussendlich betrugen die MiG-23-Verluste annähernd 50 Maschinen, zuzüglich Verschleiß verringerte sich der Flottenumfang. Mit dem Überfall auf Kuwait 1990 standen wohl noch immer rund 100 der Schwenkflügler im Dienst und unterstützten den Einmarsch der irakischen Verbände. Nach Beginn der Operation „Desert Storm" versuchten irakische MiG-23 vereinzelt Abfangaktionen gegen alliierte Kampfflugzeuge, manche Quellen schreiben den Abschuss eines italienischen Tornados in der Nacht vom 17./18. Januar 1991 einer dieser Maschinen zu. Dagegen wurden acht irakische MiG-23 von Jagdflugzeugen der US Air Force abgeschossen und 15 weitere am Boden zerstört.

Libysche MiG-23 spielten bei verschiedenen Kampfhandlungen bis in die Neuzeit eine Rolle. Bereits 1981 waren MiG-23MS und BN bei Engagements über dem Tschad beteiligt und operierten von vorgeschobenen Posten wie dem in Grenznähe errichteten Stützpunkt Tanoua. Ebenfalls in den 1980er-Jahren gab es zahlreiche Begegnungen zwischen libyschen und US-amerikanischen Kampfflugzeugen über dem Mittelmeer. Mal mehr, mal weniger diszipliniert, blieb man auf Distanz und man versuchte sich gegenseitig mit unterschiedlichen Manövern zu beeindrucken. Aber es kam auch zum reellen Schlagabtausch, der bereits 1981 für zwei libysche Su-22 als Niederlage endete. Ein ähnliches Szenario ereignete sich im Januar 1989, diesmal mit zwei MiG-23MF, aber wiederum zwei F-14 der US Navy als Sieger. Nach dem Beginn der Unruhen in Libyen 2011 intensivierten sich die Kampfhandlungen ab 2013 bis zum Bürgerkrieg. Letztlich teilte sich die Opposition in zwei große Fraktionen, die auch Kampfflugzeuge betrieben. Dazu gehörten MiG-23, die größtenteils mit ausländischer Hilfe überholt wurden und nachfolgend zahlreiche Luft-Boden-Angriffe absolvierten.

Im April 1974 soll erstmals ein syrischer Luftwaffenmajor mit seiner MiG-23MS mindestens eine israelische F-4E abgeschossen haben, die Auseinandersetzungen häuften sich in den folgenden Jahren über dem Libanon und gipfelten 1982 über der Bekaa-Ebene. Hier gibt es bis heute widersprüchliche Angaben zu Verlusten, die vor allem für die Syrer erheblich ausfielen. Im Juni 1982 sollen während der Kämpfe neben etlichen MiG-21 insgesamt zehn MiG-23MS und MF sowie etwa 15 BN-Jagdbomber von israelischen Kampfjets abgeschossen worden sein, während syrische Jagdflugzeuge mehrere Luftsiege über F-4 / RF-4 und auch F-16 verbucht haben wollen. Allerdings schiebt Israel bestätigte Verluste dem Beschuss mit Fla-Raketen zu.

Mit Beginn des Bürgerkriegs 2011 waren noch mindestens zwei Dutzend syrische MiG-23 einsatzklar, im August 2012 gab es den ersten Verlust einer BN. Zu dieser Zeit flogen die Maschinen meist mit Bomben und ungelenkten Raketen bis zu 30 Kampfeinsätze pro Tag, doch limitierten die vorhandenen Ressourcen zunehmend die Einsatzmöglichkeiten. Bis 2017 gab es mindestens zwölf MiG-23-Verluste durch Abstürze und Abschüsse, einer davon ging im März 2014 auf das Konto einer türkischen F-16. Mit etwa einem weiteren Dutzend wurden im April 2014 eine große Anzahl von Einsatzmaschinen auf der Shayrat-Luftwaffenbasis durch US-amerikanischen Marschflugkörperbeschuss zerstört und im Laufe des Jahres zwei andere MiG-23MLD abgeschossen. Damit war die Zahl verfügbarer MiG-23 erheblich gesunken und erlaubte nur noch sporadische Einsätze.

Im sogenannten Buschkrieg gerieten Angola und südafrikanische Einheiten inklusive Kampfflugzeuge bzw. Rebellengruppen im Bürgerkrieg aneinander, wobei auch MiG-23 eine wichtige Rolle spielten. Sie flogen Luftraumüberwachung und Angriffe auf Bodenziele und hatten mehrfach Begegnungen mit südafrikanischen Mirage F1. Dabei wurde im Luftgefecht mindestens eine Mirage so schwer beschädigt, dass sie nach der Bruchlandung nur noch als Ersatzteilspender dienen konnte. Mehrere MiG-23 wurden vom Boden aus abgeschossen und vier während einer Attacke von UNITA-Rebellen auf einem Flugplatz im Mai 1991 zerstört.

Während anfangs sowjetische und kubanische Einweiser, Techniker und auch Piloten die Luftwaffe Angolas im Betrieb mit dem Schwenkflügler unterstützten, so übernahmen in den 1990er-Jahren zeitweilig südafrikanische Söldner und damit der ehemalige Kriegsgegner erfolgreich diesen Job.

Ende Mai 1999 entbrannte der Kargil-Konflikt an der Kontrolllinie in Kaschmir, wo pakistanische Armeeverbände und Rebellen auf indisches Gebiet vorgestoßen waren. Indien antwortete mit Angriffen auf diese Truppenbewegungen und MiG-27 bombardierten verschiedene Ziele mit ungelenkten Waffen. Eine MiG-27 wurde dabei von einer Fla-Rakete abgeschossen, als sie einen zweiten Angriffsflug auf eine Position in Pakistan und etwa 10 km jenseits der Grenze unternahm.

Sri Lanka nutzte MiG-27 im eigenen Land zur Bekämpfung tamilischer Rebellen und verwendete dazu ungelenkte Raketen, 250- und 500-kg-Bomben. Schon ein halbes Jahr nach Indienststellung wurde eine der Maschinen im Juli 2001 abgeschossen und eine weitere auf der Luftwaffenbasis Katunayake neben anderen Flugzeugen und Hubschraubern bei einem Anschlag schwer beschädigt.

Als erstes ist eine MiG-27K der 2. Staffel des 266. APIB dargestellt, seinerzeit stationiert in Nalaih, östlich der mongolischen Hauptstadt Ulan-Bator. In Würdigung der Mongolischen Volksrepublik trägt das Flugzeug am Rumpfbug einen galoppierenden Reiter und die Aufschrift „Mongolski Arat“, weiterhin eine Ch-27PS-Lenkrakete. Darunter eine MiG-27M der kasachischen Luftwaffe mit dem Verbandswappen der 604. AB am Lufteinlass. Als drittes eine MiG-27ML des No 9 Sqn der indischen Luftwaffe mit gelben Farbsegmenten an der Cockpithaube, Rudern und Höhenleitwerk. Dann eine irakische MiG-23BN als eines von mehreren Exemplaren mit lokal installierter, feststehender Nachtanksonde am Bug. Im Januar 1991 floh der Pilot mit diesem Flugzeug in den Iran, beschädigte es aber während der Landung. (vier Grafiken: Srecko Bradic). Zum Schluss eine MiG-23BN des JBG 37 der DDR-Luftstreitkräfte, bewaffnet mit FAB-100-Bomben. (Grafik: Manfred Meyer)

Tupolew Tu-22M Backfire

In dieser Ansicht wirkt der Bomber Tu-22M3 beinah wie riesiges Jagdflugzeug, unter optimalen Bedingungen ist zweifache Schallgeschwindigkeit erreichbar. (Foto: Vadim)

Historie

Anfang der 1960er-Jahre begann die Zuführung der Tu-22 (NATO-Code: Blinder) an die sowjetischen Fernfliegerkräfte und damit ihres ersten überschallschnellen Langstreckenbombers. Auffällig waren an dem Flugzeug vor allem die Anordnung der beiden Strahltriebwerke links und rechts am Seitenleitwerk, aber auch eine hohe Unfallbilanz. Gerade zu Beginn der Einsatzkarriere wurden eine Reihe von Fehlfunktionen festgestellt, gleichfalls verlangten die Eigenschaften des Bombers, inbegriffen die hohen Landegeschwindigkeiten, viel von seinen Besatzungen ab. Eine effiziente Ablösung des Vorgängers Tu-16 hatte sich nicht erfüllt und die Stückzahlen der Tu-22 fielen weitaus geringer aus. Zum Schluss mussten gut 20% der etwa 300 gebauten Einsatzmaschinen abgeschrieben werden, auch wenn es im Laufe der Dienstjahre Verbesserungen im Betrieb und an den Flugzeugen selbst gab. Wirklich besser sollte ein Nachfolger sein, mit dessen Konzeption sich das OKB Tupolew bereits ab Mitte der 1960er-Jahre beschäftigte. Verschiedene Designstudien beinhalteten u.a. zwei oder vier Triebwerke, Pfeil- oder eben ganz auf der Höhe der Zeit Schwenkflügel. Die Amerikaner hatten es mit der F-111 vorgemacht, MiG und Suchoi arbeiteten in der Sowjetunion an taktischen Einsatzmustern mit Schwenkflügeln und präsentierten sie erstmals 1967 der Öffentlichkeit. Warum sollten also verstellbare Tragflächen nicht auch an einem großen Flugzeug von Nutzen sein? Tupolew entschied sich nach mehreren Änderungen dafür und erhielt zum Jahresende 1967 den Auftrag zur Vollentwicklung des zunächst in Eigeninitiative entstandenen und „Flugzeug 145“ genannten Bombers. Um das und die Bewilligung der notwendigen Ressourcen zu erreichen, war die Autorisation durch Partei und Ministerrat erforderlich. Hier tricksten allerdings Tupolew sowie die Luftwaffe und stellten den neuen Typ als kostengünstige Weiterentwicklung der Tu-22 vor. Aus diesem rein politischen Kalkül heraus wurde auch

Bei der im Museum der russischen Luftwaffe in Monino ausgestellten Maschine handelt es sich um einen Tu-22M0-Prototyp, der von 1970-1975 die Erprobung mitgestaltete. Die Heckpartie ist noch eine ganz andere als bei den späteren Serienflugzeugen. (Foto: Heiko Thiesler)

Im lettischen Riga wurde diese Vorserienmaschine Tu-22M1 abgestellt und zeigt schon einige Eigenheiten des Schwenkflügelbombers auf. (Foto: Mario Nonaka)

die Bezeichnung Tu-22M gewählt, die später bei Abrüstungsverhandlungen mit den USA nochmals für Verwirrung sorgte. In Wirklichkeit hatte das neue Muster abgesehen von Größe und Aufgabenstellung gar nichts mit dem Vorgänger Tu-22 gemeinsam. Ebenso erwies sich die mehrfach publizierte Typenbezeichnung Tu-26 als falsch.

Der neue Bomber als Tu-22M sollte im Dienst von Luftwaffe und Marine mit Freifallbomben und Marschflugkörpern hauptsächlich wichtige Punktziele der militärischen Infrastruktur, Flugplatz- und Hafenanlagen und nicht zuletzt Versorgungskonvois sowie gegnerische Flottenverbände bekämpfen. Gerade die kampfstarken US-Flugzeugträgerflotten und Lenkwaffenkreuzer standen dabei im Fokus. Nach Möglichkeit sollte sich die Tu-22M in großer Höhe und im Überschalltempo, in der Schlussphase am besten unerkannt im Tiefflug nähern und die mitgeführten Lenkraketen außerhalb der gegnerischen Luftabwehr und den trägergestützten Jagdflugzeugen abfeuern. Hier wären mehrere Direkttreffer mit konventionell bestückten Lenkraketen und damit auch mehrere Flugzeuge mit diesen Waffen nötig oder eben die Verwendung von Raketen mit nuklearen Gefechtsköpfen mit einer geringeren Anzahl von angreifenden Bombern.

Natürlich sollte das neue Flugzeug besser als der Vorgänger sein, über höhere Geschwindigkeiten und größere Reichweiten verfügen. Von Anfang an dachte man bei Tupolew an eine vierköpfige Crew, um damit eine Arbeitserleichterung während der anspruchsvollen Missionen zu erzielen. Die von 20 bis 65 Grad schwenkbaren Tragflächen verfügten über großflächige starre Ansätze und bei den ersten Exemplaren über Tupolew-typische Gondeln an der Hinterkante. Über lange Zeit falsch interpretiert, dienten diese nicht zur Unterbringung der Hauptfahrwerke, sondern rein aerodynamischen Zwecken. Die Hauptfahrwerke besaßen drei Paare mit je zwei Rädern, wobei anfangs die mittleren Streben ihren Radstand verbreitern konnten. Dies sollte den Einsatz von unvorbereiteten Pisten begünstigen, fand aber letztlich keine praktische Anwendung. Zwei Turbofans, die in modifizierter Form auch in das sowjetische Überschallverkehrsflugzeug Tu-144 eingebaut wurden, besorgten den Antrieb und wurden für einen höheren Druckrückgewinn mit recht langen und voll verstellbaren Lufteinlässen versehen. Im Rumpfbug des Bombers wurde die bis 200 km weit reichende Navigations- und Waffenzielanlage installiert, auf der Oberseite fand eine Nachtankvorrichtung Platz. Die Bewaffnung konnte intern und extern mitgeführt werden, die Waffenlast sollte die maximal möglichen 12.000 kg des Vorgängers übertreffen.

Der Prototyp erhielt aus den bereits genannten Gründen zunächst die Bezeichnung Tu-22KM, später in „Erzeugnis 45-00“ bzw. Tu-22M0 geändert und wurde 1969 fertiggestellt. Der Erstflug fand am 30. August statt, am Steuer saß Kapitän Wassili Borisow, unterstützt von Kopilot Boris Weremej, Navigator Lew Sikachow und Funker Konstantin Tscherbakow. Während des Fluges gab es Stabilitätsprobleme, verschiedene Klappensysteme am Tragwerk arbeiteten ungenau und die Landung musste mit hoher Geschwindigkeit ausgeführt werden. Neun Tu-22M0 wurden gebaut, davon diente eine als Bruchzelle statischen Testreihen. Die übrigen Maschinen wiesen untereinander kleinere Unterschiede auf. So kam ab der dritten eine Luftbetankungsanlage auf dem Rumpfbug zur Anwendung und bei den letzten beiden wich die große ECM-Ver-

Erste Serienversion war die Tu-22M2, die 1976 in Dienst gestellt wurde. An diesem Flugzeug der sowjetischen Marine sind Mehrfachträger für Bomben unter Rumpf und Tragwerk befestigt. (Foto: MPD via Muchin)

kleidung am Heck einer aus doppelläufigen Kanonen bestehenden Abwehrbewaffnung. Bis Februar 1970 dauerte die Werkserprobung an, nachfolgende Testflüge zeigten, dass die strukturelle Belastbarkeit ebenso wie die Leistungsparameter nicht ausreichend waren. Zumindest zwei Tu-22M0 erreichten Anfang 1973 das 43. Zentrum für Gefechtsausbildung und Umschulung am Standort Djagilewo, Rjasan, wo jährlich bis zu 450 Anwärter für den Dienst in den Bombenfliegerkräften ausgebildet wurden.

In der Zwischenzeit war die weiterentwickelte Tu-22M1 entstanden und nahm im Sommer 1971 die Flugerprobung auf. Zu den wichtigen Modifikationen gehörten die Tragflächen, deren schwenkbare Segmente verlängert wurden und eine maximale Pfeilung von nur noch 60 Grad erlaubten. Änderungen an den inneren Tragwerksabschnitten betrafen aerodynamische Verfeinerungen sowie größere Klappensysteme. Die Triebwerke erhielten an den Lufteinlässen jeweils neun zusätzliche Klappen, die sich bei geringer Geschwindigkeit automatisch öffneten und für zusätzliche Luftzufuhr sorgten. Die Zahl der externen Mehrfachträger für Bomben wurde von zwei auf vier erhöht, die Waffenlast insgesamt stieg und die ferngesteuerten Abwehrkanonen im Heck gerieten zum Standard. Von den neun M1-Maschinen nutzte man eine für statische Versuche am Boden, zwei mussten wegen Unfällen abgeschrieben werden und mehrere Exemplare wurden 1973 dem 33. Zentrum für Gefechtsausbildung und Umschulung der Marinefliegerkräfte in Ostrow übergeben. Eines der Flugzeuge verschoss im selben Jahr auch erstmals einen Ch-22-Marschflugkörper. Weitere Tests beinhalteten die Funktionstüchtigkeit der ECM- sowie anderer Avioniksysteme oder auch Betankungen in der Luft. Die Leistungen der Tu-22M1 allerdings erreichten noch immer nicht die ursprünglichen Vorgaben, sodass sie als Vorserienflugzeuge lediglich den nächsten Schritt zur eigentlichen Serienausführung darstellten.

Die gab es mit der im Mai 1973 erstmals geflogenen Tu-22M2. Hier hielten nochmals einige Verbesserungen Einzug in die Systeme des Flugzeugs. Dazu zählten verbesserte Avionikbaugruppen inklusive dem NK-45-Navigationskomplex, ein vereinfachtes Fahrwerk oder auch die Mitführung von bis zu drei Marschflugkörpern. Die Verlegung von Funkantennen führte zum Wegfall der bislang auffälligen Verkleidung auf der Spitze des Seitenleitwerks, das Flugzeug insgesamt fiel aerodynamisch ausgewogener aus. Noch zum Jahresende 1973 war das Herstellerwerk in Kasan bereit für den Serienanlauf der Tu-22M2, im April des darauffolgenden Jahres fanden die ersten Maschinen ihren Weg in die Ausbildungszentren von Luftwaffe und Marine in Rjasan und Ostrow. Im Juli 1974 übernahm das 185. Schwere Bombenfliegerregiment im ukrainischen Poltawa die ersten Exemplare für den operationellen Dienst bei den Luftstreitkräften und im September folgte das zur Schwarzmeerflotte gehörende 943. Marinefliegerregiment mit der Indienststellung der ersten, für den regulären Einsatz gedachten Tu-22M2. Auch Verbände der Baltischen Flotte, der Nordmeerflotte und der Pazifikflotte wurden nachfolgend

Spätestens mit Indienststellung der Tu-22M2 sorgte der Bomber für Unruhe bei der NATO, es gab kein Äquivalent dazu. Andererseits schätzte man die Reichweite höher als die tatsächliche ein. (Foto: US DoD)

Das Beschatten und Begleiten, das Fotografieren und Analysieren, aber auch das Abdrängen vom Kurs, der auf sensible Areale führte, war im Kalten Krieg Alltäglichkeit. Wie für die begleitende F-14A ergaben sich somit häufig Gelegenheiten, moderne sowjetische Einsatzmuster wie hier eine Tu-22M2 zu beobachten. (Foto: US DoD)

Unter dem NATO-Meldenamen Backfire war die Tu-22M2 oft Mittelpunkt der amerikanisch-sowjetischen Verhandlungen zur Begrenzung von strategischen Waffen. Letztendlich willigte man ein, die Nachtankvorrichtung der Tu-22M stillzulegen und damit die Reichweite des Bombers zu begrenzen. (Foto: MPD)

mit dem Schwenkflügelbomber ausgerüstet, während bei den Luftstreitkräften als Nächstes Regimenter im Nordwesten sowie im fernen Osten mit dem Typ beliefert wurden. Offiziell wird übrigens 1976 als das Jahr der Indienststellung benannt.

Die Einführung der Tu-22M2 gestaltete sich für die Bombercrews und das Personal am Boden als anspruchsvoll, hauptsächlich in den ersten Jahren gab es einige Defizite. Es dauerte eine Weile, bis Wartungsabläufe beherrscht wurden und Regelungen im Flugbetrieb für eine brauchbare Ausdehnung der Lebensdauer verschiedener Baugruppen sorgten. Triebwerk und Hydraulik waren wartungsintensiv, es gab unangenehme Vibrationen, Überhitzungen und Lecks. So konnten die NK-22 nicht ihre volle Schubkraft ausnutzen, anfangs waren Überholungen am Antrieb alle 50 h fällig. Tiefflugeinsätze setzten der strukturellen Integrität zu, im Ergebnis kam es zu Materialermüdungen bis hin zu Rissen an der Zelle. Außerdem arbeitete die Avionik nicht immer zuverlässig, das automatische Flugkontrollsystem ABSU-145 setzte mitunter aus und auch das ECM-Equipment hatte seine Tücken. Andererseits gab es weniger Schwierigkeiten bei der Einführung als beim Starrflügelvorgänger Tu-22 und viele Crews schätzten ihr neues Flugzeug. Trotz mehrerer Unfälle verbesserten sich die Eigenschaften ab Ende der 1970er/Anfang der 1980er-Jahre, zeitgleich wurden einige Geräte und Einsatzverfahren verbessert und neue Versionen der Ch-22-Lenkwaffe fanden ihren Weg ins Inventar. Die Standortbestimmung gegnerischer Flugzeugträgerverbände unterstützten zudem ab Ende der 1970er-Jahre sowjetische Aufklärungs- und Relaissatelliten, die ihre Informationen an Bodenstationen und nachfolgend via Funk oder Link an die Tu-22M weitergaben.

Inzwischen war die Tu-22M2 häufig Mittelpunkt der SALT II-Abrüstungsverhandlungen und wurde unter dem NATO-Meldenamen Backfire weltbekannt. Die Amerikaner stuften die Tu-22M2 als strategischen Bomber mit interkontinentaler Reichweite ein und hielten damit ein problemloses Erreichen der USA für möglich, auch wenn in Wirklichkeit die Reichweite einschließlich Luftbetankung wesentlich geringer als angenommen ausfiel. Zum Schluss einigte man sich 1979 auf die Demontage der Nachtankvorrichtung und die Mitführung von Marschflugkörpern mit maximal 600 km Reichweite. In gewisser Weise konnte man später mit der neuen Serienausführung M3 die Limitationen mit einem besseren Einsatzwert, der mehr als zweimal höher als bei der Tu-22M2 lag, kompensieren.

Die Tu-22M3 befand sich ab Juni 1977 in der Flugerprobung und wurde ab dem Folgejahr zunächst parallel zur M2 in Serie gebaut. Der Erprobung dienten fünf Exemplare, die schon bald bessere Leistungen, vor allem in Bezug auf Geschwindigkeit und Reichweite, demonstrierten. Die Einsatzeffizienz konnte auch dank neuer Systeme, durch Gewichtseinsparungen, modifizierte Baugruppen und Materialien gesteigert werden. Großen Anteil hatten die neuen NK-25-Triebwerke mit höherem Schub und gleichzeitig etwa 11% weniger Verbrauch. Sie erhielten neue, keilförmige Einlässe mit höherem Luftdurchlass sowie oben und unten verstellbaren Rampen. Die Tragflächen konnten wieder bis 65 Grad zurück geschwenkt werden. Die Cockpitarchitektur und Klimaanlage waren überarbeitet, der umgestaltete Rumpfbug nahm ein verbessertes Radar

Tu-22M3 des 52. GwTBAP auf der Luftwaffenbasis Schaikowka im westlichen Russland. Von hier aus erfolgten Einsätze des Schwenkflüglers gegen Ziele in Syrien und der Ukraine. (Foto: Wassili Roshdestwenski)

Auf der Djagilewo-Luftwaffenbasis, auch als Rjasan bekannt, ist das 49. Bombenfliegerausbildungsregiment zuhause und übernimmt bis heute die Schulung der Tu-22M-Bombercrews. (Foto: Alex Beltyukov / russianplanes.net)

Einsatzbetrieb mit Tu-22M3 auf einer russischen Bomberbasis. Im Hintergrund die Leitwerke weiterer Maschinen des Typs. (Foto: Wassili Roschdestwenski)

und nunmehr eine ausklappbare Nachtanksonde auf. Allerdings wurde diese nach den SALT II-Verträgen bei den frühen M3-Maschinen entfernt und bei den neueren erst gar nicht eingebaut. Die staatlichen Abnahmetests mit der Tu-22M3 liefen bis 1981 und das Flugzeug galt als eingeschränkt einsatzklar. Erstempfänger waren neben dem 43. Ausbildungszentrum in Rjasan das 185. Schwere Bombenfliegerregiment in Poltawa. 1985 wurde dem Bomber die volle Einsatzbereitschaft bescheinigt und zwei Jahre später eine Neuerung im Bereich der Offensivbewaffnung vollzogen. Dabei handelte es sich um die Einrüstung von rotierenden MKU-6-1-Mehrfachstartern in den Bombenschacht, die mit sechs der Mach 5 schnellen Ch-15S-Lenkraketen bestückt werden konnten.

Eine Subvariante in kleiner Stückzahl stellte die Tu-22M3R dar. Die Aufgaben bestanden aus Foto-, Funkmess-, Signal- und Wärmebildaufklärung sowie der Erfassung von atomarer Strahlung, was mit dem BKR-2-System aus großen bis in niedrige Flughöhen bewerkstelligt werden konnte. Äußerlich unterscheidet sich die Tu-22M3R vor allem durch das Seitensichtradar anstelle der Bombenschachtklappen, weiteren Verkleidungen für verschiedene Geräte an den Lufteinlässen und vor der Seitenflosse sowie den gebogenen Tragflächenenden. Ein Prototyp hatte im Dezember 1985 seinen Erstflug absolviert, stürzte allerdings während der Erprobung ab. Ein zweites Versuchsmuster wurde zum Flug- und Erprobungszentrum nach Achtubinsk überstellt, bis die Indienststellung von einem Dutzend der Aufklärer 1989 erfolgte.

In den letzten Jahren des Afghanistan-Krieges erlebten Tu-

Schönes Bild einer Tu-22M3 über der Luftwaffenbasis Belaja. Auch hier erkennt man einen gewissen Abrieb an den Wurzeln der beweglichen Tragflächensegmente. (Foto: Vadim)

Die Flügel dieser Tu-22M3 sind zurückgeschwenkt und erlauben Flüge bis in den Überschallbereich. Damit reduziert sich allerdings die Flugweite um mehrere tausend Kilometer. (Foto: Vadim)

22M2 und M3 ihre Feuertaufe und mit den 1990er-Jahren lösten sie zunehmend die älteren Tu-16 und Tu-22 bei den Fernfliegerkräften von Luftwaffe und Marine ab. Über 15 Regimenter zuzüglich Trainingsverbänden hatten den Schwenkflügelbomber in Dienst gestellt, mit dem Zerfall der Sowjetunion befand sich die Tu-22M-Flotte mit einer Bestandszahl von mehr als 300 auf ihrem Hoch. Im Laufe der 1990er-Jahre wurden zunehmend Tu-22M2 durch M3-Maschinen ersetzt, viele aber auch durch Streitkräftereduzierungen und mangelnde Ressourcen aus dem Dienst genommen, als Reserve eingelagert oder einfach bloß abgestellt und später verschrottet. Die meisten Einsatzverbände waren im europäischen Teil der einstigen Sowjetunion stationiert, etliche verblieben außer in Russland zunächst an den Standorten vorheriger Teilrepubliken. Maschinen aus Belarus und Estland wurden nach Russland überführt. Lediglich die Ukraine behielt rund 60 Exemplare etwas länger und hatte gut 40 davon, alles Tu-22M3, vorerst zwei Regimentern unterstellt. Die neue ukrainische Militärdoktrin sah allerdings keine Notwendigkeit im Betrieb dieser offensiv ausgelegten Kampfflugzeuge und zusätzlich übten die USA Druck zur Abschaffung von strategischen Offensiv- sowie Atomwaffen aus. Schließlich unterzeichneten die Ukraine und die USA im November 1993 ein entsprechendes Abkommen. Mit finanzieller Unterstützung aus den Vereinigten Staaten erfolgte zwischen 2002 und 2006 die Verschrottung von 225 Ch-22M-Lenkraketen sowie der meisten Tu-22M inklusive eingelagerter M2-Maschinen in der Ukraine. Einige überlebten als Ausstellungsstücke in Museen.

So blieb Russland einziger Betreiber der Tu-22M und sollte es auch bis in die Gegenwart bleiben. Die Flugzeuge mussten sich weiteren Kampfeinsätzen in Tschetschenien, Georgien und Syrien stellen und ein Teil erhielt in den letzten Jahren hauptsächlich im Avionikbereich Aufwertungen. Im Oktober 2008 hatte dazu das russische Verteidigungsministerium mit dem Unternehmen Gefest & T einen Vertrag abgeschlossen, der das SWP-24-22-Modernisierungspaket beinhaltete. Mit dem ab 2009 erprobten und für 30 Tu-22M3 vorgesehenem Upgrade stiegen Genauigkeit bei Navigation und Waffeneinsatz an. Ein höher ambitioniertes Modernisierungsprogramm, das zur Typenbezeichnung Tu-22M3M führte, hatte seine Wurzeln bereits in den 1990er-Jahren. Allerdings kam es nur schleppend in Gang und die dazu vorgesehenen Elemente wurden mehrmals ausgetauscht. Hauptbestandteil ist hier ein Nowella 45-Radar, ergänzt um eine modernisierte Trägheitsnavigation, Freund-Feind-Erkennung, Kommunikationsanlage sowie ein digitalisiertes Flugkontrollsystem. Insgesamt soll der Austausch der Avionik satte 80% betragen. Ferner sollen neue Lenkwaffen integriert werden, inklusive der annähernd 3000 km weit reichenden Ch-47 und wiederum mit konventionellen oder nuklearen Sprengköpfen bestückt. Ein Auftrag über die ersten vier Umrüstmaschinen vergab das russische Verteidi-

Eine Tu-22M3 ist gestartet und zieht gerade ihr Fahrwerk ein. Das mittlere Räderpaar der Hauptfahrwerke konnte ursprünglich seine Spur verbreitern, um bei Bedarf von weniger guten Pisten zu operieren. Später war diese Option nicht mehr relevant, da sie keine praktische Anwendung fand. (Foto: Paul Chandler)

gungsministerium im Jahr 2016 und im Dezember 2018 startete die erste Tu-22M3M zu ihrem 37minütigen Erstflug.

Im Laufe der 1990er-Jahre hatte es mehrfach Spekulationen über das Interesse Chinas, Indiens oder des Iran am Kauf oder dem Leasing russischer Maschinen gegeben. Sie erwiesen sich aber letztendlich als unrealistisch, obgleich eine Exportvariante Tu-22M3E studiert wurde und nur geringfügig im Sensor- und Waffenbereich modifiziert worden wäre. Eine Version als Störflugzeug wurden ebenso wie weiterentwickelte Bomberbaureihen M4 und M5 nicht verwirklicht und blieben wie auch ein Vorschlag zum Umbau des Bombers in ein überschallschnelles VIP-Passagierflugzeug reine Projekte. Doch gestalteten Tu-22M verschiedene Versuchsprogramme mit, die bspw. eine Ausrüstung mit K-36-Schleudersitzen oder NK-32-Triebwerken beinhalteten. Bei letzterem erhielten die Lufteinlässe dann jeweils zwölf statt neun zusätzliche Ansaugklappen an den Seiten.

Folgende Codenamen vergab das ASCC der NATO:
Backfire-A für Tu-22M0 und Tu-22M1
Backfire-B für Tu-22M2
Backfire-C für Tu-22M3, Tu-22M3R und Tu-22M3M

Produktion und Serienversionen

Die Gesamtstückzahl aller Tu-22M beträgt laut dem Konstruktionsbüro Tupolew 497 Exemplare, anderen Quellen zufolge werden bis zu 514 gebaute Flugzeuge inklusive Bruchzellen genannt. Alle, auch die neun Versuchsmaschinen Tu-22M0, wurden im Herstellerwerk Nr. 22 in Kasan (KAPO) von 1969 bis 1993 gebaut.

Tu-22M1, neun Exemplare, die als Vorserienflugzeuge gelten. Erstflug am 28. Juli 1971, zwei Triebwerke NK-144-22, später NK-22, Tragflächen von 20 bis 60 Grad schwenkbar, Vergrößerung der Spannweite um 2,68 m bzw. 2,25 m bei 20 / 60 Grad Flügelpfeilung gegenüber der Tu-22M0, höhere Waffenlast von 21.000 kg oder ein Marschflugkörper unter dem Rumpf, aus strukturellen Gründen Begrenzung des Startgewichts auf max. 110.000 kg. Verwendung der Tu-22M1 zu Testzwecken, Weiterentwicklung und Optimierung künftiger Serienstandards

Tu-22M2, erste Serienvariante mit Erstflug am 7. Mai 1973, Lieferung von 211 Flugzeugen zwischen 1974 und 1984, Indienststellung 1976, Tragflächen von 20 bis 60 Grad schwenkbar, NK-22-Triebwerke mit senkrecht verstellbaren Lufteinlassrampen, PT-1-Luftbetankungsanlage im Rumpfbug, externe Mitführung von bis zu drei Marschflugkörpern möglich, bis Mitte der 1990er-Jahre im Einsatz

Tu-22M3, Hauptserienversion mit 268 Exemplaren, Erstflug 20. Juni 1977, Serienbau von 1978 bis 1993, volle Einsatzbereitschaft 1985 erreicht, verlängerte Bugpartie, effizientere NK-25-Triebwerke mit neuen, keilförmigen Lufteinlässen und horizontal verstellbaren Einlauframpen, Tragflächen von 20 bis 65 Grad schwenkbar, leichtere Bordelektrik und Batterien mit neuer Verkabelung, überarbeitete Cockpitarrangements, ab 1987 Einrüstung interner Mehrfachstarter für Marschflugkörper, anfangs vorhandene PT-2-Nachtankvorrichtung in den 1980er-Jahren entfernt

Als Aufklärerversion besitzt die Tu-22M3R verschiedene Antennen und Sensoren etwa in dem Behälter unter dem Rumpf oder der verlängerten Leitwerkswurzel. Die modifizierten Flügelenden erscheinen abgerundet. (Foto: Swedish Armed Forces)

Roll-out der ersten umfänglich modernisierten Tu-22M3M im August 2018. Die Verkleidung auf dem Rumpfbug ist entgegen einiger schnell aufgestellter Behauptungen keine wieder eingeführte Nachtankvorrichtung. (Foto: Tupolew)

Tu-22M3R, Ausführung als Aufklärer, Erstflug 6. Dezember 1985, zwölf Stück (manchen Quellen zufolge nur vier) aus M3-Produktion abgezweigt und missionsspezifisch umgerüstet, Indienststellung 1989

Tu-22M3M, ab 2009 Teilmodernisierung mit besseren Möglichkeiten zur Verwendung von Präzisionswaffen, tatsächliche Umbauten mit umfänglichem Austausch vorhandener Systeme ab 2018 und mit Erstflug am 28. Dezember, modernisierte Exemplare mit Nowella 45-Radarkomplex sowie anderen Neuerungen und Digitalisierungen im Avionikbereich plus neue Lenkwaffen, Abwehrkanonen im Heck entfernt und durch Sensorbehälter ersetzt.

Aufbau, Ausstattung und Bewaffnung

In materialtechnischer Hinsicht bestehen die Tu-22M-Zellen vorwiegend aus hochfestem Stahl und Aluminiumlegierungen. Die relativ große starre Wurzel des Tiefdeckertragwerks ist an der Vorderkante um 56 Grad gepfeilt, hier sind auch die Schwenklager samt Drehzapfen untergebracht. Während die äußeren Segmente bei den Ausführungen M1 und M2 von 20 bis 60 Grad schwenkbar waren, kann der Pfeilwinkel bei der Tu-22M3 von 20 bis 65 Grad variieren. Vier Fixpunkte bei 20, 30, 50 und 60 bzw. 65 Grad sind vorgegeben, der automatisch oder manuell betätigte Schwenkvorgang dauert 20 Sekunden. An den beweglichen Tragflächensegmenten gibt es zur Auftriebserhöhung Vorflügel vorn, hinten Spoiler und doppelt geschlitzte Spaltklappen, die auch als Luftbremsen genutzt werden. Am starren Tragflügelabschnitt gibt es auf jeder Seite einen Grenzschichtzaun, welche den Luftstrom vom Schwenkpunkt ableiten. Die Höhenflossen sind voll beweglich, das Seitenleitwerk verfügt über einen langen, stark gepfeilten Ansatz sowie ein großflächiges Ruder. Darunter sitzen das Feuerleitsystem für die Abwehrbewaffnung und die Kanonen selbst, während die beiden Bremsschirme ganz unten zwischen den Triebwerken verstaut sind. Der Rumpfbug nimmt das Radar auf und zeitweilig war hier auch die Nachtankvorrichtung mit teleskopartiger Verlängerung zur Kraftstoffaufnahme zu finden. Zwei Mantelstromtriebwerke werden durch seitlich am Rumpf liegende Lufteinlässe versorgt. Zu Anfang waren diese außen leicht abgerundet und mit vertikal verstellbaren Trennblechen ausgestattet, die ihr Profil dem jeweiligen Flugregime entsprechend ändern konnten. Für eine zusätzliche Luftzufuhr sorgen auf jeder Seite neun weitere Klappen, die sich bei geringer Geschwindigkeit oder beim Start automatisch öffnen und auch bei den neugestalteten Einlässen der Tu-22M3 vorhanden sind. Ab dieser Variante kamen für einen höheren Luftdurchsatz und eine höhere Turbinentemperatur keilförmige Einlässe zur Anwendung, wobei sowohl obere als untere Einlaufkante beweglich ausgelegt wurden. Die größeren Schubdüsen der neuen NK-25-Triebwerke veränderten auch das Erscheinungsbild des Flugzeughecks. Die NK-25 leisteten im Nachbrennerbetrieb maximal je 245 kN, während die zuvor verwendeten NK-22 und NK-144-22 jeweils bis zu 215 bzw. 196 kN Schub erzeugten. Diese Triebwerke entstanden alle unter der Leitung von N. Kusnetzow und dem nach ihm benannten Konstruktionsbüro Nr. 276, wurden von der Produktionsvereinigung Trud im russischen Samara (hieß zu Sowjetzeiten Kuibyschew) hergestellt. Der interne Kraftstoffvorrat der Tu-22M2 beträgt mindestens 50.000 l, bei der Tu-22M3 sind es 67.700 l, die per Einpunkt-Druckbetankung den in Rumpf,

Frontalansicht einer Tu-22M3 im Einsatzbetrieb mit links und rechts aufgestellten Arbeitsbühnen, auch die vier Cockpitdächer sind geöffnet. (Foto: Alex Beltyukov / russianplanes.net)

Tragflächen und Leitwerkssockel liegenden Behältern zugeführt werden. Das Bugrad der Tu-22M-Baureihe ist doppelt bereift, die Hauptfahrwerke besitzen drei Achsen mit je zwei Rädern. Ab dem 34. Baulos kamen vereinfachte Hauptfahrwerke zum Einbau, wobei das mittlere Paar nicht mehr seine Spur zur Nutzung unvorbereiteter Pisten verbreitern konnte. Die klimatisierte Kabine ist für jedes Besatzungsmitglied mit aufklappbaren Luken und Tupolew-Schleudersitzen KT-1M versehen. Vorn links sitzt der Pilot (und gewöhnlich Kapitän), daneben der Kopilot, dahinter sind Navigator und Systemspezialist untergebracht.

Seinerzeit gehörte die Bordavionik der Tu-22M zu den umfangreichsten überhaupt, wurde großteilig zu einem Komplex mit 13 Subsystemen und 80 austauschbaren Modulen zusammengefasst.

Dazu zählen auszugsweise (in Klammern jeweilige Baureihe):

Links ist der vordere Cockpitbereich für Pilot und Kopilot, rechts der hintere Cockpitbereich für Navigator und Systemoperator zu sehen. (Foto: MPD via Muchin)

Während die Tu-22M2 über zwei doppelläufige 23-mm-Kanonen verfügte (Foto unten: Wassili Roshdestwenski), reduzierte Tupolew die Abwehrbewaffnung bei der Tu-22M3 auf eine GSch-23M. (Foto oben: Heiko Thiesler)

Unter dem geöffneten Rumpfschacht dieser Tu-22M3 sind FAB-250M-54-Bomben zur Beladung abgestellt, das Flugzeug kann bis zu 69 Bomben dieses Typs aufnehmen. (Foto: Wassili Roshdestwenski)

Navigationsanlage NK-45 (**Tu-22M2**, **M3**) mit Kurzstrecken-Funknavigationssystem RSBN-PKW (**M2**, **M3**), Langstreckenfunknavigation A-311, A-312, A-711, A-713 (**M2**, **M3**), K-044 (**M3R**), SWP-24-22 mit Funknavigationssystem SRNS-24 (**M3M**)

Radar PNA (**M2**, **M3**), PNA-D (nur einige **M3**), Novella-45 (M3M), Obsor-MR (**M3R**), Seitensichtradar M-202 (**M3R**)

Dopplergerät DISS-7 (**M2**, **M3**)

Trägheitsnavigationssystem MIS-45 (**M2**, **M3**), INS-2000 (**M3M**)

Funkhöhenmesser RW-5 (**M2**, **M3**), RW-18M (**M2**), RW-18G (**M3**)

Automatisches Flugkontrollsystem ABSU-145M (**M2**, **M3**), ABSU-145MT (**M3M**)

Radar-, Peil- und Warnempfänger Berosa

Infrarot- und Raketenwarnempfänger Mak-UT

Freund-Feind-Erkennungsgeräte 023 Parol (**M2**, **M3**), 623-30-23 (**M3M**)

Funkkommunikation R-832M, R-855 (**M2**, **M3**)

Zielgeräte Bombenvisier OPB-15T, TV-Visier TP-1KM, Heckradar PRS-3 Argon (**M2**), PRS-4KM Krypton (**M3**), OPB-18 (**M3R**)

Störanlagen SPS-5M, SPS-6, SPS-151 / 152 / 153 (**M2**, **M3**), SPS-171 / 172 (**M3**)

Signalaufklärungssystem SRS-13 (**M3R**)

Röntgenaufklärungssystem M-361 (**M3R**)

Infrarotscanner Osen (**M3R**)

Aufklärungskameras A-81, A-84, AP-402 (**M3R**)

Zum Selbstschutz dienen Täuschkörperwerfer ASO-2B, APP-22MS (**M2**, **M3**) und APP-50A (**M3**).

Am Heck gab es bei der **Tu-22M2** zwei doppelläufige 23-mm-Kanonen GSch-23M mit 1200 Schuss, bei der **Tu-22M3** eine doppelläufige 23-mm-MK GSch-23M mit 600 Schuss. Sie sind zur Abwehr gegnerischer Flugzeuge oder mit entsprechender Munition zur Ablenkung und Täuschung anfliegender Flugzeuge und Raketen bestimmt. Ein Rumpfschacht nimmt verschiedenartige Freifallbomben und Minen oder halbversenkt eine Ch-22-Lenkrakete auf. Ab 1987 erhielten **Tu-22M3** rotierende Mehrfachstarter für sechs Lenkraketen in den Rumpfschacht. Unter dem feststehenden Tragwerksteil können pro Seite ein Mehrfachträger für Bomben oder ein Pylon für einen Marschflugkörper montiert werden. Unter dem

Eine maximale Zuladung von drei Ch-22M-Marschflugkörpern trägt diese Tu-22M3. Der 6000 kg schwere Marschflugkörper trägt einen 900 kg schweren Gefechtskopf bis zu 500 km weit ins Ziel. (Foto: Vadim)

Mit einer Ch-22M-Lenkwaffe startet eine Tu-22M3 von der Basis Schaikowka zu einem Übungsflug. Im Hintergrund eine weitere Maschine des Typs. Man beachte die zusätzlich geöffneten Ansaugklappen am Lufteinlass. (Foto: Alex Beltyukov /russianplanes. net)

Wie hier zu sehen, kann die Tu-22M3 mit rotierenden Startgestellen für jeweils sechs Ch-15S-Marschflugkörper ausgerüstet werden. Diese Kurzstreckenlenkwaffe wiegt 1200 kg und kann mit konventionellem Sprengkopf Überwasserschiffe in 150 km Entfernung angreifen. (Foto: MPD via Muchin)

Bei den Luft- und Weltraumstreitkräften Russlands wird die Tu-22M3 auch für weitere Jahre eine wichtige Rolle als Langstreckenbomber und Lenkwaffenträger spielen. Die Finanzierung von Modernisierungen ist bisher aber nur für einen kleinen Teil der Flotte gewährleistet. (Foto: Vadim)

Rumpf finden zwei weitere Mehrfachträger für Bomben Platz. Die Bewaffnungsmöglichkeiten bestehen aus:

Atombomben RN-30, RN-32, RN-42

Sprengbomben FAB-100, FAB-250, FAB-500, FAB-1500, FAB-3000

Splittersprengbomben OFAB-250

Brandbomben ZAB-250

TV-gelenkte Gleitbomben UPAB-1500

Minen AMD-2, AMD-500, APM, IGDM-500, RM-1, UDM-5, UDM-500, Leira, Serei

Konventionelle und atomare Marschflugkörper Ch-15S, Ch-22M, Ch-22MA, Ch-22MP, Ch-22N, Ch-22NA, Ch-32, Ch-47

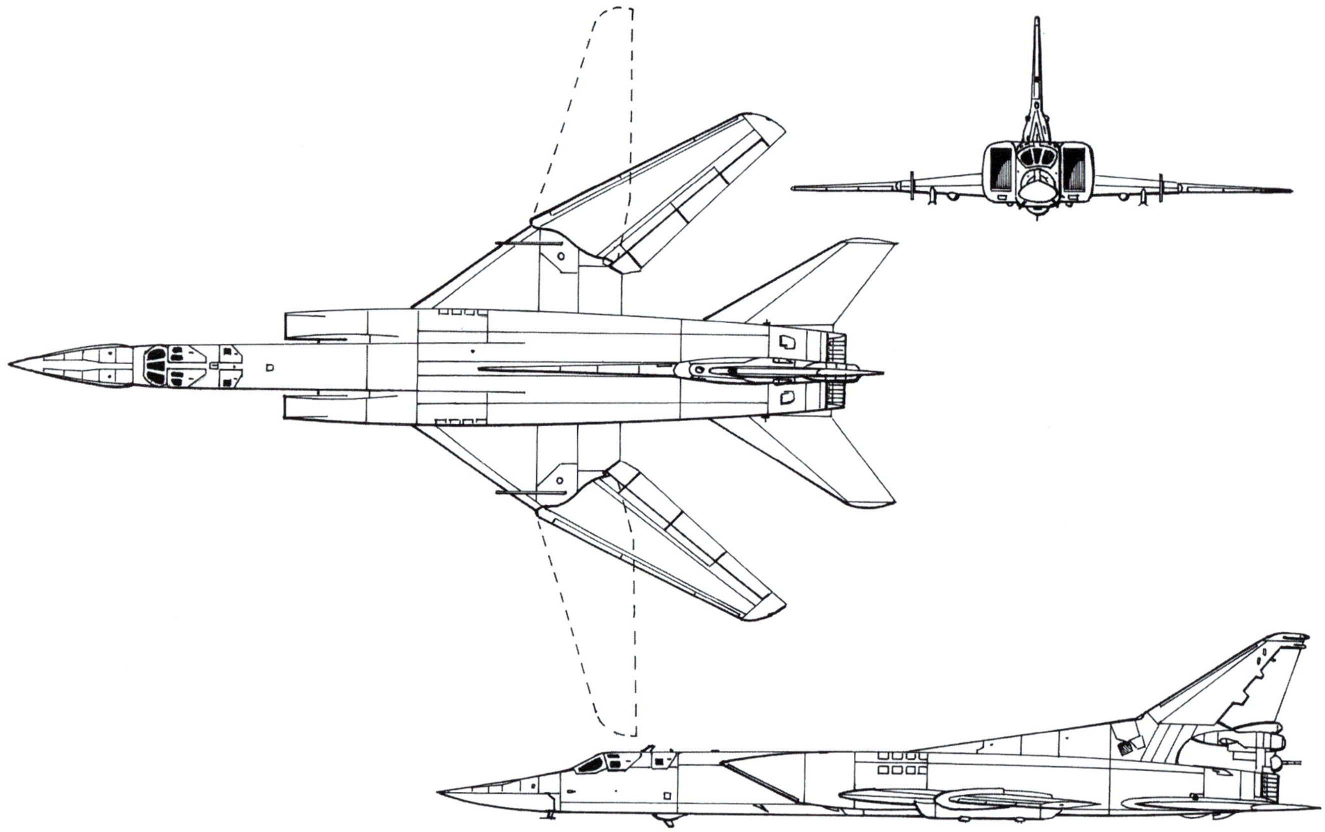

Dreiseitenriss der Tu-22M3. (Zeichnung: Manfred Meyer)

Typ	Tu-22M1	Tu-22M2	Tu-22M3
Verwendung	Langstreckenbomber	Langstreckenbomber	Langstreckenbomber
Besatzung	4	4	4
Triebwerk und Maximalschub	zwei Kusnetzow NK-22 mit je 215,76 kN mit Nachbrenner	zwei Kusnetzow NK-22 mit je 215,76 kN mit Nachbrenner	zwei Kusnetzow NK-25 mit je 245,18 kN mit Nachbrenner
Spannweite (m)	25,00-34,28	25,00-34,28	23,30-34,28
Länge (m)	41,50	41,50	42,46
Höhe (m)	11,05	11,05	11,05
Flügelfläche (m²)	175,78-183,58	175,78-183,58	175,78-183,58
Leermasse (kg)	66.500	54.000	59.000
Startmasse max. (kg)	110.000	122.000	126.400
Höchstgeschwindigkeit (km/h)	1660	1800	2300
Steiggeschwindigkeit (m/s)		35	45
Landegeschwindigkeit (km/h)	285	285	285
Startstrecke (m)	2300	2300	2050
Landestrecke (m)	1400		1300
Dienstgipfelhöhe (m)	12.000	13.300	14.000
Reichweite (km)	5000	5100	6800
Bewaffnung	zwei doppelläufige 23-mm-MK sowie bis 21.000 kg Bomben, Minen, Raketen	zwei doppelläufige 23-mm-MK sowie bis 24.000 kg Bomben, Minen, Raketen	eine doppelläufige 23-mm-MK sowie bis 24.000 kg Bomben, Minen, Raketen

Nutzer der Tu-22M

Die ersten Serienflugzeuge Tu-22M2 übernahmen die Fern- sowie Marinefliegerkräfte der **Sowjetunion** im Jahr 1974, nach den Umschulungs- und Trainingszentren in Rjasan und Ostrow kamen noch im selben Jahr das 185. Schwere Bombenfliegerregiment in Poltawa sowie das 943. Marinefliegerregiment in Oktjabrskoje als erste operationelle Einsatzverbände hinzu. Schon bald gehörten zehnstündige Einsatzmissionen mit Betankungen in der Luft und Tiefflugeinsätze unter 100 m Flughöhe zum Trainingsprogramm und noch 1974 wurden auch die ersten Ch-22-Lenkraketen verschossen. Bei der Einführung des Schwenkflügelbombers gab es einige Schwierigkeiten, die bereits beschrieben wurden. Ursachen waren technischer, aber auch menschlicher Natur, das Flugzeug mit seinen vielen Neuerungen galt als anspruchsvoll und komplex. Gegenüber dem Vorgänger Tu-22 mit starrem Pfeilflügeltragwerk verbesserten sich die Geschwindigkeit sowie Start- und Landeeigenschaften, insbesondere für die Landestrecke benötigte man mehrere hundert Meter weniger. Außerdem war die Aufstockung um ein viertes Crewmitglied willkommen und die Waffenzuladung fiel doppelt so hoch aus. Bis 1979 führten staatliche Testreihen auch zur Befähigung, Lenkraketen wie die Ch-22MP gegen Radarstationen oder radargesteuerte Flugabwehrstellungen einzusetzen. Auch 1979 waren im Februar sowie im Mai je eine Tu-22M2 des 943. MRAP abgestürzt und stellten praktisch die ersten Verluste des Flugzeugs im Dienst dar. Bis zum heutigen Tag mussten mindestens 32 Tu-22M wegen Abstürzen und Havarien abgeschrieben werden, darunter zehn Maschinen der Baureihe M3 und dabei eine durch Abschuss während der Kampfhandlungen in Georgien 2008. Die Tu-22M3 löste ab den 1980er-Jahren die M2-Modelle ab und erreichte als ersten operationellen Einsatzverband das 185. GwTBAP in Poltawa, gefolgt vom 840. TBAP in Solzy und dem 52. TBAP in Schaikowka. Auch zwei Regimenter auf der Belaja-Luftwaffenbasis, Irkutsk rüsteten in den 1980er-Jahren auf die neuere Variante um.

Bei den Marinefliegern war nach dem 943. MRAP der Schwarzmeerflotte der nächste Empfänger der Tu-22M2 das 240. GwMRAP der Baltischen Flotte. Der Heimatstützpunkt Bychow in Weißrussland lag relativ weit entfernt vom vorgesehenen Handlungsraum der Bomber, die Besatzungen wurden dort ab März 1976 auf das Schwenkflügelflugzeug umgeschult. Eine eigenständige Schulversion der Tu-22M hatte es übrigens nicht gegeben, sodass hierzu aus dem Verkehrsflugzeug Tu-134 eine entsprechende Ableitung zum Bombentraining genutzt und mit dem zusätzlichen Kürzel UBL versehen wurde. Zur Ausbildung der Navigatoren und Waffensystemoffiziere wurde zudem die Variante Tu-134UBK genutzt. Auch bei der Marine wurden die Tu-22M2 zum Ende der 1980er-Jahre zunehmend durch die leistungsfähigeren Tu-22M3 im Einsatz verdrängt. Beide Varianten waren Bestandteil von mindestens 15 Regimentern der sowjetischen Luft- sowie Marinefliegerstreitkräfte. Mit einem Dutzend waren die meisten davon im europäischen Teil des riesigen Landes zu finden. Noch 1990 betraf das mehr als 250 von insgesamt etwa 320 vorhandenen Tu-22M. Mit Auflösung der Sowjetunion wurden die in Belarus und Estland befindlichen Flugzeuge bis 1992 nach **Russland** überführt und neuen Standorten zugeteilt. Gut 90 Tu-22M wurden eingelagert, im Dienst befindliche Exemplare hatten eine schwere Zeit. Kraftstoffkürzungen und Ersatzteilprobleme ließen den Klarstand zum Teil auf 40% absinken, wenige Flugstunden und Ausbildungsdefizite stellten weitere negative Aspekte dar. Die Lage besserte sich erst ab Ende der 1990er-Jahre, Einsätze und Übungen wurden intensiviert und vervollkommnet. Im nachfolgenden Jahrzehnt strukturierte Russland seine Streitkräfte neu, was auch bei den Bombenfliegerkräften zu Reformen führte. Divisionen und Regimenter wurden ab 2009 zu *Awiazionnaja Basa*, also Luftwaffenbasen bzw. direkten Stützpunktverbänden, die teils aus mehreren ehemaligen Regimentern zusammengefasst wurden. Im Jahr 2011 wurden sämtliche Tu-22M der Marineflieger der russischen Luftwaffe unterstellt und an fünf Standorten konzent-

Die ukrainische Luftwaffe besuchte mit einer Tu-22M3 des 185. GwTBAP im Juli 1998 zum ersten Mal das Royal International Air Tattoo in Fairford. (Foto: Alan Brown)

Beeindruckender Start einer Tu-22M3 der russischen Luftwaffe während des Besuchs auf der Farnborough Air Show 1992. (Foto: Paul Chandler)

riert. Inzwischen sind davon noch Belaja (200. GwTBAP, 444. TBAP), Olenegorsk (40. SAP), Schaikowka (52. GwTBAP) sowie das Ausbildungszentrum Rjasan (49. ITBAP) übrig. Etwa 60 Tu-22M3 sollen noch im Dienst stehen, weitere sind eingelagert.

Ein Trio Tu-22M3. Die beiden vorderen Maschinen tragen Namen russischer Persönlichkeiten, der Schriftzug WWS Rossija am Leitwerk russischer Flugzeuge wurde im Jahr 2010 eingeführt. (Foto: Vadim)

Einsatzregimenter (Auswahl)

Sowjetunion

5. MRAP, 49. UTBAP, 52. TBAP, 124. TBAP, 132. TBAP, 171. MRAP, 184. TBAP, 185. TBAP, 200. TBAP, 203. TBAP, 240. GwMRAP, 260. TBAP, 303. TBAP, 444. TBAP, 568. MRAP, 574. MRAP, 840. TBAP, 943. MRAP, 1225. TBAP, 1229. TBAP

Russland

40. SAP, 49. ITBAP, 52. GwTBAP, 183. MRAP, 200. GwTBAP, 240. MRAP / OSAP, 444. TBAP, 540. MRAP, 568. MRAP, 570. MRAP, 574. MRAP, 840. TBAP, 1225. TBAP, 924. GwMRAP

Mit dem Auseinanderbrechen der Sowjetunion erbte die Luftwaffe der Ukraine je nach Quelle 17 oder 18 Tu-22M2 sowie 36 bis 43 Tu-22M3. Während die meisten Tu-22M2 eingelagert und nur zwei dieser Bomber bis 1998 eingesetzt wurden, flogen Maschinen der M3-Baureihe vorerst weiter und waren hauptsächlich in Poltawa stationiert. Hier war das 185. Gardebombenfliegerregiment zu Hause. Weitere Exemplare dienten zumindest temporär im 184. und 260. Schweren Bombenfliegerregiment im Priluki, bis diese Einheiten in den Jahren 2000 bzw. 1998 aufgelöst wurden. Zusätzlich gab es mit dem 540. IIMRAP ein Erprobungs- und Ausbildungsregiment als Nutzer, das in Kulbakino beheimatet war und später in der 6. Air Base aufging. Mit der Verschrottung der Tu-22M endete auch dort der Dienst. Das Einsatzende der ukrainischen Bomber war frühzeitig absehbar, das Land und seine Streitkräfte wollte sich Atomwaffen und möglichen Trägermitteln entledigen. So kam der durch einen Vertrag mit den USA untermauerte Beschluss, sämtliche Maschinen auszumustern und zu verschrotten. Die praktische Umsetzung begann im November 2002 und die letzte ukrainische Tu-22M3 wurde im Januar 2006 zerstört.

Einsatzregimenter (Auswahl)
Ukraine
184. TBAP, 185. GwTBAP, 260. TBAP, 540. IIMRAP

Kampfeinsätze

Im Afghanistan-Krieg und innerhalb des sowjetischen Engagements von 1979-1989 wurden unterschiedlichste Offensivwaffen eingesetzt und bei den Angriffsflugzeugen zählten auch schwere Bomber dazu. Sechs Tu-22M2 des 1225. TBAP machten im Frühjahr 1984 den Anfang und verlegten von der Heimatbasis Belaja nach Mary in Turkmenistan. Im April erfolgten die ersten Angriffe, die Stellungen und Rückzugsgebieten der Mudschaheddin im Pandschir-Tal galten. Die Einsätze endeten vorerst mit der Rückverlegung der Maschinen nach Belaja im Mai. Mitte 1986 kam es zum erneuten Kampfeinsatz der Schwenkflügelbomber. Hauptsächlich sollten damit Rebellen von den sowjetischen Truppenkolonnen ferngehalten werden, zum anderen dienten sie zur Unterstützung der im Süden des Landes stattfindenden Operationen. Im Oktober 1988 kamen dann erstmals Tu-22M3 an den Konfliktherd und waren wiederum in Turkmenistan stationiert. Die Flugzeuge gehörten zwei Staffeln des 185. GwTBAP an, das mit Personal und auch einigen Tu-22M3 des 402. TBAP unterstützt wurde. Ziele waren die Mudschaheddin, ihre schwer auffindbaren und durch Bergmassive gut geschützten Stützpunkte sowie deren Positionen während der Belagerung der Stadt Khost im Südosten Afghanistans. Weiterhin galt es die inzwischen abziehenden sowjetischen Einheiten zu schützen. Einzelne Stellungen der Rebellen wurden dabei mit 200 t Bomben auf einmal belegt und richteten immense Verwüstungen an. Die Bomber verwendeten dabei vorwiegend Sprengbomben der Typen FAB-500, FAB-1500 und FAB-3000 und warfen diese aus Höhen zwischen 8000 und 10.000 m ab, um damit dem Beschuss von tragbaren Fla-Raketen zu entgehen. Zusätzlich erhielten sie während der Angriffsflüge durch MiG-23MLD-Jagdflugzeuge Begleitschutz. Schließlich flogen Tu-22M3 des in Solzy beheimateten und nach Mary verlegten 840. TBAP die letzten 71 Einsätze im Februar 1989 und warfen nochmals über 100 der FAB-3000-Sprengbomben ab. Zwei dieser schweren Bomben passten normalerweise in den Rumpfschacht.

Im ersten Tschetschenien-Krieg, der von Dezember 1994 bis August 1996 andauerte, flogen 14 Tu-22M3 mindestens 65 Kampfeinsätze und bombardierten Konzentrationen der Separatisten um Argun, Gudermes und Shali. Die Flugzeuge stammten aus dem Bestand des 52. GwTBAP, des 840. sowie 1225. TBAP und starteten von der vorgelagerten Basis Engels aus zu ihren Einsätzen. Das 52. GwTBAP und seine Tu-22M3 waren Jahre später an den Kampfhandlungen mit Georgien 2008 beteiligt. Diesmal starteten sie vom Heimatstützpunkt Schaikowka aus zu über 50 Kampfeinsätzen innerhalb von vier Tagen. Sie sollten vor allem auf Südossetien vorrückende georgische Verbände attackieren, verloren allerdings in der Nacht vom 9. / 10. August eine Maschine durch eine radargesteuerte Luftabwehrrakete. Es war der größte Verlust der russischen Streitkräfte in diesem Krieg und deckte Schwächen in den Fähigkeiten zur elektronischen Kampfführung bzw. -Abwehr auf. Mit dem Eintritt Russlands in die Kampfhandlungen innerhalb des syrischen Bürgerkriegs sollten Tu-22M3 ab 2015 in erster Linie Truppen, Depots und Ausbildungscamps des IS angreifen. Mindestens 20 Bomber aus allen drei operationellen Einsatzregimentern waren fortan involviert. Die ersten 96 Kampfeinsätze wurden vom 17. bis 20. November absolviert und dabei 1400 t Bomben aus großer Höhe abgeworfen. Hier wie bei nachfolgenden Einsätzen kam es hauptsächlich zur Verwendung von OFAB-250-, FAB-250- und FAB-500-Bomben. Mehrere der vom russischen Mozdok aus eingesetzten Maschinen verfügten über das SWP-24-22-Navigations- und Zielsystem und ermöglichten präzisere Angriffe. Vom 22. bis 31. Januar 2016 bombardierten Tu-22M3 weitere Stellungen des IS im Osten Syriens in 42 Einsätzen, die im Sommer desselben Jahres nochmals intensiviert wurden. Vorrübergehend waren dabei im August sechs der Bomber für Betankungen auf der iranischen Luftwaffenbasis Hamedan anzutreffen. Auch die im Oktober / November 2017 geführten Bombenangriffe galten vornehmlich IS-Positionen im Osten Syriens. Bis in die jüngere Vergangenheit folgten weitere Missionen, seit Mai 2021 können Tu-22M3 bei Bedarf auch von dem syrischen Luftwaffenstützpunkt Hmeimim aus operieren, nachdem dieser bereits vorher in großem Umfang von den russischen Streitkräften genutzte Standort im Bereich der Start- und Landebahn ausgebaut worden war. Seit Februar 2022 sollen die Bomber dort auch mit Ch-47-Lenkwaffen bestückt werden können. Im April desselben Jahres flogen Tu-22M3 erstmals Angriffe auf ukrainische Ziele.

Die Seitenansicht ganz oben zeigt eine Tu-22M2 der sowjetischen Luftwaffe mit den seinerzeit üblichen Insignien und ist gut an den beinah geraden Lufteinlässen von der Nachfolgeversion zu unterscheiden. Die Unterseite der Flugzeuge war komplett weiß. Als zweites eine Tu-22M3 der ukrainischen Luftwaffe, Baujahr 1990, mit entsprechendem Hoheitszeichen am Leitwerk. Die Maschine besuchte 1998 das RIAT in Fairford. Ganz unten mit Ch-22M bestückte Tu-22M3 der russischen Luftwaffe und den 2010 eingeführten Kennungen plus Haifischmaul und Kiemen am Lufteinlass. Gebrauchs- und Witterungsspuren am Flugzeug lassen die eigentliche Farbe der Metalllegierungen durchschimmern. (Grafik: Srecko Bradic)

Suchoi Su-24 Fencer

Die Su-24M steht entgegen ursprünglicher Planungen noch immer im Dienst der russischen Luftwaffe und ist dank einiger Modernisierungen noch immer ein brauchbares Kampfflugzeug. Dieses Exemplar ist mit TV-gelenkten Raketen des Typs Ch-29T bestückt. (Foto: Suchoi)

Historie

Die Arbeiten am Design der Su-24 sind mit denen der MiG-23 durchaus vergleichbar. Wieder ging aus zwei grundsätzlich anders gearteten Entwürfen das Schwenkflügelkonzept zum Schluss als Sieger hervor. Gleichfalls war wiederum das Gegenstück mit einem starren Deltatragwerk und zusätzlichen Hubtriebwerken zur Startbahnverkürzung als Erstes geflogen. Die Studien zu einem schweren Jagdbomber bzw. taktischen Bomber, der vor allem im Tiefflug präzise Angriffe auf wichtige Bodenziele ausführen sollte, begannen bei Suchoi bereits 1963. Zu den Anforderungen zählten optimale Gefechtsfeldbedingungen mit kurzen Start- und Landeeigenschaften und begünstigte die zunächst angedachte Verwendung von zusätzlichen Hubtriebwerken zur Start- und Landebahnverkürzung. Zugleich bot der damalige Entwurf des britischen und letztendlich gescheiterten Bomberprojekts TSR.2 in konzeptioneller Hinsicht interessante Anleihen. Das schloss zwei kräftige Triebwerke mit seitlichen Luftansaugschächten oder auch das stark gepfeilte, deltaartige Tragwerk mit den später ebenfalls verwendeten, abwärts gerichteten Flügelenden ein. Verschiedene Arbeiten und Vorversuche führten schließlich zum Testflugzeug T6-1 mit Doppeldeltatragwerk, zwei R-27-Marsch- sowie vier RD-36-Hubtriebwerken. Ein Novum stellte bei einem sowjetischen Kampfflugzeug in dieser Klasse die Platzierung der zweiköpfigen Crew nebeneinander und damit die Abkehr von der ursprünglich geplanten Tandemanordnung

Die Nachtankfähigkeit der Su-24 in der Luft war ein weiterer Pluspunkt in der Konzeption des Schwenkflüglers. Hier versorgt eine Il-78 zwei Su-24M, deren Nachtanksonden nach dem Betanken wieder vollständig eingezogen werden. (Foto: Suchoi)

des Cockpits dar. Die Konzeptionsphase der T6-1 war zum Jahresende 1966 abgeschlossen und der Bau zweier Testmaschinen angelaufen, die zügige Überführung in die Erprobung führte bereits am 2. Juli 1967 zum Erstflug. Schon bald war klar, dass die Hubtriebwerke zusätzliches Gewicht verursachten, dafür aber Waffen- und Kraftstoffzuladung und letztlich die Flugweite einschränkten. Auch gestattete die Anordnung der Hubtriebwerke in der Rumpfmitte kaum die Mitführung von Bewaffnung unter dem Rumpf. Zwischenzeitlich befand sich die amerikanische F-111 in der Erprobung und wurde bereits öffentlich gezeigt, was großes Interesse bei den sowjetischen (und weltweit auch anderen) Flugzeugbauern hervorrief und deren Konzeptideen nachhaltig beeinflusste. Offenbar versprachen Schwenkflügel mehr als Hubtriebwerke, MiG hatte die Vorteile im eigenen Land mit den Modellen 23-01 und 23-11 aufgezeigt und auch bei Suchoi erhoffte man sich von einer derartigen Konfiguration einen größeren Nutzen. Im August 1968 wurde das Schwenkflügelkonzept T6-2I von Regierungsseite abgesegnet und führte zur Vollentwicklung des entsprechenden Kampfjets. Die Hubtriebwerke der T6-1 fanden dagegen schon bald keine Verwendung mehr und wurden ausgebaut, das Flugzeug selbst noch bis 1974 in mehr als 300 Flügen zu Forschungszwecken eingesetzt. Das zweite Versuchsmuster hatte ausschließlich statischen Belastungstests am Boden gedient.

Die ersten beiden Versuchsmaschinen des Schwenkflüglers T6-2I waren noch 1969 fertiggestellt und Testpilot Wladimir Iljuschin führte den Erstflug des Prototyps am 17. Januar 1970 durch. Die nun verwendeten Schwenkflügel verfügten mit 16, 35, 45 und 69 Grad Flügelpfeilung über vier Voreinstellungen für die entsprechenden Flugregimes. Die starren Tragwerkswurzeln waren an der Vorderkante ebenfalls um 69 Grad gepfeilt und nahmen die Schwenklager auf. Den Antrieb übernahmen zwei AL-21F-1-Turbinen, die über seitliche sowie anfangs verstellbare Lufteinlässe verfügten und noch in der Erprobungsphase für einigen Ärger sorgten. Obwohl recht optimistisch bereits mit dem Bau der ersten Serienflugzeuge begonnen wurde und ein erstes Exemplar am 31. 12. 1971 zu seinem Erstflug startete, zog sich die Erprobung über einen langen Zeitraum hin und verursachte einigen Wirbel. Neben den vier, als Prototypen deklarierten Maschinen wurden 13 weitere, als Vorserien- und Serienexemplare geltende Su-24 für verschiedene Testreihen während der Flugerprobung verwendet. Das läuft auch bei anderen Programmen ähnlich ab, doch war die Verlustrate letztlich die höchste bei einem sowjetischen Kampfflugzeug der jüngeren Vergangenheit. Zehn dieser Flugzeuge havarierten, davon sieben wegen Triebwerksproblemen. Dabei begann die Unglücksserie im August 1973 und zog sich über die nächsten Jahre hin. Besserung brachte die überarbeitete Version des Triebwerks als AL-21F-3, insbesondere ein neuer Kompressor machte den Antrieb sicherer. Die Triebwerke samt vergrößerten Lufteinlässen entwickelten sich ab dem vierten Baulos zum Standard, ergänzt um weitere nützliche Modifikationen. So wurde während der frühen Serienproduktion das interne Kraftstoffvolumen vergrößert, die Anzahl der Außenlaststationen erhöht, es gab Änderungen im Avionikbereich und der Funkausrüstung oder auch die Einrüstung eines Radarwarnempfängers. Ebenso wurde das Rumpfheck überarbeitet, der dort befindliche Bremsschirmbehälter neu angeordnet und das Fahrwerk verstärkt, andererseits die bereits erprobten Fahrwerke mit zusätzlichen Skiern nicht zum Serienstandard.

Durch einige Probleme, inklusive den Schwierigkeiten mit dem Antrieb liefen die staatlichen Abnahmetests bis 1974 und die offizielle Indienststellung der Su-24 erfolgte erst im Februar 1975. Über weitere Jahre waren die frühen Maschinen dann Teil der Einsatzerprobung. Analog zur amerikanischen F-111 mussten sich die Crews erstmal an das vom Flugkontrollsystem ausgeführte automatische Fliegen in Bodennähe, vorbei an Geländehindernissen und möglicherweise mit hohen Bergen auf direktem Kurs gewöhnen. Anfangs auftretende Fehlfunktionen in der Navigations- und Angriffsavionik machten es nicht leichter. Auch der Schwenkmechanismus des Tragwerks generierte zu Dienstbeginn Fehler, es gab zudem Restriktionen bei Geschwindigkeiten im Tiefflug und die Schräglage des Flugzeugs durfte einen Winkel von 60 Grad nicht überschreiten. Gegenüber vorherigen Einsatztypen benötigte man bei der Su-24 längere Flugvorbereitungszeiten und einen höheren Wartungsaufwand. Dazu trugen knapp 50 Wartungsklappen bei, die geöffnet und verschlossen werden mussten, andererseits aber auch einen direkten Zugang zu verschiedenen Baugruppen gewährleisteten. Manche Anschlüsse waren hingegen ungünstig positioniert und konnten wie auch eine mangelhafte Verarbeitung, einschließlich an den verwendeten Werkzeugen, zu Verletzungen beim Bodenpersonal führen. Das Flugzeug selbst galt bei Beschädigungen und Ausfällen als robust und widerstandsfähig, viele der Bauteile waren untereinander austauschbar. Während der Testflüge erreichten Piloten mit der Su-24 Geschwindigkeiten von maximal Mach 2,16, bis die Lufteinlässe im Laufe der Serienfertigung modifiziert und nicht mehr verstellbar waren. Für die vorgesehenen Angriffsflüge waren solch hohe Geschwindigkeiten nicht erforderlich, im Einklang mit der damaligen Einsatzdoktrin allerdings in Bodennähe ausgeführte Einsätze im Überschalltempo sehr willkommen. Hier waren stattliche Mach 1,2 möglich, tatsächlich lieferte die Su-24 eine ausgezeichnete Flugstabilität aber eigentlich im schallnahen Bereich ab. Mit kompletter Zuladung betrug der Aktionsradius 500 km, mit nur 3000 kg Bewaffnung indes 1000 km.

Die ersten Su-24 übernahm das 4. Zentrum für Gefechtsausbildung der sowjetischen Luftstreitkräfte in Lipezk ab 1973. Das 63. Bombenfliegerregiment in Tschernjachowsk wurde zwei Jahre später zum ersten operationellen Verband und gestaltete die Truppenerprobung mit. Etwa zur selben Zeit erhielten auch das im fernen Osten der Sowjetunion stationierte 277. BAP in Komsomolsk-am-Amur, das 668. BAP im lettischen Tukums sowie das 733. OBAP im südrussischen Domna den schweren Jagdbomber. Zu jener Zeit galt die Su-24 noch als streng geheim und die Crews durften die Grenzen und Küstengewässer der damaligen Sowjetunion nicht überfliegen. Im Westen tauchten frühestens ab 1980/81 die ersten brauchbaren Fotos des Schwenkflüglers auf, nachdem ab Juli 1979 die Su-24 erstmals in der DDR, in Groß-Dölln (Templin) stationiert wurde. Es kamen weitere Standorte, auch in Polen und Ungarn hinzu und verstärkten die taktischen Fliegerkräfte der sowjetischen Luftwaffe bzw. des Warschauer Pakts an der Westflanke. Dabei übernahm die Su-24 auch die nuk-

Zu den Einsatzanforderungen an die Su-24 gehörten von Anfang an hohe Geschwindigkeiten im Tiefflugmodus, um bspw. gegnerische Flugplatzanlagen zu bekämpfen. Diese Eigenschaft wird hier eindrucksvoll demonstriert. (Foto: Grischa Loetwoi)

Als erste Hauptserienversion ist die Su-24 an der geknickten Antenne sowie den darunter befindlichen Antennen für das Instrumentenlandesystem sowie den Filin-Radarzielfinder am insgesamt kürzeren Bug zu erkennen. Hier ein Flugzeug der russischen Marineflieger aus Gwardeiskoje, Kaliningrad. (Foto: Alexander Golz)

Mit voll zurückgeschwenkten Tragflächen kann die Su-24 auch in Bodennähe Überschallgeschwindigkeit erreichen. (Foto: Alexander Golz)

In einem außergewöhnlichen Tarnmuster präsentiert sich hier der T6MP-25-Prototyp der ECM-Ausführung Su-24MP und nahm im März 1980 die Flugerprobung auf. (Foto: Suchoi)

leare Einsatzrolle der taktischen bzw. Frontfliegerkräfte, die praktisch am nächsten zum vermeintlichen Gegner stationiert waren. Dort hatten die sowjetischen Frontfliegerkräfte schon ab Ende der 1950er/Anfang der 1960er-Jahre Atomwaffenarsenale aufgebaut, um im Bedarfsfall die vorhandenen Bomber und Jagdbomber zu bestücken. Es entstanden sogenannte Sonderwaffenlager, in denen taktische Atombomben gebunkert wurden, allein in der ehemaligen DDR sollen es mindestens 200 Bomben gewesen sein. Es handelte sich mehrfach auch um Standorte, auf denen oder in deren Nähe vor allem ab den 1980er-Jahren Su-24 stationiert waren – Brand und Groß-Dölln in der DDR, Szprotowa in Polen oder Debrecen in Ungarn. Die ersten in Bereitschaft stehenden und mit Atombomben bestückten Flugzeuge sollten im Ernstfall, nach Auslösung eines Alarms, in weniger als zehn Minuten startbereit sein. Die NATO stufte die Su-24 seinerzeit als eine der gefährlichsten Angriffswaffen ein, die bei Tag und Nacht und unter allen Wetterbedingungen Tiefflugangriffe auf sensible Ziele wie Flugplätze, Luftabwehrstellungen, Radarstationen, Kommandoposten, Fahrzeugkolonnen oder Truppenkonzentrationen absolvieren konnte. Wenngleich man die Reichweite überschätzte, galt vor allem die mögliche Sensor- und Waffenausstattung als fortschrittlich genug, um schwere Schäden anzurichten. Neben dem PNS-24-Navigations- und Angriffssystem mit anfangs zehn, später 18 Avionik-Subsystemen inklusive Geräte für den Tief- und Geländefolgeflug glänzte das Flugzeug im weiteren Einsatzverlauf mit neu entwickelten Zielbehältern und einer breit gefächerten Waffenpalette. Die schloss gelenkte Bomben und Raketen gegen Boden- und Seeziele sowie taktische Nuklearwaffen ein. Außerdem war eine sechsläufige 23-mm-Kanone mit verheerender Feuerkraft fest installiert und Luft-Luft-Lenkraketen dienten der Selbstverteidigung.

Inzwischen befand sich auch die verbesserte Ausführung Su-24M in der Auslieferung. Die hatte mit der Flugerprobung 1977 begonnen, wobei innerhalb der Testreihen nochmals vier Maschinen als Verluste abgeschrieben werden mussten. Nach den staatlichen Abnahmeprüfungen avancierte im Juni 1981 das 760. Gemischte Erprobungs- und Ausbildungsregiment in Woronesch als Teil des Trainingszentrums Lipezk zum Erstempfänger der Su-24M. Von Vorteil war die Ausstattung dieses Flugzeugs mit einer einziehbaren Nachtanksonde am verlängerten Rumpfbug und die Option, mittels UPAZ-1-Schlauchtrommelbehälter selbst Kraftstoff an andere Flugzeuge abzugeben. Die Su-24M war somit das erste taktische Kampfflugzeug der Sowjetunion, dass serienmäßig eine Luftbetankungsanlage erhielt. Im Dienst wurde diese Neuerung eindrucksvoll demonstriert, als Verlegungen von 8000 km Länge mit drei Betankungsmanövern durchgeführt wurden. Natürlich erfuhren auch Avionikbaugruppen wie Radar-, Ziel-, Warn- und Abwehranlagen eine Aufwertung, wobei besonders die Einrüstung des Kaira-Laser- und TV-Zielsystems hervorzuheben ist und den Einsatz moderner Lenkwaffen gestattete. Dazu gehörten die zur Su-24M beinah zeitgleich eingeführten, 20 km weit reichenden Ch-25ML und Ch-25MT-Raketen zur Zerstörung von Radarstationen oder die 10 km weit reichenden Ch-29L und Ch-29T zur Bekämpfung von gehärteten

Punktzielen oder auch Schiffen. Die modifizierte Bordkanone als GSch-23M erreichte eine höhere Kadenz von beachtlichen 9000 Schuss/min und später fanden auch Täuschkörperwerfer den Weg in die Bordausrüstung. Insgesamt stieg die Schlagkraft gegenüber den Vorgängern Il-28 und Jak-28, aber auch den einstrahligen MiG-27 und Su-17 auf das Zwei- bis Vierfache an. Während der 1980er-Jahre stellten zahlreiche Regimenter den Betrieb auf die Su-24 sowie Su-24M um. Die Anzahl der Regimenter stieg zu Sowjetzeiten auf mindestens 40 an, die der verfügbaren Flugzeuge auf weit über 600. Vereinzelt rüstete allerdings nur eine Staffel eines Regiments auf den Schwenkflügelbomber um. Die sowjetischen Marineflieger der Baltischen Flotte rüsteten zwei Einsatzregimenter mit Su-24 sowie eins mit Su-24M aus, allerdings erst ab Ende der 1980er-Jahre. Hinzu kamen mindestens zehn Regimenter der sowjetischen Luftwaffe, die beginnend mit dem 47. ORAP in Schatalowo ab 1983 die Aufklärerversion Su-24MR einführten. Die Su-24MR sollte bei jedem Wetter, zu Tages- und Nachtzeiten alle Bereiche der luftgestützten Aufklärung abdecken und bei Bedarf bis zu 400 km hinter dem Frontverlauf operieren. Zwei frühere Maschinen wurden zu Testflugzeugen T6MR umgebaut und mit der Flugerprobung im Juli 1980 begonnen. Die staatlichen Abnahmetests waren 1982 komplett und im nächsten Jahr begann die Auslieferung des Typs an die sowjetischen Luftstreitkräfte. Schon bald verfügten auch die vorgelagerten Standorte etwa im ostdeutschen Neu-Welzow oder im ungarischen Kunmadaras über den seinerzeit modernen Aufklärer. Für den speziellen Einsatzzweck der Su-24MR waren Angriffsavionik sowie Bordkanone entfernt, die Bewaffnung insgesamt auf R-60-Luftkampfraketen zur Selbstverteidigung reduziert worden. Verwendet wurde das BKR-1-Aufklärungssystem mit Kameras, Seitensichtradar sowie Wärmebildsensoren auf Infrarotbasis, außerdem konnte in Behälterform weitere Ausrüstung mit ELINT-, Lasersensor- und Aufzeichnungsgeräten mitgeführt werden. Für die Übermittlung der Ergebnisse an Bodenstationen nutzte die Crew einen SchRK-1-Datenlink. Die Einsätze der Flugzeuge erfolgten einzeln, in Ketten oder auch mit der Su-24-Bomberversion in gemischten Verbänden. Eine weitere Einsatzvariante, allerdings nur in kleiner Stückzahl ausgeliefert, stellt die Su-24MP zur elektronischen Kampfführung dar. Passende Studien auf Su-24-Basis nahm das Konstruktionsbüro Suchoi schon Anfang der 1970er-Jahre auf und konkretisierte diese dann in der zweiten Hälfte des Jahrzehnts. Diesmal sollten verschiedene Sensoren, auch als externe Behälter, zur elektronischen und Signalaufklärung sowie zur Störung aller gegnerischen elektromagnetischen Aussendungen dienen. Das erste Umbauflugzeug flog ab März 1980 und absolvierte zusammen mit einem weiteren Exemplar eine zweijährige Testphase. Die wenigen Serienmaschinen wurden ab 1983 ausgeliefert, zuerst an das 455. Gemischte Erprobungs- und Ausbildungsbombenfliegerregiment (IISAP) in Woronesch. Die Ausrüstung der Su-24MP war sehr spezifisch und im Detail kaum bekannt, später wurden deren Aufgaben teilweise von Su-24MR übernommen.

Aufgrund ihrer taktischen Fähigkeiten besaß die Su-24 ein großes Exportpotenzial, die mit der Sowjetunion verbündeten Warschauer Vertragsstaaten lehnten aber vor allem aus Kostengründen eine Beschaffung ab und bauten auf die mit weniger logistischem Aufwand zu betreibenden MiG-23BN und Su-22. So kam für den internationalen Markt nur eine vereinfachte Variante mit abgespeckter Avionik und ohne die Option zum Einsatz von Nuklearwaffen in Frage. Für die zu bauen-

Für die elektronische Kampfführung besaß die Su-24MP zahlreiche Sensoren und Receiver, die meist hinter Verkleidungen untergebracht sind. So ist das Gehäuse unter dem Bug ein typisches Erkennungsmerkmal dieser inzwischen außer Dienst gestellten Baureihe. (Foto: Rob Schleiffert)

de Su-24MK erfolgten daher Modifikationen beim Bordrechner, der Freund-Feind-Erkennungsanlage oder auch der Bewaffnung, während die Zelle keine markanten Änderungen erfuhr und äußerlich kaum Unterschiede zu sehen waren. Eine Su-24MK flog erstmals im Mai 1987. Es wurden Verhandlungen mit verschiedenen Staaten geführt, 1988 wurde Irak Erstkunde des schweren Jagdbombers. In den nächsten Jahren folgten weitere Staaten, vorwiegend im Nahen Osten und bis in die jüngere Vergangenheit wurden zudem Exemplare aus weißrussischen Überschussbeständen exportiert. So kamen Su-24 nicht nur auf sowjetischer Seite im Afghanistan-Krieg zum Einsatz, sondern spielten danach auch in anderen Konflikten etwa im Jemen, in Libyen, Syrien und nicht zuletzt in der Ukraine eine Rolle.

Mit dem politischen Umschwung und dem (vorläufigen) Ende des Kalten Kriegs zum Ende der 1980er/Anfang der 1990er-Jahre setzte in vielen Bereichen eine Reduzierung der Streitkräfte und ihrer Kampfmittel ein. Der Warschauer Pakt löste sich im Juli 1991 auf, die Sowjetunion folgte ein halbes Jahr später. Die vormaligen Mitgliedsstaaten gingen mehr oder weniger eigene Wege, viele der Waffensysteme wurden in den zuvor vorhandenen Stückzahlen nicht mehr gebraucht. Das traf natürlich auch auf die Su-24 zu, die im westlichen Teil der Sowjetunion sowie in Osteuropa stationiert waren. Dort räumte die Rote Armee in den folgenden Jahren ihre vorgelagerten Posten. Der Dienst für die im Ausland stationierten Einheiten war inzwischen von zahlreichen Problemen gekennzeichnet. Neben weniger zur Verfügung stehenden Ressourcen und verringerten Flugstundenzahlen gab es z.B. Beschränkungen im Einsatzbetrieb. In Polen etwa wurden von Regierungsseite Nachtflüge verboten und die Mindestflughöhe von 100 auf 700 m angehoben, was den Su-24-Crews wiederum kein Tiefflugtraining erlaubte. Auf dem Gebiet der ehemaligen Sowjetunion verblieben zahlreiche Einsatzmaschinen auf dem Territorium der Nachfolgestaaten, wurden dort für weitere Jahre betrieben und in einigen Fällen zählen sie noch heute zum Bestand der jeweiligen Luftwaffe. Hauptsächlich in Russland gab es außer lebensverlängernden Maßnahmen für bis zu 3000 mögliche Flugstunden Teilmodernisierungen, die dort auch mit der verzögerten Indienststellung des designierten Nachfolgers Su-34 und dessen Verfügbarkeit in brauchbaren Stückzahlen zusammenhängen. Suchoi selbst entwickelte das M2-Upgrade und erprobte es ab 2002 im Flug. Hier ging es vor allem um die Einrüstung modernisierter Kommunikationssysteme, eines Receivers zur Satellitennavigation, um neue Bildschirme und ein neues Head-Up-Display sowie die Verwendung der Mach 3 schnellen Lenkraketen Ch-31A und Ch-31P zur Bekämpfung von Schiffen bzw. Radaranlagen. Zwischen 2006 und 2009 realisierte das Herstellerwerk in Nowosibirsk die Modernisierung an gut zwei Dutzend Maschinen in Su-24M2 und übergab die ersten davon dem 302. BAP in Pereslawka. Diese Exemplare verlegten 2010 in den Fernen Osten, nach Khurba und die russische Luftwaffe gliederte sie in den ansässigen Stützpunkt-

Diese Su-24MR führt unter dem Rumpf einen Schpil-2M- und unter dem rechten Tragflügel einen Efir-1M-Aufklärungsbehälter mit, am Vorderrumpf ist das rot-weiße Logo des OKB Suchoi, dahinter eine Verbandsflagge zu sehen. (Foto: Alexander Golz)

Eine Su-24MR in der Ansicht von unten mit aufgestellten Bremsklappen und wiederum Schpil- und Efir-Sensorbehältern als Außenlast. (Foto: Alexej Grischkow)

verband ein, der wiederum vier Jahre später als 277. BAP reorganisiert wurde. Kostengünstiger und zugleich in größerem Umfang gestaltete sich das Umrüstprogramm SWP-24 des in Moskau ansässigen Unternehmens Gefest & T. Auch diesmal zählten neue Bildschirme und ein neues HUD, Satellitennavigation sowie eine zusätzliche Digitalisierung verschiedener Avionikkomponenten zu den Hauptbausteinen der Modernisierung, um genauer navigieren, aber auch Waffen präziser ins Ziel bringen zu können. Die für Einsatzflüge notwendige Zeit zur Einspeisung relevanter Daten in den Bordrechner konnte um das neunfache verringert sowie die Zielgenauigkeit ungelenkter Bomben und Raketen um ein Mehrfaches verbessert werden. Das erwies sich in niedrigen, aber gerade auch aus großen, vor Luftabwehrgeschützen und tragbaren Fla-Raketen sicheren Flughöhen von über 5000 m als effektiv. Gleichfalls ermöglicht das Upgrade den Einsatz von ungelenkten Waffen nicht nur im Geradeaus- oder Sturzflug, sondern auch während komplexer Flugmanöver einschließlich Schräglagen von bis zu 80 Grad. Mit den Multifunktionsbildschirmen und digitalen Kartenfunktionen kam es ferner zu einer Verringerung des Arbeitsaufwandes für die Crew. Das SWP-24-Modernisierungsprogramm fand beim Großteil der noch im Einsatz befindlichen Su-24M der russischen Luftwaffe und Marine Verwendung, zuerst ab Ende 2008 im 559. BAP in Morosowsk sowie dem 43. OMRAP in Saki. Es trägt zu einer Dienstverlängerung des Schwenkflüglers für weitere Jahre bei, vermutlich bis die anvisierte Sollstärke des Nachfolgers Su-34 erreicht ist. Zum selben Zweck orderte Algerien für seine Flugzeuge bereits im Jahr 2001 die Modernisierung von Gefest & T, anderenorts entschied sich Syrien für das M2-Ugrade von Suchoi. Vom Air Standards Co-ordinating Comitee der NATO gab es folgende Meldenamen:

Fencer-A, B und C für Su-24
Fender-D für Su-24M und Su-24MK
Fencer-E für Su-24MR und Su-24MRK
Fencer-F für Su-24MP

Cockpit der Su-24MR. (Foto: Maxim Gelny)

Eine in Monino ausgestellte Su-24 zeigt MBD-3-Mehrfachträger für Bomben. (Foto: Heiko Thiesler)

Auf dem syrischen Stützpunkt Hmeimim wurde eine russische Su-24M mit einer lasergelenkten Ch-25ML-Rakete bewaffnet. Bemerkenswert das für den Syrieneinsatz modifizierte Hoheitszeichen. (Foto: Russian MOD)

Produktion und Serienversionen

Die Su-24 und ihre Versionen wurden, abgesehen von den ersten Prototypen, im Herstellerwerk Nr. 153 in Nowosibirsk (NAPO) von 1971 bis 1993 seriengefertigt. Verschiedene Baugruppen wie Tragflächen- und Leitwerkssegmente an der Flugzeugzelle stellte KnAAPO in Komsomolsk-am-Amur her und lieferte diese zur Endmontage nach Nowosibirsk. Bis 1983 lief die Produktion von Su-24 und Su-24M parallel, der gesamte Serienumfang ist schwer überschaubar und bis heute kaum auf die einzelnen Varianten aufzuschlüsseln. Die Angaben variieren von knapp 1000 bis zu mehr als 1500 Exemplaren und sind deshalb als Schätzwerte zu betrachten.

Su-24, erste Serienversion mit Erstflug am 31. Dezember 1971, mindestens 500, manchen Quellen zufolge insgesamt 721 Exemplare, Serienbau bis 1983, Indienststellung offiziell im Februar 1975, bis zum 15. Baulos (Fencer-A) kantiges Rumpfheck, teilweise noch AL-21F-1-Triebwerke, ab 4. Baulos bereits vergrößerte und nach wie vor verstellbare Lufteinlässe mit 0,1 m mehr Abstand zum Rumpf und AL-21F-3 oder F-3A-Triebwerke, ab 16. Baulos (Fencer-B) überarbeitetes Heck mit abgerundeten Enden, leicht angehobene Seitenflosse mit weiter oben angesetztem Bremsschirmbehälter in der Wurzel, ab 22. Baulos (Fencer-C) starre Lufteinlässe, zusätzlich kleiner Lufteinlass in der Leitwerksvorderkante, modifizierte Flügelenden, Anzahl der Außenlaststationen von sechs auf acht und Waffenzuladung von 7000 auf 8000 kg erhöht

Su-24M, verbesserte Serienversion mit annähernd verdoppelter Schlagkraft, Erstflug 24. Juni 1977, Produktion von mindestens 400, gemäß anderen Quellen bis zu 770 Exemplaren ab 1979 mit ersten Lieferungen ab Juni 1981, offizielle Indienststellung im Juni 1983, modernisierte Avionik und erweiterte Waffenpalette, ausfahrbare Nachtankvorrichtung in der verlängerten Rumpfspitze direkt vor dem Cockpit, AL-21F-3 / F3A-Triebwerke, Serienbau bis 1993

Su-24MP, Ableitung als Störflugzeug mit entsprechenden Systemen intern und in Behälterform, Erstflug 14. März 1980, Bau von 10 Serienflugzeugen ab 1983, keine Bordkanone, Bewaffnung ausschließlich mit Luft-Luft-Lenkraketen

Su-24MR, auf der Su-24M basierende Variante als taktischer Allwetteraufklärer, Erstflug 25. Juli 1980 und Lieferung ab Juli 1983, je nach Quelle 130 bis 180 Exemplare, nur Luft-Luft-Lenkraketen als Bewaffnung, BKR-1-System mit Kameras, Aufklärungssensoren und SLAR

Su-24MK, Exportausführung der Su-24M mit modifizierter Avionik und konventioneller Bewaffnung, Erstflug 30. Mai 1987, erste Lieferungen ab Ende 1988, insgesamt 80 bis maximal 126 Stück bis 1992 gefertigt

Su-24M SWP-24, Modernisierungsvariante von Gefest & T, Satellitennavigation, verbesserte Avionik für Navigation und Waffeneinsatz mit bis zu dreifach höherer Trefferquote, ab Dezember 1998 erprobt und ab 2001 an algerische (hier als

An Mehrfachträgern schleppt diese Su-24M insgesamt 38 OFAB-100-Splittersprengbomben. (Foto: Chris Lofting)

Su-24MK2 und **MRK2**), danach an russische Luftwaffe geliefert, mindestens 100 Umbauten
Su-24M2, modernisierte Su-24M mit Upgrades von Suchoi inklusive überarbeiteter Avionik und Cockpitinstrumentierung, Verwendung neuer Lenkraketen, Erstflug 2001 und ab 2006 Umrüstung von 28 Maschinen für russische Luftwaffe, weitere als **Su-24MK2** für Syrien

Aufbau, Ausstattung und Bewaffnung

Die Su-24 wurde in Ganzmetall-Halbschalenbauweise hergestellt und an der Zelle hauptsächlich Aluminiumlegierungen sowie hochfester Stahl verwendet. Das in Schulterdeckeranordnung ausgeführte Tragwerk besitzt starre, an der Vorderkante um 69 Grad gepfeilte Wurzeln mit Drehzapfen zum Schwenken der Flügel. Hydraulikmotoren bewegen die relativ schmalen Tragflächen von 16 bis 69 Grad, vier Festeinstellungen gibt es bei 16, 35, 45 und 69 Grad. An der Vorderkante der beweglichen Tragflächensegmente dienen ausfahrbare Vorflügel zur Auftriebserhöhung und zweigeteilte Spoiler an den oberen Flächen der Außenflügel unterstützen statt Querrudern die Stabilisatoren bei der Nick- und Rollsteuerung. Bei einem Teil der früheren Su-24M sowie den Maschinen der Baureihen MP und MR wurden am feststehenden Tragwerksabschnitt große Grenzschichtzäune montiert, die bei den Bombern an der Unterseite als externe Station und bei den Exportmaschinen in abgeänderter Form als Täuschkörperwerfer ausgebildet sind. Großflächige, voll bewegliche Höhenflossen sowie eine gepfeilte Seitenflosse zeichnen das Leitwerk aus, ergänzt um zwei Stabilisierungsflossen unter dem Rumpfheck. Der voluminöse Rumpfbug beherbergt das Navigations- und Angriffsradar mit bis zu 150 km Reichweite sowie direkt darunter die Antenne des Geländefolgeradars. Danach schließt sich die klimatisierte Kabine mit zwei separaten Ausstiegsluken für den Pilot links sowie den Waffensystemoffizier rechts an. Hier ist eine Doppelsteuerung vorhanden, sodass der Waffensystemoffizier bei Bedarf die Steuerung des Flugzeugs übernehmen kann. Zu Anfang verfügten beide Crewmitglieder über Swesda-Schleudersitze K-36D, die ab dem neunten Baulos durch K-36DM mit Null-Null-Kapazität ersetzt wurden. Hier kann jedes der beiden Besatzungsmitglieder mit dem KPA-4-System das nahezu simultane Katapultieren beider Schleudersitze auslösen. Im Rumpf ist zudem die interne Kraftstoffmenge von bis zu 11.860 l in drei Behältern untergebracht, die sich per Einpunkt-Druckbetankung befüllen lassen. Extern lassen

Hier wird eine Su-24M mit einer schweren KAB-500L-Bombe bestückt. Ein Stückchen hinter dem Cockpit ist die halbkugelförmige Kuppel des Raketenwarnsensors Mak-UL zu sehen. (Foto: Sergey Chaikovskiy)

sich ein 2000-l-Zusatztank PTB-2000 unter dem Rumpf sowie zwei 3000-l-Zusatztanks PTB-3000 unter dem Tragwerk mitführen, ab der Su-24M gibt es vor dem Cockpit eine ausfahrbare Vorrichtung zum Nachtanken in der Luft. Dafür wurde der Bug um 0,75 m verlängert und außerdem mit einem längeren Pitotrohr mit der Antenne zur Langstreckenfunknavigation versehen. Die beiden dreistufigen AL-21F-3-Axialturbinen mit Nachbrenner verfügen über seitliche Lufteinlässe, die ab der 22. Serie nicht mehr verstellbar ausgelegt waren und damit die Geschwindigkeit begrenzten. Bei späteren Maschinen verhinderte vom Triebwerksverdichter abgezapfte Luft das Eindringen von Fremdkörpern in die Lufteinlässe. Zusätzliche kleine Lufteinlässe in der Leitwerksvorderkante, auf dem Rumpf und den Triebwerksschächten dienen zur Kühlung der Bordelektronik. Das einziehbare und in Bugradanordnung ausgeführte Fahrwerk besitzt an allen drei Baugruppen je zwei Räder, die vorderen Fahrwerksverschlüsse der Hauptstreben fungieren zugleich als Bremsklappen. Zur Verkürzung der Landestrecke werden zwei Bremsschirme ausgestoßen, die sich in einem Behälter am Leitwerksansatz befinden. Die Su-24 verfügt über drei unabhängige Hydrauliksysteme mit jeweils eigener Stromversorgung, eines davon ist für das Schwenken der Tragflächen zuständig.

Als eines der ersten taktischen Kampfflugzeuge der Sowjetunion profitierte die Su-24 von einer weitgehenden Digitalisierung der Avionik. Zu dieser zählen auszugsweise (in Klammern jeweilige Baureihe):

Navigationsanlage PNS-24 Puma (**Su-24**), PNS-24M Tigr (**Su-24M**), PNK-24MR (**Su-24MR**), PNS-24M2 (**Su-24M2**) mit Kurzstreckenfunknavigationssystem RSDN-10 (**Su-24**), A-711 (**Su-24M**), Langstreckenfunknavigation RSBN-6S (**Su-24**), A-321 (**Su-24M**), SWP-24 mit Funknavigationssystem SRNS-2 und Satellitennavigation A-737 (**Su-24M SWP-24**)

Puls-Doppler-Radar Orion-A (**Su-24**, **24M**, **M SWP-24**), Orion-AM2 (**Su-24M2**)

Geländefolgeradar RPS Relief (**Su-24**, **24M**, **MR**)

Dopplergerät DISS-7 (**Su-24**, **24M**, **MR**, **MK**)

Trägheitsnavigationssystem MIS-P (**Su-24**, **24M**, **MR**)

Funkhöhenmesser RW-3MP (**Su-24**), RW-18A (**Su-24**), RW-21 (**Su-24M**, **MR**)

Automatisches Flugkontrollsystem SAU-6 (**Su-24**, **24MR**), SAU-6M (**Su-24M**)

Warnempfänger Sirena-3M (**Su-24**), Berosa (**Su-24**), Berosa-S / SM (**Su-24M**, **MP**, **MR**, **MK**)

Infrarot- und Raketenwarnempfänger Mak-UL (**Su-24M**, **MP**, **MR**)

Freund-Feind-Erkennungsgeräte SRZO-1, SRO-1P (**Su-24**), SRZO-2M (**Su-24**, **24M**, **MP**, **MR**, **M2**)

Funkkommunikation R-832M (**Su-24**, **24M**), R-846 (**Su-24**), R-847 (**Su-24**), R-864 (**Su-24**, **24M**), R-862 (**Su-24M**)

Elektrooptisches Visier Tschaika-1 (**Su-24**)

Einen interessanten Mix an Außenlasten präsentiert diese Su-24M: unter dem Vorderrumpf ein Fantasmagoria-A-Behälter zur Unterstützung beim Lenkwaffeneinsatz wie der Ch-58U-Anti-Radar-Rakete unter dem Tragflügel, außerdem Sprengbomben unter Rumpf und Tragwerk. (Foto: Sergej Rjabsew)

HUD PPV (**Su-24**, **24M**), ILS-31 (**Su-24M2**), KAI-24P (**Su-24M SWP-24**)
Radarzielfinder Filin-N (**Su-24**)
Infrarotzielsystem TP-23E (**Su-24**, **24M**)
TV-Zielsystem Taran (**Su-24**)
Zielgeräte / -behälter Delta-N (**Su-24**), Kaira-24 (**Su-24M**), Fantasmagoria (**Su-24M**), Ethnografia (**Su-24M2**)
Störanlagen / -behälter SPS-141 / 143 (**Su-24**), SPS-161 (**Su-24**, **24M**), SPS-162 (**Su-24M**, **MR**), Kibin (**Su-24M**, **MR**, **M2**), Los (**Su-24MP**), Fasol (**Su-24MP**), Mimosa (**Su-24MP**)
Aufklärungssysteme Efir-1M, Schpil-2M (**Su-24MR**)
Signalaufklärungssystem Tangasch (**Su-24MR**)
Infrarotscanner Sima (**Su-24MR**)
Seitensichtradar Schtyk (**Su-24MR**)
Aufklärungskameras A-100, AP-102, AP-402, Asist-M (**Su-24MR**)
Täuschkörperwerfer APP-50A zum eigenen Schutz sind vor allem an den späteren **Su-24**, den **Su-24M** und **MK** zu finden.
Alle Angriffsversionen **Su-24**, **24M**, **MK**, **M2** besitzen eine fest installierte sechsläufige 23-mm-Bordkanone GSch-6-23 bzw. ab der Su-24M GSch-6-23M mit 500 Schuss Munitionsvorrat in der rechten Rumpfunterseite. Zusatztanks, Aufklärungs- und Zielbehälter finden bei den frühen Su-24 an sechs, bei einigen an sieben und dann an insgesamt acht Aufhängepunkten Platz. Vier davon befinden sich unter dem Rumpf, zwei unter dem festen und zwei unter dem beweglichen Teil des Tragwerks, wobei die letztgenannten mitschwenken und sich zur Längsachse drehen. An all diesen Stationen können Mehr-

Mit dem Fantasmagoria-Behälter unter dem Rumpf setzt eine Su-24M zur Landung an, im Hintergrund ein mobiler Scheinwerfer auf einem Truck. (Foto: Anton Harisow)

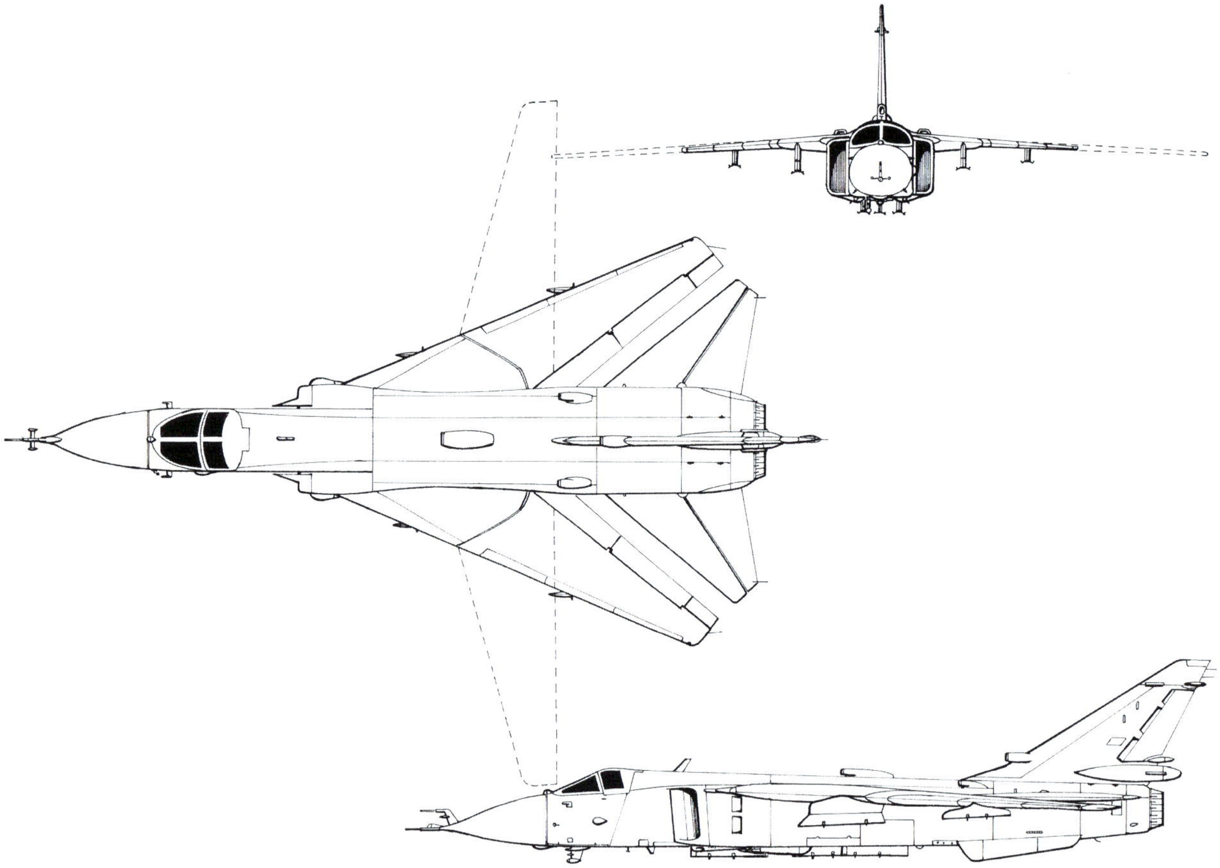

Dreiseitenriss der Su-24. (Zeichnung: Manfred Meyer)

Typ	(frühe) Su-24	Su-24M	Su-24MR
Verwendung	Jagdbomber / taktischer Bomber	Jagdbomber / taktischer Bomber	Aufklärer
Besatzung	2	2	2
Triebwerk und Maximalschub	zwei Ljulka AL-21F-3 mit je 109,8 kN mit Nachbrenner	zwei Ljulka AL-21F-3A mit je 110,3 kN mit Nachbrenner	zwei Ljulka AL-21F-3 mit je 109,8 kN mit Nachbrenner
Spannweite (m)	10,37-17,64	10,37-17,64	10,37-17,64
Länge (m)	22,67	24,59	24,53
Höhe (m)	5,92	6,19	6,19
Flügelfläche (m^2)	51,02-55,16	51,02-55,16	51,02-55,16
Leermasse (kg)	21.200	22.320	22.100
Startmasse max. (kg)	36.200	39.700	39.700
Höchstgeschwindigkeit (km/h)	1700	1700	1450
Steiggeschwindigkeit (m/s)	183	178	178
Landegeschwindigkeit (km/h)	290	290	290
Startstrecke (m)	900	1200	1200
Landestrecke (m)	950	1000	1000
Dienstgipfelhöhe (m)	17.000	11.000	11.000
Reichweite (km)	2150	2850 mit Zusatztanks	2850 mit Zusatztanks
Bewaffnung	eine sechsläufige 23-mm-MK sowie bis 7000 kg Bomben, Raketen, Waffenbehälter	eine sechsläufige 23-mm-MK sowie bis 8000 kg Bomben, Raketen, Waffenbehälter	Luft-Luft-Lenkraketen

Die nach vorn geschwenkten Tragflächen und zwei Bremsschirme verkürzen die Landestrecke der Su-24MR auf 1000 m. Beachtenswert die markante Haifischbemalung am Bug. (Foto: Alexander Golz)

fachträger für Bomben montiert werden. Die mögliche Waffenlast stieg von anfangs 7000 auf nominal 8000 kg.

Die Bewaffnungsmöglichkeiten bestehen aus:

Atombomben RN-24, RN-28, RN-40, RN-41, TN-1000, TN-1200

Sprengbomben FAB-100, FAB-250, FAB-500, FAB-1500, BETAB-500

Splittersprengbomben OFAB-100, OFAB-250

Lasergelenkte Bomben KAB-500L, KAB-1500L (**Su-24M**, **MK**, **M2**, **M SWP-24**), Sattar (iranische **Su-24MK**)

TV-gelenkte Bomben KAB-500Kr, Qassed (iranische **Su-24MK**)

Clusterbomben RBK-250, RBK-500

Napalmtanks ZB-500

Aerosolbomben ODAB-500

Behälter UB-32 mit 32 ungelenkten 57-mm-Raketen

Behälter B-8M mit 20 ungelenkten 80-mm-Raketen

Behälter B-13 mit fünf ungelenkten 122-mm-Raketen

Ungelenkte 240-mm-Raketen S-24

Ungelenkte S-25-Raketen mit einem Sprengkopfkaliber von 250 bis 420 mm

Luft-Boden-Lenkwaffen Ch-23 (**Su-24**, **24M**, **MK**, **M2**), Ch-25ML / MR / MT (**Su-24M**, **24M SWP-24**, **M2**), Ch-29L / T (**Su-24M**, **M SWP-24**, **M2**), Ch-59 / 59L / M / T (**Su-24M**, **24M SWP-24**, **M2**)

Anti-Radar-Lenkwaffen Ch-28, Ch-58 (**Su-24**, **24M**, **MK**), Ch-27PS (**Su-24M**), Ch-31P (**Su-24M2**, **24M SWP-24**, **MK / MK2**)

Anti-Schiffs-Lenkraketen Ch-31A (**Su-24M2**, **24M SWP-24**), C-802 (iranische **Su-24MK**)

Luft-Luft-Lenkraketen R-55M (**Su-24**), R-60 und R-60MK (**Su-24**, **24M**, **MP**, **MR**, **MK**, **M2**, **M SWP-24**), R-73 (**Su-24M2**, **MK2**)

Waffenbehälter KMGU-2 mit Submunition (**Su-24**, **24M**, **MK**)

Waffenbehälter SPPU-6 mit einer sechsläufigen, schwenkbaren 23-mm-MK GSch-6-23 mit 400 Schuss Munitionsvorrat (**Su-24**, **24M**)

Nutzer der Su-24

Die **Sowjetunion** stellte die Su-24 offiziell im Februar 1975 in Dienst. Die Einsatzerprobung fand bis August 1976 und in einer zweiten Phase von 1980 bis 1982 statt. Von 1984 bis 1985 folgte die Einsatzerprobung der verbesserten Su-24M. Zum Zeitpunkt der offiziellen Indienststellung waren bereits zahlreiche Maschinen ausgeliefert und an mehrere Verbände der Luftwaffe übergeben worden. Haupteinsatzzweck dieser Su-24 waren im „Ernstfall“ die Bekämpfung von gegnerischen Flugplätzen, den darauf befindlichen Flugzeugen und Einrichtungen, aber auch von Luftverteidigungs- und Radaranlagen, Schiffen und anderen Punktzielen. In erster Linie galt die NATO mit ihrer Infrastruktur und ihren Verbänden in Europa als möglicher Hauptgegner. Das Wettrüsten und der Kalte Krieg befanden sich auf einem ihrer Höhepunkte, als mit zunehmenden Stückzahlen Su-24 zwar nicht direkt am Eisernen Vorhang stationiert wurden, aber vorgelagerte Posten in osteuropäischen Staaten des Warschauer Pakts bezogen. Bei einem angenommenen Vormarsch der NATO sollten die leistungsfähigen und seinerzeit modernen Flugzeuge nicht gleich am Boden vernichtet werden, sondern aus zunächst sicherem Abstand zum „Frontverlauf“ eine Gegenoffensive mitgestalten. Mit ihrem Einsatzradius und ihren Bewaffnungsmöglichkeiten wurden die als taktische Bomber ausgelegten Su-24 schließlich als strategische Reserve deklariert. So verlegten im Juli 1979 die ersten Maschinen in die DDR nach Groß-Dölln. Ab 1982 flog das 116. GwBAP in Brand sowie ab 1984 das 497. BAP in Großenhain die Su-24 und diese Maschinen waren immer wieder auch in Finsterwalde, Jüterbog und Werneuchen präsent. Hier gab es zugleich Sonderwaffenlager, in denen taktische Atombomben bunkerten. Ab 1985 kamen Aufklärer Su-24MR in Neu-Welzow dazu, hier betrieb das 11. Selbstständige Aufklärungsregiment zwei Staffeln mit dem Flugzeug. Ab 1989 flog eine dritte Staffel des Verbandes Störflugzeuge Su-24MP. Im 11. ORAP standen die meisten der gebauten Su-24MP im Dienst und wurden im Juni 1991 zurück in die Sowjetunion, auf den ukrainischen Stützpunkt Chortkiv verlegt. In der damaligen DDR waren auch schon bald die neueren Su-24M einsatzbereit, allerdings wurden alle Angriffsversionen des Schwenkflüglers im Juli 1989 auf sowjetische Inlandsstandorte zurückbeordert.

Bis zum Juni 1993 waren die Su-24M / MR aus Ostdeutschland abgezogen, im Bild eine der letzten dort eingesetzten Maschinen. Unter dem Tragwerk ein mächtiger 3000-l-Zusatztank. (Foto: Detlev Grass)

Zwei russische Su-24M auf einem Trainingsflug, sie bewegen gerade ihre Tragflügel nach hinten und erhöhen ihr Tempo. (Foto: Juri Kiseljow)

Die 60 Flugzeuge wurden zunächst durch MiG-27 ersetzt, die nur die Hälfte an Bewaffnung aufnahmen und eine geringere Reichweite besaßen. So sollte das Ganze seinerzeit auch den Abrüstungswillen der Warschauer Vertragsstaaten demonstrieren. Schließlich waren im Juni 1993 auch die letzten Su-24MR aus (Ost)Deutschland abgezogen. Bis zum Vorjahr betraf das zudem die Su-24 auf polnischem Boden, wo ab Ende 1982 die ersten Maschinen dieses Typs stationiert wurden. Zu den Einsatzregimentern zählten hierbei das 3. BAP und das 164. GwORAP in Krzywa, das 42. GwBAP in Zhagan sowie das 89. BAP in Szprotawa. Ab Februar 1982 erhielt das 727. GwBAP im ungarischen Debrecen seine ersten Su-24M, während das 328. GwORAP in Kunmadaras ab 1988 und bis zum Abzug im April 1991 mindestens ein Dutzend Su-24MR einsetzte. Zu Sowjetzeiten gehörten Su-24 auch auf Flugplätzen im Baltikum, in Weißrussland und der Ukraine zu den wichtigen Einsatzflugzeugen, weniger waren sie im Fernen Osten anzutreffen. Die sowjetische Marine verwendete zuerst die Su-24MR und stellte diese 1985 beim 15. ODRAP in Tschkalowsk in Dienst. Später kamen auch Su-24M hinzu und die Baltische Flotte formte anderenorts drei Marineangriffsregimenter mit dem Flugzeug.

Zum Ende der Sowjetunion waren noch etwa 1000 Su-24 aller Versionen vorhanden, beinah zwei Drittel gingen nachfolgend in den Bestand der Luft- sowie Marinefliegerstreitkräfte Russlands über. Nicht alle vorhandenen Flugzeuge konnten einsatzbereit gehalten und weiter betrieben werden, etliche wurden für immer ausgemustert, andere eingelagert. Zuerst trennte sich Russland natürlich von den ältesten Exemplaren und im Jahr 2016 stellte das 43. MRAP die letzten der ursprünglichen Version Su-24 außer Dienst. Aktuell dürften noch sechs operationelle Regimenter bei Luftwaffe und Marine mit den jüngeren Versionen ausgerüstet sein, mehrfach sind es gemischte Verbände aus Angriffs- und Aufklärungsflugzeugen. Sie haben ihre Heimatstandorte u.a. in Gwardejskoje, Marinowka, Monchegorsk, Saki und Tschkalowsk. Der Einsatz dauert somit über die bis 2020 geplante Außerdienststellung an, die russische Luftwaffe verfügt noch über etwa 120 Maschinen aller Versionen, bei den Marinefliegern sind es noch annähernd 45. Bis in die jüngere Vergangenheit sind ungefähr 115 Su-24 durch Abstürze und andere Unfälle verloren gegangen.

Einsatzregimenter (Auswahl)

Sowjetunion

2. GwBAP, 3. BAP, 4. GwBAP, 6. BAP, 7. BAP, 10. ORAP, 11. ORAP, 15. ODRAP, 21. BAP, 26. GwBAP, 34. BAP, 39. ORAP, 42. GwBAP, 47. ORAP, 48. ORAP, 56. BAP, 63. BAP, 69. BAP, 87. ORAP, 89. BAP, 116. GwBAP, 118. OAPRB, 125. ORAP, 149. GwBAP, 164. GwORAP, 168. GwBAP, 189. GwABIP, 218. BAP, 230. BAP, 277. BAP, 296. ABIP, 302. ABIP, 305. BAP, 306. BAP, 314. BAP, 321. BAP, 328. GwORAP, 455. IISAP / BAP, 497. BAP, 511. ORAP, 668. BAP, 678. GwSIAP, 727. GwBAP, 733. OBAP, 735. BAP, 760. IIABIP, 799. ORAP, 802. UAP, 806. BAP, 882. ORAP, 886. ORAP, 947. BAP, 953. BAP, 976. BAP

Russland

4. GwMSchAP, 11. SAP, 20. GwBAP, 37. SAP, 43. ABIP / OMRAP, 98. GwORAP / SAP, 173. OMSchAP, 277. BAP, 293. ORAP, 296. ABIP, 313. ORAP, 559. ABIP, 846. GwOMSchAP, 959. UAP, 967. ODRAP

Mehrere vormalige Sowjetrepubliken übernahmen mit ihrer Eigenständigkeit ebenfalls Su-24 unterschiedlicher Ausführungen. Den Großteil, angeblich über 280 Exemplare, behielt die Ukraine. Im Laufe der Jahre verblieb, auch aus finanziellen Gründen nur ein Teil davon im regulären Einsatz, das 806. BAP musterte 2001 die letzten der ersten Su-24-Serien aus. Mit der Reduzierung von Einsatzverbänden schrumpfte auch die verfügbare Anzahl an flugfähigen Su-24M und MR weiter, sodass 2014 lediglich zehn von 114 vorhandenen Exemplaren

Ukrainische Su-24M auf dem Luftwaffenstützpunkt Lutsk im Jahr 2016. Man beachte das Drachen-artwork am Lufteinlass der vorderen Maschine oder auch die unterschiedliche Farbgebung der Hoheitszeichen an den Seitenflossen der anderen Flugzeuge. (Foto: Alexander Golz)

als einsatzklar galten. Inzwischen hatte die Nikolayev Aircraft Repair Plant (NARP) die Überholung eingelagerter Maschinen aufgenommen, was ab 2016 zu einem Anstieg einsatzfähiger Su-24 führte. Im Jahr 2019 waren es dann 28 Su-24M / MR, die man in der 7. BrTA in Mirgorod konzentrierte. Im Einklang dazu stand eine Erhöhung von Flugstunden und Trainingsabläufen bis hin zu Manövern und reellen Kampfeinsätzen über dem Donbass.

Bekanntlich befand sich mit sechs Exemplaren der größte Teil der produzierten Su-24MP-Störflugzeuge in der Ukraine und formte 1991 die dritte Staffel des 118. OAPREB in Chortkiv. Von 1994 bis 1998 dienten sie dann in der dritten Staffel des 48. OGRAP in Kolomiya und wurden danach noch bis 2002 zu Trainingszwecken genutzt.

Aserbaidschan verfügte bei Auflösung der Sowjetunion über zehn Su-24, 1992 kamen etwa ein Dutzend weitere, in Armenien erbeutete Exemplare der Aufklärerversion hinzu. Zwei dieser Su-24MR wurden bis 2002 im ukrainischen Reparaturbetrieb NARP überholt sowie für Bombenangriffe modifiziert. Der Dienst in der 422. Aufklärungsstaffel der aserbaidschanischen Luftwaffe in Dallyar dauerte bis zum Jahr 2010 an. **Belarus** hatte zum Zeitpunkt der Eigenständigkeit vier Einsatzregimenter mit Su-24 im Bestand seiner Luftwaffe, lediglich das 116. GwBAP setzte den Betrieb mit rund 40 Su-24M / MR fort. Bis 2012 erfolgte schließlich die Außerdienststellung beim nunmehr 116. BRAB genannten Stützpunktverband, einige der Flugzeuge wurden weiterverkauft. Etwa 40 Su-24 und Su-24MR übernahm **Kasachstan** 1992 aus sowjetischen Hinterlassenschaften, die von einem Aufklärungs- sowie einem Bombenfliegerregiment betrieben wurden. Später erfolgten auch einige Modernisierungen und die Zusammenlegung der Flugzeuge in die 600. GAB am Standort Zhetigen. Gut ausgebildetes Personal und eine funktionierende Ersatzteilversorgung streckten den Dienst bis ins Jahr 2016. Zwischen 30 und 40 Su-24, -24M und MR standen im Dienst der Luftwaffe von **Usbekistan**, hauptsächlich in der Angriffsversion. Sie waren in Karschi und zuletzt mit dem 60. BAP in Khanabad stationiert, doch dürften die noch vorhandenen Maschinen derzeit inaktiv sein. Zwischenzeitlich, vor allem Anfang der 1990er-Jahre, stellte Usbekistan mehrere Exemplare dem Nachbarland Tadschikistan zur Bekämpfung von Rebellengruppen zur Verfügung.

Einsatzregimenter (Auswahl)

Aserbaidschan

976. BAP, 422. ORAE

Belarus

116. GwBAP / BRAB

Kasachstan

39. ORAP, 149. GwBAP, 600. GAB

Ukraine

7. BAP / BrTA, 29. BAP / 6. AB, 48. ORAP, 69. BAP, 118. OAPRB, 511. ORAP, 727. BAP / 44. BrTA, 806. BAP, 947. BAP

Usbekistan

60. BAP, 87. ORAP

Die pixelartigen Tarnanstriche wurden seit dem letzten Jahrzehnt vermehrt an ukrainischen Kampfflugzeugen gesichtet, meist handelt sich um modernisierte Exemplare wie diese Su-24M der 7. BrTA. NARP hatte die Arbeiten an ihr im Oktober 2015 abgeschlossen. (Foto: Alexander Golz)

Diese algerischen Su-24MK beeindrucken mit ihrer eigenwilligen, vermutlich aber durchaus nützlichen Farbgebung. (Foto: MPD)

Dieselbe Maschine hier mit deutlich sichtbarem Hoheitszeichen am Hinterrumpf. (Foto: MPD)

Algerien: In den 1990er-Jahren lieferte Russland die ersten zehn bis zwölf Su-24MK, die nachfolgend in die 274. Angriffsstaffel des 4. Angriffsgeschwaders in Ain Oussera eingliedert und später nach Laghouat verlegt wurden. Des Weiteren erhielt die algerische Luftwaffe fünf Aufklärer Su-24MRK für eine weitere Staffel in Ain Oussera. Hier fand wohl auch die einzige ins Ausland verkaufte Su-24MP ihre neue Heimatbasis. Im Jahr 2000 war ein Vertrag zur Modernisierung vorhandener Maschinen beim Hersteller NAPO zustande gekommen, zusätzlich wurden 22 vormals russische Maschinen gekauft. Heutzutage sind die meisten algerischen Maschinen auf der Basis Laghouat stationiert.

Angola: Unbestätigten Berichten zufolge sollen acht oder mehr Su-24 und wahrscheinlich aus weißrussischen Überschussbeständen zwischen 1999 und 2001 nach Angola verkauft worden sein. Sie waren für die Rebellenorganisation UNITA vorgesehen.

Irak: Als erster Exportkunde erhielt Irak ab 1988 etwa 24 Exemplare für zwei Staffeln an den Standorten al-Bakr und as-Sahra. Beide befanden sich noch im Trainingsmodus, als 1990 Kuwait von irakischen Truppen besetzt wurde und im nächsten Jahr unter US-Führung die Operation „Desert Storm“ zur Befreiung Kuwaits eingeleitet wurde. Infolgedessen flohen je nach Quelle 18 bis 24 der irakischen Su-24MK in den benachbarten Iran und wurden dort von der landeseigenen Luftwaffe einverleibt.

Iran: Die iranische Bestellung über zwölf Su-24MK wurde ab 1990 ausgeliefert, ab 1991 kamen vormals irakische Maschinen hinzu. Die gesamte Flotte verteilte sich auf die Standorte Teheran-Mehrabad sowie Shiraz und wurde 1994 für einsatzbereit erklärt. Ab 1996 wurden sämtliche Su-24 in Shiraz zusammengezogen, verlegen aber regelmäßig auch auf andere Stützpunkte. Zum Teil gab es Anpassungen an eigenentwickelte und westliche Waffensysteme. Mindestens vier der Maschinen gingen bisher bei Unfällen verloren.

Libyen: Mit insgesamt 15 Su-24MK entwickelte sich Libyen 1989 zum zweiten Exportabnehmer. Die Flugzeuge wurden Teil der 1124. Squadron auf der Ghurdabiya Luftwaffenbasis. Mit Aufflammen des Bürgerkrieges ab 2011 erfolgten Kampfeinsätze, wobei eine der Maschinen im März desselben Jahres abgeschossen wurde. Der weitere Status ist unklar.

Im Hintergrund das Elburs-Gebirge, setzt diese iranische Su-24MK mit einem unter dem Rumpf befindlichen UPAZ-Tankbehälter zur Landung in Teheran an. (Foto: Alexander Golz)

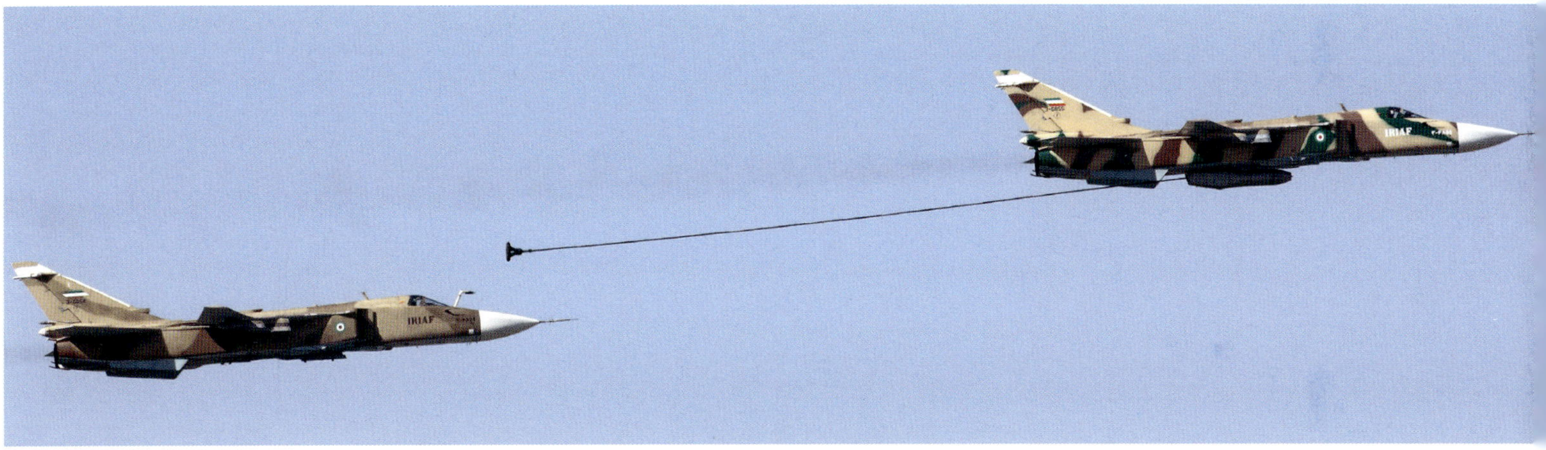

Hier demonstrieren zwei iranische Su-24MK das Nachtanken in der Luft. (Foto: Alexander Golz)

Sudan: Acht, nach anderen Quellen bis zu zwölf frisch überholte Su-24M verkaufte und lieferte Weißrussland ab 2013 an die sudanesische Luftwaffe, welche die Flugzeuge auf der Basis Wadi Sayyidna stationierte. Bekannt wurden sie vor allem durch ihre Einsätze über Jemen. Hier wurden ab 2015 nach dem Rotationsprinzip alle drei bis vier Wochen durchschnittlich zwei Exemplare nach Saudi-Arabien verlegt und von dort aus gegen Huthi-Rebellen eingesetzt.

Syrien: Zum Jahresende 1989 setzte die Lieferung von 20 bis 22 Su-24MK nach Syrien ein und formten zunächst eine Staffel in Tiyas. Mit dem Bürgerkrieg ab 2011 waren diese Flugzeuge stark gefordert, doch nahm mit den Kampfhandlungen die Zahl der verfügbaren Flugzeuge kontinuierlich ab. Zwischenzeitlich erhielten mindestens zehn syrische Maschinen bis 2016 das M2-Upgrade von Suchoi.

Einsatzverbände (Auswahl)

Algerien

274., 284., 294. EAP, 510., 515. ERGE

Irak

No 8, 18 Sqn

Iran

13., 71., 72. TFS

Libyen

1124. Sqn

Sudan

4. FS

Syrien

No 696., 819. Sqn

Kampfeinsätze

Die Su-24 hatte ihr Einsatzdebüt 1984 über Afghanistan. Hierzu verlegte die sowjetische Luftwaffe das 143. BAP sowie das 149. GwBAP auf die Stützpunkte Khanabad sowie Kokaidy in Usbekistan, um ab April ins Kampfgeschehen einzugreifen. Es ging zunächst um die Bekämpfung von Mudschaheddin-Gruppierungen im Pandschir-Tal und nachfolgend waren Su-24 auch bei Offensiven am Salang-Pass und bis in die Nähe des südlich gelegenen Kandahar beteiligt. Hier erschöpfte sich allerdings, auch mit Zusatztanks, der Aktionsradius der Su-24, da keine Tankflugzeuge und UPAZ-1-Tankbehälter zur Verfügung standen. Bis Juli hatten die Su-24 ohne Verluste Kampfeinsätze absolviert, dann erfolgte die Rückverlegung der Maschinen auf ihre Heimatbasen Kopitnari in Georgien und Nikolajewka in Kasachstan. Erst vier Jahre später kam es zu einer erneuten Beteiligung des Schwenkflüglers am Kriegsgeschehen in Afghanistan. Das 149. GwBAP war diesmal in Khanabad stationiert und wurde von Karschi, Usbekistan aus von Su-24M des 735. BAP unterstützt. Sie flogen z.T. in größeren Verbänden weitere Attacken gegen Rebellenpositionen und deckten zum Schluss den Rückzug der Sowjets aus Afghanistan mit ab. Im März 1989 kehrten die Flugzeuge endgültig zu ihren Heimatbasen zurück. Im Betrieb hatten sich die Su-24 als zuverlässig und robust erwiesen, Probleme gab es manchmal mit der Hydraulik sowie den Triebwerkskontrollen und nicht zuletzt mit einem effektiven Einsatz der Waffen gegen kleine und bewegliche Ziele. Im Schatten der riesigen Bergwelt waren diese schwer zu orten oder auf dem Display des Waffensystemoffiziers mit nur wenigen Kontrasten schwer zu erkennen. Hinzu kam eine Angriffshöhe von 5000 und später gar 7000 m, um den schultergestützten Fla-Raketen der Mudschaheddin zu entgehen. Verwendet wurden vor allem FAB-250, -500 und -1500-Sprengbomben, RBK-500-Clusterbomben, ODAB-500-Aerosolbomben und ungelenkte Raketen, vereinzelt auch Laserlenkbomben KAB-500L. Es gab keine Verluste durch Feindeinwirkung, im Dezember 1988 havarierte aber eine Su-24M bei einem Landeunfall, in dessen Folge der Waffensystemoffizier später seinen Verletzungen erlag.

Russische Su-24 und ihre Crews waren ab Ende 1994 gefordert, als sie gegen tschetschenische Rebellen eingesetzt wurden und bspw. Flugplätze und darauf abgestellte Flugzeuge, Brücken oder Truppenansammlungen attackierten. Auch hier erfolgten die Einsätze aus großer Höhe inklusive der Verwendung laser- und TV-gelenkter Bomben. Im zweiten Tschetschenienkrieg 1999 waren wiederum islamistische Kämpfer, die insbesondere ins benachbarte Dagestan vorstießen, ihre Trainings- und Rückzugseinrichtungen sowie Munitions- und Treibstofflager Ziele russischer Su-24M. Ferner übernahmen Su-24MR des 11. GwORAP die Zielaufklärung, was zwei dieser Flugzeuge zum Verhängnis wurde. Abwehrfeuer bodengestützter Einheiten brachten je eine Su-24MR am 4. Oktober 1999 sowie am 7. Mai 2000 zum Absturz. Auch im kurzen Krieg mit Georgien 2008 fielen zwei Maschinen, diesmal Su-24M, am 9. und 10. August der Luftabwehr zum Opfer. Die Su-24M kamen vom 559. BAP aus Morosowsk sowie vom 959. BAP aus Jeisk, wobei letztere von Mosdok aus in den Konflikt eingriffen. Ihre hauptsächlich mit KAB-500- und RBK-500-Bomben, ungelenkten Raketen und Ch-58-Lenkwaffen ausgeführten Kampfeinsätze richteten sich gegen georgische Militärstützpunkte, Luftabwehr- und Radarstellungen sowie Brücken. Weitere Einsätze in diesem Konflikt absolvierten Su-24MR des 11. GwORAP aus Marinowka als Aufklärer.

Im September 2015 verlegte das 2. Gemischte Fliegerregiment der russischen Luftwaffe zwölf Su-24M auf den syrischen Flugplatz Hmeimim und flog am 30. des Monats erste Kampfeinsätze mit dem Muster. Die richteten sich offiziell gegen den IS sowie andere Oppositionsgruppierungen und gipfelten schon bald in 30 Einsätzen pro Tag. Zu den Zielen gehörten zu Anfang vielfach Öl fördernde und verarbeitende Anlagen, mit dessen Erträgen der IS sich und seine Einsätze finanzierte. Mit 16 Flugzeugen erreichte die Su-24 im Februar 2017 ihre größte Stärke, im selben Jahr wurde eine davon bei einem Landeunfall zerstört und zum Jahresende angeblich gleich mehrere Exemplare bei einem Drohnenangriff beschädigt. Für wesentlich mehr Aufsehen sorgte allerdings der Abschuss einer russischen Su-24 durch eine AMRAAM-Luftkampfrakete, die am 24. November 2015 von einer türkischen F-16 gestartet worden war. Es gibt unterschiedliche Varianten zu dem Vorfall, bei dem die Su-24 offenbar für mehrere Sekunden in den türkischen Luftraum eindrang und Warnungen möglicherweise ignorierte. Gegner dieser Variante sprechen von einem „Hinterhalt“ und einer längst geplanten Aktion, die

Gegenüberliegende Seite ganz oben ist eine Su-24M der sowjetischen Luftstreitkräfte zu sehen mit dem rot-weißen Suchoi-Logo am Vorderrumpf. Die zweite Ansicht zeigt die russische Su-24M, die am 24.11.2015 während eines Kampfeinsatzes über Syrien von einer türkischen F-16C abgeschossen wurde. Während der Navigator den Ausstieg aus dem Flugzeug überlebte, wurde Pilot Oleg Peschkow von Milizen vom Boden aus am Fallschirm hängend erschossen))
ein klarer Verstoß gegen die Genfer Konvention. Das Flugzeug trägt hinter dem Cockpit Einsatzmarkierungen, der Stern am Leitwerk ist für den Syrien-Einsatz weiß unterlegt. Als drittes eine Su-24MK der syrischen Luftwaffe im Tarnschema, das auch andere Nahost-Staaten an ihren Su-24 verwendeten. Auffälliger hingegen die algerische Su-24MK in der vierten Ansicht mit sandfarbener Wüstentarnung auf der Ober- und blauer Farbgebung auf der Unterseite. Das letzte Profilbild zeigt eine sudanesische Su-24M, die aus weißrussischen Überschussbeständen stammt und später über Jemen Kampfeinsätze flog. Roundel und Warnhinweise am Vorderrumpf, taktische Kennziffer „101“ am Lufteinlass. (Grafik: Srecko Bradic)

24
24

ВВС РОССИИ
83

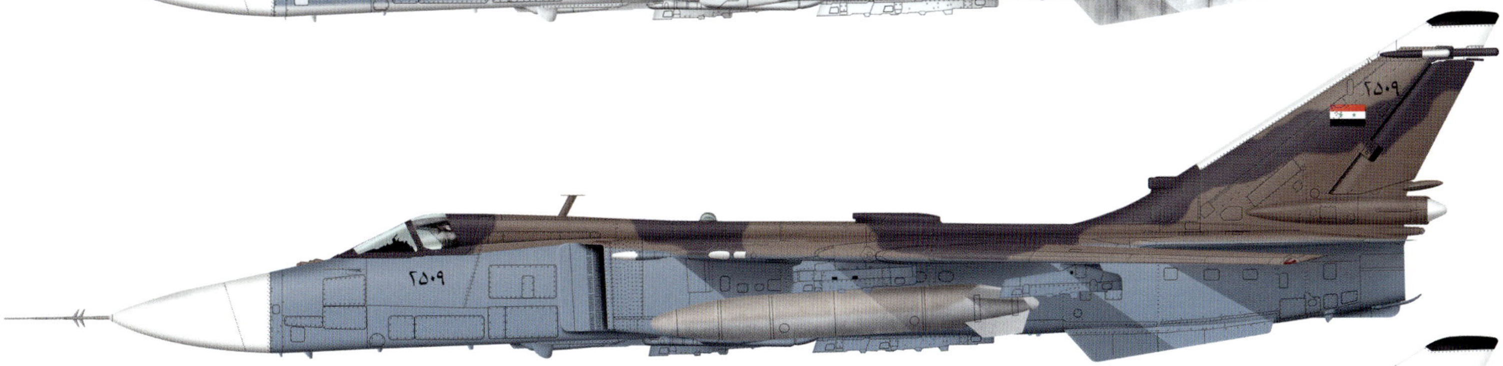
٢٥٠٩
٢٥٠٩

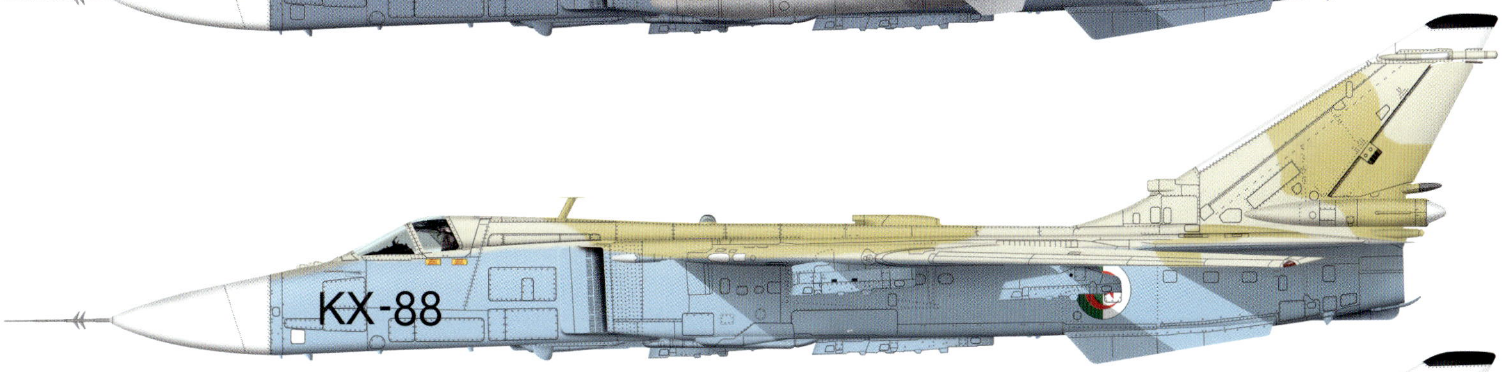
KX-88

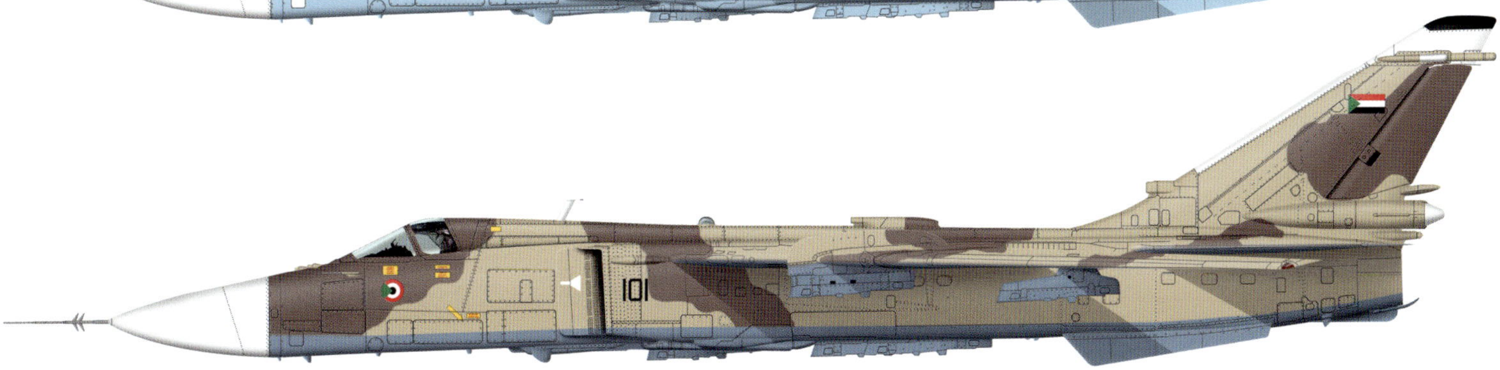
101

Die libysche Luftwaffe gehörte ab 1989 zu den Exportkunden der Su-24MK, inzwischen dürfte sich dort keine Maschine mehr in flugfähigem Zustand befinden. (Foto: Chris Lofting)

ein klares Signal an Syrien und seine russischen Unterstützer richten sollte. Die Krise zwischen Russland und der Türkei entspannte sich erst ab dem Folgejahr, indem tatsächlich Untersuchungen innerhalb des türkischen Militärs eingeleitet und der F-16-Pilot wegen möglichen Kontakten zu Verschwörern verhaftet wurde.

Die russischen Su-24 in Syrien erzielten mit dem SWP-24-Upgrade offenbar mehr als akzeptable Ergebnisse bei ihren Kampfeinsätzen, gerade beim Abwurf ungelenkter Waffen wie den häufig genutzten OFAB-250-Splittersprengbomben. Überhaupt waren ungelenkte Waffen die am meisten genutzte Munition der russischen Fliegerkräfte und im speziellen der Su-24. Diese übernahmen nahezu 50% aller russischen Luftangriffe und sie spielten bei der syrischen Luftwaffe eine ähnlich große Rolle. Die Su-24MK und MK2 entwickelten sich ebenso zur luftgestützten Hauptschlagkraft der syrischen Armee in dem von zahlreichen Konfliktparteien getragenen Bürgerkrieg und flogen zahllose Missionen. Stark gefordert, gingen die Einsätze mit einem erhöhten Verschleiß der Maschinen einher. Mängel gab es vorwiegend bei der Zielaufklärung und -koordination, hinzu kommen mehrere Verluste. Der erste Abschuss erfolgte im November 2012 durch eine tragbare Fla-Rakete, bis 2020 sollen fünf weitere in der Luft zerstört worden sein.

Auch im libyschen Bürgerkrieg verwendeten regierungstreue Einheiten zumindest in der Anfangsphase 2011 Su-24MK zu Luft-Boden-Angriffen. Angeblich scheiterte im März 2011 der Versuch eines Piloten, sein Flugzeug einer Rebellengruppierung zu überbringen, als diese ihn mit heftigem Sperrfeuer empfingen und abschossen. Die weitere Verwendung libyscher Maschinen in diesem Konflikt ist unklar. Etliche Jahre zuvor flogen ab 1997 auch iranische Su-24MK Kampfeinsätze und beschossen Rebellengruppen, die ihr Rückzugsgebiet im Irak hatten.

Ein weiterer Bürgerkrieg, diesmal im Jemen, führte wiederum zur Nutzung der Su-24 als schweren Jagdbomber. Hier hatten sich mehrere Fraktionen herausgebildet, wobei sich in erster Linie die sogenannten Huthi-Rebellen und eine von Saudi-Arabien geführte Koalition gegenüberstehen. Hierzu gehört auch die sudanesische Luftwaffe, die mit Su-24 von saudi-arabischen Flugplätzen wie der Khamis Mushay-Luftwaffenbasis aus operierten und hauptsächlich Sprengbomben wie die FAB-250 verwendeten. Später wurden derartige Bomben mit GPS-Rüstsätzen aufgewertet und erzielten eine höhere Trefferquote. Eine dieser Su-24 soll am 27. März 2015 von Huthi-Rebellen abgeschossen worden sein.

Russland absolvierte mit Su-24 in der jüngeren Vergangenheit auch immer wieder Aufsehen erregende, mitunter recht provokante und gefährliche Manöver. Besonders in Erinnerung blieben rasant und extrem tief durchgeführte Überflüge von Su-24 über dem Zerstörer USS Donald Cook im Schwarzen Meer. Dabei sollen diese am 12. April 2014 die Luftverteidigungssysteme des Schiffes mittels elektronischer Kampfführung komplett lahmgelegt haben, was von US-Seite dementiert wird. Ähnlich geartete Aktionen wiederholten sich, sowohl mit der USS Donald Cook, als auch mit anderen Schiffen.

Im russisch-ukrainischen Konflikt kamen ebenfalls Su-24 auf beiden Seiten zum Einsatz. Bereits ab Mai 2014 flogen ukrainische Su-24M der 7. BrTA von Mirgorod aus Angriffe mit ungelenkten Bomben und Raketen auf Positionen der Separatisten. Eine dieser Maschinen fiel am 20. August 2014 einer Luftabwehrrakete zum Opfer. Gleichfalls flogen im Krieg ab Februar 2022 Su-24M und MR zahlreiche Einsätze, die letztlich auch mit mehreren Verlusten endeten.

Grumman F-14 Tomcat

Für viele Menschen bleibt die F-14 Tomcat eines der aufregendsten und zugleich leistungsfähigsten Jagdflugzeuge überhaupt, die Farbschemen der 1995 deaktivierten Staffel VF-84 unterstreichen das. (Foto: Scott Rathbone)

Historie

Viele Fans haben sehnsüchtig darauf gewartet und endlich, gut 35 Jahre später, gibt es die Fortsetzung des Spielfilmklassikers „Top Gun". Bis auf wenige Sequenzen fehlt in dem neuen Film allerdings einer der seinerzeit angesagtesten Hauptdarsteller: die Grumman F-14 Tomcat! Für zahlreiche Luftfahrtenthusiasten, Flugzeugkenner und auch Spotter zählt die Tomcat bis heute zu den aufregendsten und leistungsstärksten Kampfflugzeugen, die jemals gebaut und in Dienst gestellt wurden. Sie beeindruckte mit einer einzigartigen Kombination aus Schnittigkeit und Leistungsstärke. Zweifellos hatten daran die Schwenkflügel der F-14 einen erheblichen Anteil, die dem Kampfjet je nach Flügelstellung eine sich ändernde Attraktivität, und, was viel wichtiger ist, entsprechende Vorteile im jeweiligen Flugregime verliehen.

Im Grunde genommen erbte die F-14 einige, übrig gebliebene Komponenten des gecancelten Marinejägers F-111B, an dem General Dynamics zusammen mit Grumman gearbeitet hatte. Hervorzuheben sind hierbei das AWG-9-Radar und die weitreichenden Phoenix-Luft-Luft-Lenkraketen, die zu nützlichen, teils überragenden Fähigkeiten verhalfen. Auch die Pratt & Whitney-Triebwerke TF30 fanden wiederum ihre Verwendung, sie lieferten allerdings häufig den Anlass für Probleme, Unfälle und Modifizierungen. Dagegen war die Zelle der F-14 völlig neu entworfen und führte ebenfalls zu einem relativ großen Flugzeug. Markant natürlich die von 20 bis 68 Grad verstellbaren Tragflächen. Für eine hohe Manövrierfähigkeit erhielten sie verschiedene Ruder, Klappen und Spoiler und wurden durch voll bewegliche Höhenflossen sowie zwei Seitenleitwerke ergänzt. Die Rumpfform, der Übergang zum Tragwerk und die großzügige Ausgestaltung des gesamten Heckbereichs trugen zu einer Auftriebserhöhung bei. Die zweiköpfige Crew war in

Eine frühe F-14A der Staffel VF-2. Die gehörte zu den ersten beiden operationellen Einheiten der US Navy, die den Jäger im regulären Dienst verwendeten. (Foto: National Museum of Naval Aviation Pensacola)

Der achte Prototyp der Tomcat testet die Konfiguration mit vier Sparrow-Luftkampfraketen. (Foto: National Museum of Naval Aviation Pensacola)

einem Tandemcockpit mit ausgezeichneter Rundumsicht untergebracht und konnte auf modernste Systeme zurückgreifen. Sie machten die F-14 auch sehr komplex und generierten einen hohen Wartungsaufwand. Neben der Bordkanone bestand die Bewaffnung hauptsächlich aus Luft-Luft-Lenkraketen für kurze, mittlere und große Entfernungen, denn der Verwendungszweck lautete primär Luftüberlegenheitsjäger. So sollten die eigenen Flugzeugträgerverbände geschützt und nur sekundär die Möglichkeit zu Luft-Boden-Angriffen auf See- oder küstennahe Bodenziele mit konventionellen Freifallbomben genutzt werden. Bei der Bewaffnung mit Luftkampfraketen stach vor allem die für Langstrecken konzipierte AIM-54 Phoenix hervor. Die extrem leistungsstarke und seinerzeit mit rund einer Million Dollar Stückpreis auch extrem teure Lenkwaffe konnte ihre Ziele mit einem eigenen Radar völlig autonom verfolgen und in einer Entfernung von maximal etwa 185 km treffen. Grumman konnte insgesamt mit bereits vorhandenen oder in der Erprobung befindlichen Baugruppen punkten sowie Zeit einsparen und ging letztlich im Januar 1969 als Sieger der im Vorjahr herausgegebenen VFX-Ausschreibung hervor.

An der VFX-Ausschreibung waren Vorschläge von fünf Unternehmen beteiligt, Grumman selbst hatte hierzu acht Design-Entwürfe studiert und zum Schluss mit dem (Schwenkflügel)Model 303E gewonnen. Bis Mai 1969 war eine 1:1-Attrappe fertiggestellt, während der offizielle Auftrag vorerst sechs Versuchs- sowie 463 Serienmaschinen beinhaltete. Das Programm sah zudem drei Serienversionen vor. So sollte die Grundausführung während der Produktion von einer verbesserten Variante mit stärkerem, noch zu entwickelndem Antrieb abgelöst und durch eine weitere, auf Luft-Boden-Angriffe ausgerichtete Version ergänzt werden.

Robert Smyth und William Miller übernahmen am 21. Dezember 1970 den aus zwei Platzrunden bestehenden Erstflug des Prototyps. Damit lag man genau im Zeitplan, bis dieser neun Tage später durcheinandergeriet. Der zweite Flug der F-14 endete nämlich mit ihrem Absturz, den beide Piloten glücklicherweise überlebten. Grund der Havarie waren gebrochene Hydraulikleitungen. Diese wurden nachfolgend nicht mehr aus Titan, sondern Edelstahl hergestellt. Ein zweites Versuchsmuster begann am 24. Mai 1971 mit der Flugerprobung und bis zum Ende des Jahres waren bereits sieben F-14 in der Luft. Neben den zwölf Prototypen und Entwicklungsflugzeugen, von denen insgesamt vier verloren gingen, dienten auch die ersten Serienexemplare den Versuchsreihen und führten insbesondere in den Jahren 1971 und 1972 intensiv Testflüge durch. Von den gut 20 in die Erprobung eingespannten Maschinen absolvierte die zehnte F-14 am 15. Juni 1972 erstmals einen Start von einem Flugzeugträger, der USS Forrestal. Drei

Die meisten früheren F-14 waren noch farbenprächtig lackiert. Diese Maschine befindet sich im August 1975 auf der NAS Miramar in Kalifornien, wo auch die Tomcat-Crews der Pazifikflotte trainierten. (Foto: Akira Watanabe)

Maschinen gelangten im September 1972 zur Naval Air Station Point Mugu in Kalifornien und wurden von der Erprobungsstaffel VX-4 geflogen. Hier befand sich auch das Naval Air Test Missile Center (heute Naval Air Warfare Center) und eine der F-14 verschoss hier erstmals eine 463 kg schwere Phoenix-Lenkrakete. Ein anderes Exemplar startete im November 1973 innerhalb von weniger als 40 s alle sechs Phoenix, wobei vier der Raketen ihr Ziel trafen. Dutzende Tests hatten bis dahin eine Trefferquote zwischen 70 und 80% aufgezeigt. Ebenso wurden das Feuerleitsystem erprobt und bewertet sowie Einsatztaktiken erarbeitet. Andere Testreihen fanden im Naval Air Test Center in Miramar sowie auf dem Grumman-Werksgelände in Calverton statt. Im Oktober 1972 folgte die Lieferung der ersten Tomcats an den Trainingsverband VF-124 im kalifornischen Miramar, wo die Besatzungen der Pazifikflotte geschult wurden. Im Frühjahr 1973 begann dort der erste Ausbildungslehrgang auf dem Schwenkflügler. An der Ostküste zog die Ausbildungsstaffel VF-101 auf der NAS Oceana, Virginia ab Oktober 1974 nach und bildete die Crews der Atlantikflotte aus. Bereits im März desselben Jahres hatten die Einheiten VF-1 und VF-2 die volle Staffelstärke von zwölf Flugzeugen erreicht und wurden Teil des Trägergeschwaders CVW-14 auf der USS Enterprise. Auf diesem Trägerschiff ging es auch zur ersten Einsatzfahrt, wobei im Januar 1975 zwei F-14 von VF-1 durch Triebwerksprobleme verloren gingen. Ende April flogen die F-14 von der Enterprise aus Luftraumüberwachung während der Evakuierung der Amerikaner aus dem südvietnamesischen Saigon, auch als Operation „Frequent Wind“ bekannt und verhalfen dazu, die Diensteinführung der Tomcat als positiv zu werten.

Zwischenzeitlich hatte es im F-14-Programm aber ganz andere Probleme gegeben. Die damals gängige Praxis der Festpreisbindung wurde für Grumman zum Verlustgeschäft, wobei man von etwa einer Million Dollar pro Flugzeug ausgeht. Hierzu trugen eine galoppierende Inflation und die Verteuerung von Werkstoffen, aber auch notwendig gewordene Modifikationen am Flugzeug selbst bei. Hilfe kam schließlich mit Kapital aus dem Iran, dem später einzigen Exportkunden der Tomcat. Vorverhandlungen zum Kauf bewegten eine iranische Bank Grum-

Eine F-14 wird über das Deck eines Flugzeugträgers gezogen. Bis Anfang der 1980er-Jahre hatte der Schwenkflügler die F-4 Phantom als Jagdflugzeug abgelöst. (Foto: Scott Rathbone)

Ausschließlich am Boden ließen sich die Tragflächen zum Platz sparenden Abstellen und Transportieren bis zu 75 Grad zurückschwenken. (Foto: Alexander Golz)

man ein Darlehen von 75 Millionen Dollar zu gewähren, was sich zum Schluss auch auf einheimische Geldgeber übertrug und nachfolgend weiter benötigte Finanzen bewilligt wurden. Somit konnte die Festpreisbindung nach 134 Flugzeugen auslaufen und Grumman ab 1975 wieder Gewinn erwirtschaften. Der Serienbau schloss neue Fertigungstechnologien und nicht zuletzt die Beteiligung von rund 150 Subunternehmen ein.

Der Zulauf an F-14 verstärkte sich ab Mitte der 1970er-Jahre, insgesamt 30 operationelle Einsatzstaffeln inklusive Umschulungs- und Reserveverbänden der US Navy flogen den Kampfjet. Das US Marine Corps hatte 1975 erstmals eigene Piloten in die F-14 einweisen lassen, entschied sich aber letztlich aus Kostengründen gegen eine Beschaffung des Typs und stattdessen für modernisierte F-4 Phantom II. Die Navy hatte die Phantom bis 1983 durch die Tomcat ersetzt und übte sich in routiniertem Einsatzbetrieb. Der bot statt Routine aber immer wieder Überraschungen. Außer mitunter auftretenden Schwierigkeiten mit der Bordelektronik bereitete wiederholt der Antrieb Sorgen. Die TF30-Triebwerke benötigten eine anspruchsvolle Wartung und verfügten über eine relativ kurze Lebensdauer. Schlimmer waren aber häufig auftretende Flammabrisse, Fehlfunktionen am Nachbrenner, Schaufelbrüche sowie Explosionen, die zum Schluss für beinah 30% aller Havarien verantwortlich waren. Gerade bei hohen Anstellwinkeln und geringen Geschwindigkeiten gab es Triebwerksaussetzer, was gerade auch im Landeanflug auf den Flugzeugträger problematisch werden konnte. Die beiden Mantelstromtriebwerke lagen weit auseinander und der Ausfall eines Aggregats konnte schnell einen asymmetrischen Schub verursachen und im schlimmsten Fall zum Flachtrudeln führen. Hier wünschten sich die Piloten zudem mehr Schub, auch für eventuelle Durchstartmanöver über dem Trägerdeck. Schon im September 1973 hatte eine erstmals als F-14B bezeichnete Tomcat die neu entworfenen Pratt & Whitney-Triebwerke F401-PW-400 mit maximal 125 kN Nachbrennerschub im Flug erprobt. Der Plan, künftige F-14-Serien mit diesem Antrieb auszurüsten, verwarf die US-Marine bereits im nächsten Jahr und das Erprobungsflugzeug wurde eingemottet. Jahre später wurde diese Maschine wieder flugtüchtig gemacht und für Versuche mit einem weiteren Antrieb genutzt. Im März 1979 hatte diesmal das Unternehmen General Electric den Auftrag erhalten, aus dem für den ebenfalls mit Schwenkflügeln ausgestatteten Langstreckenbomber B-1 bestimmten F101 ein Triebwerk für taktische Kampfflugzeuge zu entwickeln. Am 14. Juli 1981 flog schließlich die F-14 erstmals mit dem zunächst F101DFE, später F110-400 genannten Triebwerk. Die Tests verliefen erfolgreich, sie ergaben dank höherer Leistung bessere Beschleunigungswerte und Steigraten, ein erstklassiges Schub-Masse-Verhältnis von 1:1, weniger Probleme mit Aussetzern bei riskanten Flugmanövern und nicht zuletzt einen um gut 30% geringeren Verbrauch. Unglücklicherweise kam es auch diesmal nicht zur groß angelegten serienmäßigen Nutzung dieses vielversprechenden Antriebs in der F-14, aus haushaltstechnischen Gründen erfolgte der Einbau des F110 erst ab Ende der 1980er-Jahre in eine überschaubare Anzahl neuer sowie umgerüsteter Flugzeuge. Entstanden war die erst F-14A+, dann wiederum F-14B genannte Ausführung, die in der Serienkonfiguration 1986 erstmalig flog und nachfolgend zuerst in der Erprobungsstaffel VX-4 bewertet wurde.

Ab November 1987 begann die Lieferung von 38 neugebauten Maschinen, weitere 47 Exemplare wurden zur F-14B umgerüstet. Die ersten F-14B empfing die Ausbildungsstaffel VF-101 auf der NAS Oceana im April 1988 und noch im selben Monat fand die erste Trägerlandung mit dem neuen Muster auf der USS Independence statt. Im Frühjahr 1989 rüsteten mit VF-24 und VF-211 die ersten operationellen Einheiten auf die neue Version um, zum Schluss waren es sieben Staffeln mit F-14B. Die Flugzeuge verfügten über ein Avionik-Upgrade und neue Radarwarnempfänger sowie verbesserte, auf die Navy zugeschnittene Schleudersitze. Außerdem gelangte mit dem von Fairchild gelieferten AWG-15-Feuerleitsystem ein zuverlässigeres und leichter zu wartendes Radar zum Einbau. Wie das zuvor verwendete Gerät vermochte es unter sehr günstigen Bedingungen tiefer fliegende Ziele oder auch Marschflugkörper zu orten.

Mit dem AN/APG-71 erhielt die nächste und zugleich finale Serienvariante F-14D wiederum ein völlig neues Radar. Das war nun völlig digitalisiert und stammte wie das ursprüngliche AWG-9 vom Hersteller Hughes. Es verfügte über erweiterte Fähigkeiten zur Erfassung von ECM-aussendenden Flug-

Beim Betrachten dieser startenden F-14 erkennt man die große Auftriebsfläche, die durch Rumpf und Tragwerk gebildet werden. Die Triebwerke liegen weit auseinander. (Foto: US Navy)

zeugen, konnte dank einer neuen Verlinkung besser Daten mit Flugzeugen der eigenen Streitkräfte austauschen und war noch leistungsfähiger. Schon das AWG-9 konnte größere Ziele wie bspw. Langstreckenbomber in einer beachtlichen Entfernung von bis zu 300 km erfassen, beim APG-71 waren es unglaubliche 700 km. Allerdings ist hierbei zu beachten, dass aufgrund des F-14-Designs inklusive Bugpartie, die Leistungsfähigkeit reduziert werden musste und die Reichweite des Radars tatsächlich 370 km betrug. Die F-14D erhielt ferner ein modernisiertes Cockpit, nutzte die schon von der F-14B bekannten Schleudersitze sowie F110-Triebwerke. Eine umgebaute F-14A diente als Prototyp und absolvierte am 23. November 1987 den Erstflug. Die erste neu gebaute F-14D flog im Februar 1990 und die ambitionierten Beschaffungspläne sahen über 300 zu fertigende Maschinen plus Umbauten vorheriger A- und B-Tomcats vor. Aus finanziellen Gründen strich die Navy mehrmals die gewünschten Stückzahlen zusammen und zum Schluss entstanden lediglich 37 neue sowie 18 umgebaute F-14D. Vier Staffeln wurden mit dieser Baureihe ausgerüstet und eine erste Einsatzfahrt folgte 1994 auf der USS Carl Vinson. In den 1990er-Jahren führten Budgetkürzungen außerdem zur Auflösung von mindestens einem Dutzend Tomcat-Staffeln, sodass die meisten Trägergeschwader nur noch eine Einsatzstaffel mit dem Schwenkflügler besaßen und auf ihren Einsatzfahrten mitnahmen. Gefragt war inzwischen eine höhere Flexibilität und am besten eine Mehrzweckrolle. So gab es im gleichen Zeitraum neben lebensverlängernden Maßnahmen für 7200 statt zuvor 6000 Flugstunden auch kleinere Modernisierungen und Anpassungen. Eine F-14 der Staffel VF-103 warf versuchsweise im März 1995 erstmals lasergelenkte Bomben ab, zwei Maschinen von VF-41 ließen im September Einsätze mit Laserlenkbomben über Bosnien folgen. Damit kündigte sich die neue Einsatzrolle als sogenannte Bombcat an, ab Juni 1996 begann in diesem Zusammenhang die Auslieferung von LANTIRN-Zielbehältern an die US-Marine und speziell an die F-14-Verbände.

Ein anderer Behälter war inzwischen zu einer weiteren wichtigen Komponente der F-14 geworden, wobei es sich um den für Aufklärungsaufgaben konzipierten TARPS (Tactical Airborne Reconnaissance Pod System) handelt. Mit Kameras und Infrarotsensor war er besonders für Einsätze in niedrigen und mittleren Flughöhen geeignet und erreichte die ersten Tomcats ab 1981. Vorgesehen war, mehrere Maschinen einer Staffel in jedem Trägergeschwader damit auszustatten, was bis auf wenige Ausnahmen nach der entsprechenden Verkabelung auch gelang. Häufig wurden diese Flugzeuge als F-14A/TARPS bezeichnet, später erhielten F-14B und D ebenfalls Vorrichtungen zur Mitnahme des Aufklärungsbehälters und leisteten damit in mehreren Konflikten wertvolle Aufgaben.

Im Dienst der US Navy hatten die Tomcats allein in den ersten 20 Einsatzjahren 1,6 Millionen Flugstunden absolviert und anderenorts konnte der einzige Exportkunde Iran ebenfalls reichlich Erfahrungen mit dem Kampfjet sammeln. Anfang 1976 waren die ersten F-14A bei der iranischen Luftwaffe angekommen und wurden nachfolgend Teil von fünf Einsatzstaffeln. Sie unterschieden sich nur geringfügig von den amerikanischen Ma-

Die Tragflächen dieser F-14D besitzen mit 68 Grad den höchsten Pfeilwinkel und können das Flugzeug auf Überschallgeschwindigkeit beschleunigen. Dank der Luftfeuchtigkeit entstehen beeindruckende Wirbel an der Vorderkante. (Foto: Scott Rathbone)

schinen. So besaß das AWG-9-Radar in den iranischen F-14 langsamere Computerprozessoren, die ECM-Ausrüstung war leicht abgespeckt und die Freund-Feind-Erkennungsanlage verfügte über eingeschränkte Fähigkeiten. Trotz dessen blieben es leistungsstarke Kampfflugzeuge, die dabei halfen, Aufklärungsflüge sowjetischer MiG-25 über iranischem Territorium einzudämmen sowie im langjährigen Krieg mit Irak mehr als nur Achtungserfolge zu erzielen. Von den 80 bestellten F-14A verblieb ein Exemplar für weiterführende Tests und Modifikationen in den Vereinigten Staaten, außerdem wurden bis zur islamischen Revolution 1979 nur 284 von 714 Phoenix-Luftkampfraketen geliefert. Mit der Absetzung des Schahs gerieten zugleich zahlreiche Piloten, einschließlich F-14-Crews der vormals imperialen Luftwaffe, in Misskredit und viele von ihnen wurden inhaftiert. Das änderte sich mit dem irakischen Angriff im September 1980. Nun mussten die frei gelassenen Crews ihr Bestes geben und erzielten tatsächlich eine hohe Abschussrate, nicht zuletzt mit der leistungsstarken Phoenix. Andererseits gab es (offiziell) keine technische Unterstützung mehr aus den USA, die Einsatzfähigkeit der iranischen Maschinen sank zusehends und erreichte Mitte der 1980er-Jahre wohl ihren Tiefststand. So begann man offenbar einige F-14 als Ersatzteilspender zu nutzen sowie Ersatzteile selbst herzustellen. Hinzu kamen Versuche, verschiedene ausländische und selbst entwickelte Waffen anzupassen. Selbst die Fla-Rakete Hawk wurde zur Luftkampfrakete Sejil modifiziert und an mehreren iranischen Tomcats gesehen. Zum anderen wurde die Phoenix selbst zur Ausgangsbasis der Luftkampfrakete Fakour-90 sowie der lasergelenkten Luft-Boden-Angriffswaffen Sattar 1 und 2. Aufwendige Überholungsarbeiten wurden von der einheimischen Industrie bewerkstelligt und verhalfen dazu, dass die F-14 noch immer die leistungsfähigsten Jagdflugzeuge im Bestand der iranischen Luftwaffe darstellen.

Bei der US Navy war die Tomcat im Laufe der letzten Einsatzjahre zu einem echten Mehrzweckkampfflugzeug geworden, diente nicht nur als Jäger, sondern übernahm zusätzlich Aufgaben zur Fliegerleitung, Aufklärung sowie zur Bekämpfung von Bodenzielen. Mit dem LANTIRN-Behälter konnte sie selbst für andere Flugzeuge Ziele ausfindig machen und markieren. Potenter denn je, wuchs aber auch der Wartungs- und damit zugleich Kostenaufwand. Bis zu 60 h am Boden waren zum Schluss für eine Flugstunde nötig. Die F-14 galt nicht nur für die Techniker am Boden als anspruchsvoll, gleichermaßen war ein hartes Training zur Beherrschung des Flugzeugs nötig. Eine Schulversion gab es wie auch eine Doppelsteuerung nicht, sodass angehende Piloten nach dem Training am Simulator zunächst selbstständige Übungsflüge mit einem Instrukteur auf dem hinteren Sitz unternahmen. Natürlich hatte die Tomcat ihre Tücken, bis heute mussten etwa 140 Exemplare wegen Havarien und Abstürzen abgeschrieben werden. Das entspricht rund 20% aller gebauten F-14. In den USA wurden Piloten im Frühjahr 2005 zum letzten Mal auf der Tomcat geschult und ein letzter Katapultstart von einer F-14D der Staffel VF-31 am 28. Juli 2006 auf der USS Theodore Roosevelt vollzogen. Die offizielle Außerdienststellung erfolgte bei der US Navy am 22. September desselben Jahres, ein letzter Flug schloss sich am 4. Oktober an.

Produktion und Serienversionen

Die Serienfertigung der F-14 erfolgte von 1972 bis 1992 im Grumman-Herstellerwerk in Calverton, Long Island, New York und ergab insgesamt 712 Flugzeuge.

F-14A, erste und zugleich meist gebaute Serienversion mit 636 Exemplaren, Lieferung ab Oktober 1972 an US Navy, ab Januar 1976 an iranische Luftwaffe als Luftüberlegenheits- und Abfangjäger, TF30-P-412- und -414-Triebwerke, AWG-9-Radar, ausfahrbare Vorflügel in der Tragwerkswurzel, Außerdienststellung bei US Navy 2004

Die Tomcat von unten. Die langgezogenen Triebwerksschächte samt keilförmigen Lufteinlässen oder auch der Fanghaken unter dem Heck sind gut zu erkennen. (Foto: Scott Rathbone)

Vorderes Cockpit der F-14A. (Foto: NASA)

F-14B, Bezeichnung zweimal vergeben – für ein Erprobungsmuster 1973 sowie eine verbesserte Einsatzversion, Erstflug Serienvariante 29. September 1986, Bau (zunächst als F-14+) von 38 neuen Flugzeugen und Umrüstung von 47 vorherigen F-14A, F110-GE-400-Triebwerke, AWG-15-Radar, verbesserte Warn- und Störsysteme, neue Schleudersitze, LANTIRN-Behälter und Lenkbomben, Indienststellung April 1988

F-14C, frühzeitig geplante, aber gecancelte Version als Jagdbomber mit primär ausgerichteter Luft-Boden-Angriffsfähigkeit

F-14D, manchmal auch als Super Tomcat bezeichnete finale Serienversion, Erstflug 23. November 1987, Umrüstung von zwei F-14A zu Prototypen und 18 F-14A zu F-14D-Serienflugzeugen plus 37 neue Exemplare, Lieferung ab 1990, F110-GE-400-Triebwerke, APG-71-Radar und weitere Avionikupgrades, GPS, Außerdienststellung September 2006

F-14 TARPS, über 50 F-14A nachgerüstet und sämtliche F-14B und D ab Werk vorkonfiguriert zur Mitnahme der TARPS-Aufklärungsbehälter, Diensteinführung 1981

F-14 Bombcat, keine Neubauten, Serienflugzeuge mit verbesserten Kapazitäten zu Präzisionsangriffen mit LANTIRN-Behälter ab 1995

Aufbau, Ausstattung und Bewaffnung

Bei der Herstellung der F-14 Tomcat machte mit 25% Titan einen erheblichen Anteil aus und gelangte bspw. auch bei den starren Flügelkästen, den Schwenkgelenken sowie den Teflon-beschichteten Schwenklagern zur Anwendung. Weiterhin wurden vor allem Aluminiumlegierungen und Stahl sowie ein gewisser Prozentsatz Verbundwerkstoffe genutzt. Zum Verstellen der in Schulterdeckerbauweise angeordneten Tragflächen verwendete man erstmals ein automatisches System, das mit dem Flugdatenrechner den Schwenkvorgang gemäß dem jeweiligen Flugregime ermittelte und vom sogenannten Mach Sweep Programmer vorgenommen wurde. Der Schwenkbereich von 20 bis 68 Grad konnte dabei innerhalb von etwa sieben Sekunden ausgeführt werden, der Pilot konnte in Notfällen manuell eingreifen oder bei 55 Grad eine Festeinstellung vornehmen. Am Boden bzw. auf dem Deck von Trägerschiffen ließen sich die Tragflächen zur Platzsparenden Unterbringung sogar bis zu 75 Grad zurückschwenken. Die Tragflächen selbst besaßen auf der Oberseite Störklappen, ausfahrbare Vorflügel vorn sowie hinten dreigeteilte Landeklappen, deren äußere Segmente im Unterschallbereich auch als Querruder funktionierten. Bei der F-14A gab es zudem im starren Flügelkasten Vorflügel, die sich während des Überschallfluges automatisch bis zu 15 Grad herausschoben und so der Verlagerung des Druckpunktes entgegenwirkten und das Flugzeug in der Nickebene stabilisierten. Sie waren auch einem höheren Auftrieb sowie Flügen mit extremen Kurvenradien dienlich, doch wurde das komplizierte System aus Kostengründen in den 1980er-Jahren stillgelegt und nicht mehr verwendet. Die B- und D-Baureihen verfügten erst gar nicht über diese Vorflügel und sparten damit Gewicht ein. Bei geringer Flügelpfeilung sorgten am Rumpf installierte Luftsäcke zwischen Tragwerkshinterkante und Heck für einen bündigen Abschluss und wurden hierzu mit abgezapfter Triebwerksluft aufgeblasen. Mit zunehmender Flügelpfeilung schoben sich die Tragflächen über die Luftsäcke, oft war hier ein deutlicher Abrieb zu erkennen. Die Höhenflossen der Tomcat sind voll beweglich, auf den Triebwerksschächten am Heck befinden sich zwei Seitenleitwerke und darunter zwei Stabilisierungsflossen. Ebenfalls am Heck, zwischen den Triebwerken, wurden oben eine größere und unten zwei kleinere, aufstellbare Bremsklappen platziert,

In diesen beiden Aufnahmen sind die Luftsäcke gut zu sehen, die bei geringem Pfeilwinkel den Übergang von Rumpf und Tragwerk verschließen. (Fotos: Alexander Golz)

unten gibt es zudem den klappbaren Fanghaken für Deckslandungen. Die seitlichen, auffällig schräg gestellten Lufteinlässe wurden verstellbar ausgelegt, die Einlauframpen rechnergesteuert. Sie versorgen zwei Strahltriebwerke, zuerst Pratt & Whitney TF30-P-412 und -P-412A, ab 1983 TF30-P-414 mit gleicher Leistung und bei den F-14B und D die stärkeren vom Typ General Electric F110-GE-400. Per Einpunktbetankung zugeführt, standen insgesamt 9028 l interner Kraftstoff in fünf Tanks zur Verfügung und konnten durch zwei 1010-l-Zusatzbehälter oder durch Luftbetankung ergänzt werden. Unter dem Rumpfbug gab es eine gut sichtbare Verkleidung, die je nach Ausführung ECM-Antenne, Infrarotsensor oder TV-Sucher oder eine Kombination aus diesen beherbergte. Das einziehbare Fahrwerk verfügt über ein doppelt bereiftes Bugrad, während die Hauptbaugruppen je einfach bereift sind. Pilot und Waffensystemoffizier sitzen hintereinander in einer druckbelüfteten Kabine, wobei zunächst Martin-Baker-Schleudersitze GRU-9A mit Null-Null-Kapazität, ab der F-14B MB-14 NACES und wiederum vom selben Hersteller verwendet wurden. Die Cockpithaube ließ sich als Ganzes öffnen, die Frontscheibe war gepanzert. Im Cockpit, dass während der Einsatzzeit bei der US Navy einige Modernisierungen erfuhr, verfügten beide Crewmitglieder über generell gut arrangierte Instrumente, auch über Bildschirme und Head-Up-Display. Zum Schluss fehlte es aber an einer Digitalisierung, wie man sie in modernen, sogenannten Glas-Cockpits findet und der Arbeitsaufwand fiel dementsprechend aus. Die Tomact war überhaupt eines der letzten US-Kampfflugzeuge ohne Fly-By-Wire-Steuerung.

Die Avionik der F-14 besteht auszugsweise (in Klammern jeweilige Baureihe) aus:

Navigations- und Puls-Doppler-Feuerleitradar AN/AWG-9 (**F-14A**), AN/AWG-15 (**F-14B**), AN/APG-71 (**F-14D**)

Trägheitsnavigationsanlage AN/ASN-92 (**F-14A**, **B**), AN/ASN-139 (**F-14D**)

Für eine bessere Stabilität in der Nickebene oder auch zum Fliegen extremer Kurven haben sich bei dieser F-14A kleine Stabilisierungsflügel aus der starren Tragwerkswurzel herausgeschoben. Diese wurden allerdings aus Kostengründen in den 1980er-Jahren stillgelegt. (Foto: National Museum of Naval Aviation Pensacola)

GPS EGI-GPS (**F-14B**), AN/ASN-163 (**F-14D**)

Taktische Navigationshilfe (TACAN) AN/ARN-84 (**F-14A**, **B**), AN/ARN-118 (**F-14D**)

Radarwarnempfänger AN/ALR-67 (**F-14B**, **D**)

Warnempfänger AN/APR-25

Raketenwarngerät AN/APR-27 (**F-14A**)

Freund-Feind-Erkennungsgeräte AN/APX-72 (**F-14A**, **B**), AN/APX-81M1E (iran. **F-14A**), AN/APX-82A (**F-14D**), AN/APX-100 (**F-14D**)

Funkkommunikation AN/ARC-51A, AN/ARC-159 (**F-14A**), AN/ARC-182 (**F-14B**, **D**)

Infrarotzielsensor AN/ALR-23 (**F-14A**), AN/AAS-42 (**F-14D**)

An Bord eines Trägerschiffes wird die M61-Bordkanone einer F-14 aufmunitioniert. (Foto: US Navy)

TV-Ziel- und Erkennungssystem AN/AXX-1 (**F-14A**, **B**, **D**)
Zielgeräte / -behälter AN/AAQ-25 LANTIRN (**F-14B**, **D**)
Störanlagen / -behälter AN/ALQ-100, AN/ALQ-126 (**F-14A**, **B**), AN/ALQ-165 (**F-14B**, **D**), AN/ALQ-167 (**F-14A**, **B**)
Aufklärungsgeräte / -behälter TARPS mit Infrarotscanner AAD-5, Kamera KA-99 oder KA-93, Kamera KS-87B oder KS-153T (**F-14A**, **B**, **D**)
Täuschkörperwerfer AN/ALE-39 (**F-14A**, **B**), AN/ALE-47 (**F-14D**)
Alle Versionen der Tomcat erhielten eine fest installierte, sechsläufige 20-mm-Bordkanone M61A1 Vulcan mit 675 Schuss Munitionsvorrat. Für externe Lasten wie Zusatztanks, Aufklärungs- und Zielbehälter sowie Waffen standen normal sechs Aufhängepunkte zur Verfügung, vier unter dem Rumpf, zwei unter dem starren Tragwerkssegment. Letztere konnten mit Mehrfachträgern die Anzahl an Waffen erhöhen. Die maximale Waffenlast beträgt 6577 kg.

Die Bewaffnungsmöglichkeiten bestehen aus:
Luft-Luft-Lenkraketen AIM-7E, F, M Sparrow, AIM-9G, H, L, M Sidewinder, AIM-54A, B, C Phoenix (alle), R-73 (iran. **F-14**), AIM-23 Sejil (iran. **F-14**), Fakour-90 (iran. **F-14**)
Sprengbomben Mk82, 83, 84 (**alle**)
Lasergelenkte Bomben GBU-10, -12, -16, -24 (**F-14B**, **D**), Sattar (iran. **F-14**)
GPS-gesteuerte JDAM-Bomben GBU-31, -38 (**F-14B**, **D**)
Clusterbomben CBU-59 Rockeye II (**F-14B**, **D**)

Die radargelenkte, Mach 5 schnelle Luft-Luft-Lenkrakete AIM-54 Phoenix gehörte zu den leistungsfähigsten Luftkampfraketen weltweit und konnte nur von der F-14 eingesetzt werden. (Foto: National Museum of Naval Aviation Pensacola)

Die Wartung der Tomcat war anspruchsvoll und mitverantwortlich für hohe Betriebskosten. (Foto: Philip Stevens)

Sechs der weitreichenden Phoenix-Lenkraketen sind hier an einer F-14B zu sehen, doch fand diese Konfiguration in Wirklichkeit keine Anwendung im regulären Einsatz. (Foto: US Navy)

Diese F-14D der Staffel VF-31 trägt eine Sidewinder-Rakete, darunter einen LANTIRN-Behälter für Luft-Boden-Einsätze. Das Gehäuse unter dem Rumpfbug nimmt nebeneinander Infrarotsensor und TV-Kamera auf. (Foto: Alexander Golz)

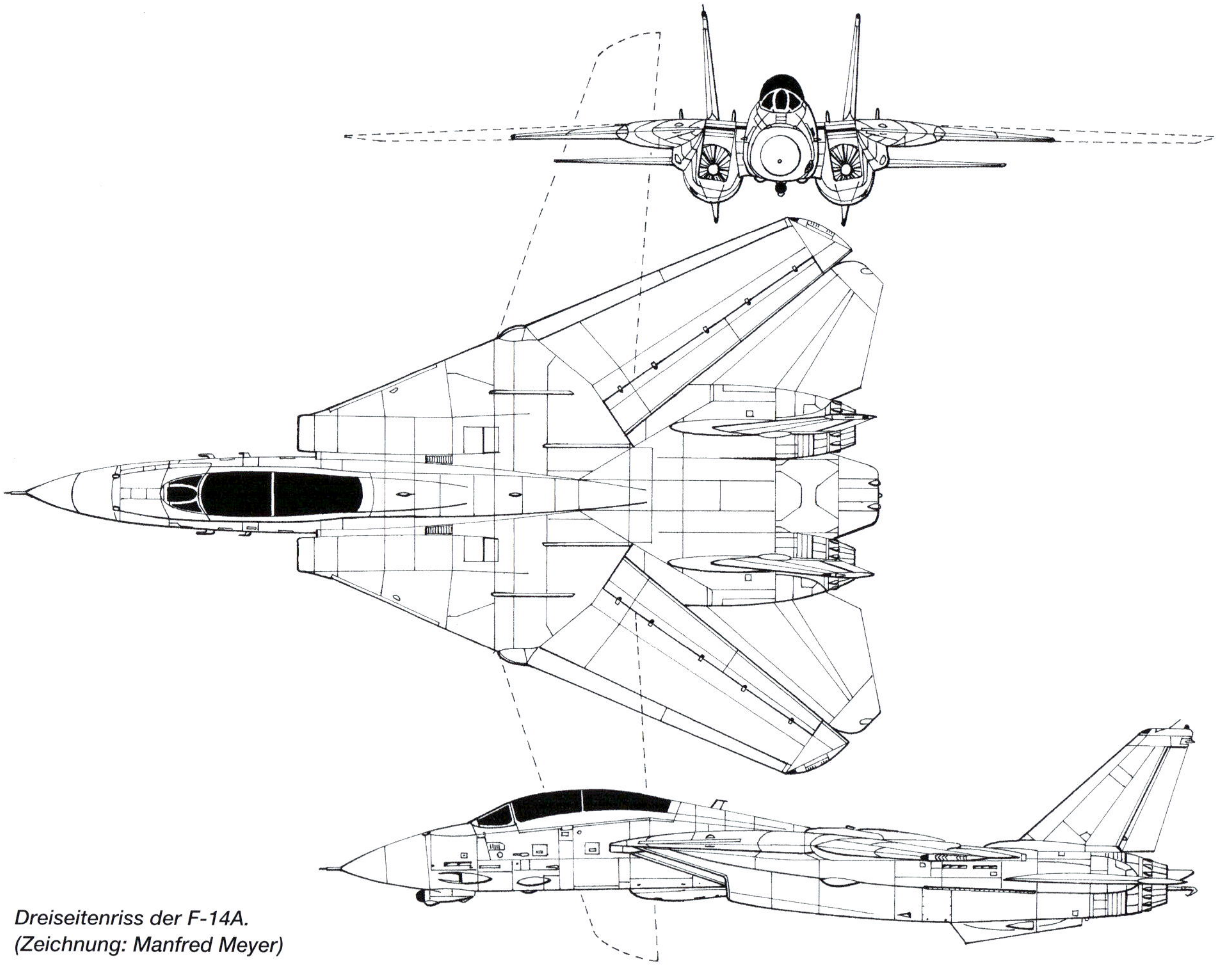

Dreiseitenriss der F-14A.
(Zeichnung: Manfred Meyer)

Typ	F-14A	F-14D
Verwendung	Jäger	Jäger / Jagdbomber
Besatzung	2	2
Triebwerk	zwei Pratt & Whitney TF30-P-412A mit je 92,9 kN mit Nachbrenner	zwei General Electric F110-GE-400 mit je 102,75 kN mit Nachbrenner
Spannweite (m)	11,65-19,54	11,65-19,54
Länge (m)	19,10	19,10
Höhe (m)	4,88	4,88
Flügelfläche (m²)	52,49	52,49
Leermasse (kg)	18.191	18.950
Startmasse max. (kg)	33.724	33.724
Höchstgeschwindigkeit (km/h)	2517	2517
Steiggeschwindigkeit (m/s)	165	229
Landegeschwindigkeit (km/h)	245	250
Startstrecke (m)	395	400
Landestrecke (m)	825	825
Dienstgipfelhöhe (m)	16.150	15.250
Reichweite (km)	3220 mit Zusatztanks	3000 mit Zusatztanks
Bewaffnung	eine sechsläufige 20-mm-MK sowie bis 6577 kg Raketen, Bomben	eine sechsläufige 20-mm-MK sowie bis 6577 kg Raketen, Bomben

Nutzer der F-14

Entwicklung, Bau und Einführung der F-14 in den Dienst der US Navy verliefen recht zügig, bereits zwei Jahre nach dem Erstflug des Prototyps hatte die Umschulungsstaffel VF-124 in Miramar im Oktober 1972 die ersten Exemplare des Jägers erhalten und begann im darauffolgenden Frühjahr mit dem ersten Lehrgang. Ein Jahr später vermeldeten die ersten operationellen Einheiten VF-1 und VF-2 die Vollzähligkeit ihrer Staffeln mit dem neuen Jäger und stachen im September 1974 an Bord der USS Enterprise als Teil des Trägergeschwaders CVW-14 in See. Von San Diego aus ging es in den Pazifik und zum Schluss ins Südchinesische Meer, um im April 1975 Luftraumüberwachung während der Operation „Frequent Wind" zur Evakuierung der Amerikaner aus Saigon zu fliegen. Ebenfalls im April 1975 hatten die Staffeln VF-142 und VF-143 die Umschulung auf die Tomcat abgeschlossen und fuhren von Norfolk, Virginia aus mit der USS America ins Mittelmeer. Auch ihre Aufgabenstellung hieß Luftraumüberwachung und -sicherung, diesmal innerhalb der Operation „Fluid Drive" während der Evakuierung amerikanischer Zivilisten aus Beirut, Libanon im Juni 1976. Inzwischen fand die Ausbildung der Tomcat-Crews auch an der Ostküste mit der Staffel VF-101 auf der NAS Oceana, Virgina statt. Noch in den 1970er-Jahren erhielten sechs weitere Staffeln der Atlantik- sowie fünf der Pazifikflotte den Schwenkflügler und ließen gleichermaßen Einsatzfahrten auf verschiedenen Trägerschiffen folgen. Zum Schluss ihrer Karriere hatte die Tomcat weit über 200 Einsatzfahrten absolviert, die vorwiegend in den Nordatlantik, ins Mittelmeer, in die Karibik, nach Japan und ins Südchinesische Meer oder auch den Pazifik mit Hawaii als Anlaufstelle führten. Hier wurden Übungsfahrten und Manöver abgehalten und nicht zuletzt auch an mehreren Konfliktherden Einsatzflüge durchgeführt. Mit der Geiselaffäre im Iran 1979 und dem Beginn des Krieges zwischen Irak und Iran ab 1980 flogen VF-51 und VF-111 von der USS Kitty Hawk, VF-41 und VF-84 von der USS Nimitz sowie VF-142 und VF-143 von der USS Dwight D. Eisenhower aus mit ihren F-14A vermehrt Patrouilleneinsätze über dem Arabischen Meer. Üblich waren je zwei F-14-Staffeln an Bord eines Flugzeugträgers. Bis 1983 hatte die US-Marine die F-4 Phantom II durch die Tomcat ersetzt, ab Oktober 1984 wurden mit VF-201 und VF-202 auf der NAS Dallas sowie VF-301 und VF-302 auf der NAS Miramar auch die ersten Navy-Reservestaffeln mit dem leistungsstarken Jäger ausgerüstet. Zudem hatten inzwischen Einsätze mit TARPS-Aufklärungsbehälter wertvolle Ergebnisse abgeliefert. Den zeitgemäßen Gefechtsanforderungen entsprechend folgten sowohl auf den Trägerschiffen als auch bei den F-14 kleinere Modernisierungen und es gab ambitionierte Vorstellungen bei der US Navy zur Beschaffung weiterentwickelter Tomcat-Varianten in großen Stückzahlen. Letztlich schraubte man die Stückzahlen drastisch zurück, um die zur Verfügung stehenden Budgets an anderen Stellen zu nutzen. Immerhin bezogen sieben Einsatzstaffeln die verbesserte F-14B, zuerst die in Miramar beheimateten VF-24 und VF-211 ab April 1989. Im Juni folgte die erste Stationierung der beiden Verbände mit ihren F-14B auf einem Flugzeugträger, der USS Nimitz. Während dieser im Nordpazifik abgehaltenen Einsatz- und zugleich Erprobungsfahrt nur einen knappen Monat andauerte, nahmen viele der Tomcat-Engagements sechs Monate und manchmal sogar mehr Zeit auf dem jeweiligen Trägerschiff in Anspruch. Die erste Einsatzfahrt der nochmals verbesserten F-14D unternahmen die Staffeln VF-11 und VF-31 auf der USS Carl Vinson, die von Februar bis August 1994 ganze sechs Monate andauerte und dabei über den westlichen Pazifik, den Indischen Ozean bis in den Persischen Golf führte. Bis dahin war die F-14 immer noch der ultimative Abfangjäger der amerikanischen Flugzeugträgerverbände, während für Luft-Boden-Angriffe bisher vor allem die A-6 Intruder und A-7 Corsair II zuständig waren, aber

Eine F-14D von VF-31 im Steigflug. Sie gehörte zu den letzten Einsatzmaschinen, nahm an der letzten Einsatzfahrt an Bord der USS Theodore Roosevelt teil und beendete 2006 ihren Dienst. (Foto: Scott Rathbone)

Die zur Staffel VF-103 gehörenden F-14B flogen im Jahr 2004 ihre letzten Kampfeinsätze über dem Irak. Mit der Heimkehr des Trägerschiffes USS John F. Kennedy erfolgte zum Jahresende die Außerdienststellung des Schenkflüglers bei diesem Verband. (Foto: Scott Rathbone)

Landeanflug einer Tomcat von VF-31 während der letzten Einsatzfahrt an Bord der USS Theodore Rossevelt 2006. (Foto: Philip Stevens)

VF-213 war die vorletzte Einsatzstaffel der Tomcat, hier eine schön lackierte F-14D des Trägergeschwaders CVW-8 im Anflug auf die USS Theodore Roosevelt im November 2005. (Foto: US Navy)

zunehmend von dem Mehrzweckmuster F/A-18 Hornet verdrängt wurden. Zwischenzeitlich war die F-14 allerdings in der Luft-Boden-Angriffsrolle als Bombcat zur Einsatzreife gelangt und demonstrierte dank dem LANTIRN-Zielbehälter hohe Trefferquoten. Doch die Hornet und gerade auch die größere Super Hornet entsprachen mit ihrer Mehrzweckfähigkeit, ihren technologischen Neuerungen und letztlich den geringeren Betriebskosten den Anforderungen der US Navy und schneller als ursprünglich geplant, setzte die Ausmusterung der F-14 ein. Nach den F-14A wurden auch die moderneren Flugzeuge der B- und D-Baureihe endgültig bis September 2006 aus dem Dienst genommen.

Der einzige Exportkunde der Tomcat war der Iran, der 1974 in zwei Losen insgesamt 80 Exemplare bestellte. Bis auf eine Maschine, waren diese bis Mitte 1978 ausgeliefert und formten nachfolgend mehrere Staffeln auf den Luftwaffenstützpunkten Khatami und Shiraz. Mit der islamischen Revolution 1979 verblieb die 80. F-14A wie auch der Großteil der bestellten Phoenix-Raketen in den USA, der technische Support wurde eingestellt und die Verfügbarkeitsrate der Flugzeuge verringerte sich für mehrere Jahre kontinuierlich. Das stand auch mit dem zermürbenden Krieg gegen den Irak in Zusammenhang, in dem die iranischen Crews allerdings hervorragende Ergebnisse ablieferten. Zusätzlich wurden die iranischen Tomcats frühzeitig zur Mitnahme von Bomben modifiziert und im Laufe der Jahre an weitere, teils einheimische Waffen angepasst. Durch die Embargo-Politik auf sich gestellt, stellten iranische Betriebe offenbar selbst Ersatzteile her, überholten und modernisierten zahlreiche Exemplare und verfügen heutzutage noch immer über etwa zwei Dutzend einsatzbereite Flugzeuge. Sie sind Bestandteil von vermutlich drei operationellen Staffeln und allesamt in Esfahan konzentriert.

Kampfeinsätze

Noch vor den Amerikanern konnten iranische Tomcat-Crews erste Abschüsse gegnerischer Flugzeuge für sich verbuchen.

Während ihrer Einsatzfahrten liefen die Trägerschiffe der US Navy weltweit verschiedene Destinationen an, für Nachschub, Besatzungswechsel oder auch gemeinsame Übungen. Diese F-14A von VF-24 parkt im September 1977 auf der Misawa Air Base in Japan. (Foto: Akira Watanabe)

F-14 von VF-31 und VF-213 auf dem Flugdeck der USS Theodore Roosevelt. Auf den Leitwerksflossen der beiden Maschinen von VF-31 ist das Staffelmaskottchen „Felix the Cat“ mit zündelnder Bombe aufgetragen. (Foto: Philip Stevens)

Einsatzstaffeln (Auswahl)

USA

VF-1, 2, 11, 14, 21, 24, 31, 32, 33, 41, 51, 74, 84, 101, 102, 103, 111, 114, 124, 142, 143, 154, 191, 194, 201, 202, 211, 213, 301, 302

Iran

TFS 71, 72, 73, 81, 82, 83

Im Jahr 2002 gehören diese beiden F-14 zur Staffel VF-103, die den Zusatznamen „Jolly Rogers“ von der Staffel VF-84 nach deren Deaktivierung 1995 übernahm. In späteren Einsatzjahren und bis heute waren die Flugzeuge der US-Marine nicht mehr so farbenfroh gestaltet. (Foto: US Navy)

Sie hatten die überhaupt meisten Abschüsse durch die F-14 zu verzeichnen und der iranische Major Jalil Zandi gilt mit mindestens neun bestätigten Luftsiegen als der weltweit erfolgreichste. Ganz offensichtlich funktionierten hier das Zusammenspiel Besatzung-Radar-Lenkrakete gut, insbesondere mit der Phoenix konnten schon aus großer Distanz Erfolge demonstriert werden. Im Nachgang sind nicht alle Abschusszahlen und die jeweiligen „Opfer“ verifizierbar, man geht grundsätzlich von 50 bis 60 tatsächlichen Luftsiegen über irakische Flugzeuge und Hubschrauber aus. Dagegen sollen sechs der Tomcats durch Unfälle und nochmal so viele durch Feindeinwirkung, etwa die Hälfte von ihnen wiederum im Luftkampf verloren gegangen sein. Noch vor Ausbruch des langjährigen Krieges mit Irak schoss eine iranische F-14 am 7. August 1980 einen irakischen Kampfhubschrauber ab, wenige Tage später gefolgt vom Luftsieg über eine MiG-23MS durch einen Piloten der 81. TFS aus Khatami. Am 22. September begann die Invasion irakischer Truppen und damit der I. Golfkrieg. Die iranischen Tomcats waren gerade als Abfangjäger bald stark gefordert, denn die irakische Luftwaffe steigerte ihre Einsätze in der Folgezeit auf 400 bis 600 pro Tag. Umstände wie keine Ausbildung und keine technische Unterstützung mehr durch die Vereinigten Staaten, viele inhaftierte F-14-Piloten und ein geringer Klarstand der Maschinen waren da natürlich hinderlich und mussten schnellstens abgeändert werden. Die F-14 flogen vermehrt Luftraumüberwachung und auch Frühwarn- und Fliegerleiteinsätze, sie sicherten ab Dezember 1980 die Ölverladeeinrichtungen von Bushehr und auf der Insel Charg aus der Luft ab oder wurden im Frühjahr 1981 zeitweilig näher an die Grenze zum Irak verlegt, um frühzeitig gegnerische Kampfflugzeuge abfangen zu können. Im Sommer 1982 flogen Maschinen der 72. TFS Rund-um-die-Uhr-Patrouillen über der Hauptstadt Teheran und hatten bis dahin schon einige Luftsiege errungen. Zum Jahresende 1981 waren noch etwa 60 F-14 einsatzbereit, doch ihre Zahl sank zusehends und betrug 1986 nur noch etwa 20. Etwa zur selben Zeit begann über inoffizielle Kanäle der Zulauf dringend benötigter Ersatzteile aus den USA und erhöhte bald die Verfügbarkeit auf 30 bis 35 Tomcat. Sie waren inzwischen auch mehrmals über die Mach 3 schnelle MiG-25, über Mirage F1, Su-20 / 22 oder mindestens ein bis zweimal über Langstreckenbomber Tu-22 siegreich gewesen. Ausgerechnet zum eingeläuteten Ende des Krieges, traf es am 19. Juli 1988 allerdings nochmal zwei F-14, als sie von irakischen Mirage F1, manchen Quellen zufolge MiG-29, abgeschossen wurden.

Die 1980er-Jahre waren von Spannungen zwischen Libyen und den USA geprägt, die sich immer wieder gefährlich aufheizten. Es gab zahlreiche Begegnungen zwischen Kampfflugzeugen beider Staaten, häufig auch F-14, die der 6. US-Flotte zugeteilt waren und deren Schutz sie vor Bedrohungen aus der Luft übernahmen. Im August 1981 kamen sich libysche und amerikanische Kampfjets mehrmals gefährlich nahe, als

Noch immer gehören die iranischen F-14A zu den leistungsfähigsten Kampfjets der einheimischen Luftwaffe. (Foto: Alexander Golz)

Fotografiert auf der Kish Airshow 2018, ist hier eine weitere F-14A der iranischen Luftwaffe zu sehen. (Foto: Alexander Golz)

in der Großen Sirte ein Manöver der US-Trägerkampfgruppen stattfand. Beschatten, Begleiten, Provozieren gehörten zum üblichen Austesten des Gegners und dessen Verteidigungsstrategie. Am 19. August trafen zwei libysche Su-22 und zwei F-14 der Staffel VF-41 aufeinander. Letztere gehörten zum Trägergeschwader CVW-8 der USS Nimitz. Die Su-22 sind Jagdbomber und inklusive fehlendem Radarequipment für manöverreiche Luftkämpfe ungeeignet, sodass der Feuerbefehl einer libyschen Bodenstation wohl als übermütig eingeschätzt werden kann. Beide Su-22 wurden Opfer der von den F-14 gestarteten Sidewinder. Für die Amerikaner waren es die ersten eigenen Luftsiege mit der F-14 und die ersten seit dem Vietnamkrieg. Danach folgten hauptsächlich Überwachungs- und Aufklärungsflüge, auch unter Zuhilfenahme der TARPS-Behälter, die amerikanische Tomcats über dem Libanon, über Somalia oder Grenada durchführten. Zum Abschluss der Dekade gelangen am 4. Januar 1989 zwei F-14A des auf der USS John F. Kennedy stationierten Trägergeschwaders CVW-3 noch zwei Abschüsse libyscher Kampfjets. Diesmal handelte es sich um MiG-23MF, die von einer Sidewinder sowie einer Sparrow getroffen wurden.

Jahrelange Spannungen und der Kampf ums Rohöl führten in Nahost zu einem weiteren Krieg. Irak hatte im August 1990 Kuwait besetzt und war trotz UNO-Resolutionen nicht zum Rückzug bereit. So begann unter Führung der USA ein gewaltiger Truppenaufmarsch am Persischen Golf, die Operation „Desert Shield". Darunter befanden sich auch sieben US-Flugzeugträger mit 14 Tomcat-Staffeln. Vier der Staffeln verließen noch 1990 mit zwei Trägerschiffen den Konfliktherd, die anderen verblieben mit annähernd 100 F-14 im Persischen Golf sowie im Roten Meer. Davon hatte das CVW-17 ausschließlich F-14B an Bord, den Rest machten Flugzeuge der A-Baureihe aus. Mit der am 17. Januar 1991 eingeleiteten Operation „Desert Storm" begannen die Kampfhandlungen, die Tomcats flogen Begleitschutz für angreifende Verbände, Patrouillen sowie 780 TARPS-Aufklärungsmissionen. Sie kamen auf insgesamt 4124 Einsätze während des Konflikts, eine F-14B von VF-103 wurde dabei am 21. Januar von einer irakischen Luftabwehrrakete zerstört. Einer anderen Maschine schreibt man dagegen den Abschuss eines irakischen Mi-8-Hubschraubers zu. Nachfolgend waren F-14 der US Navy an der Überwachung der sogenannten Flugverbotszonen über dem Irak beteiligt und spielten auch bei der Operation „Desert Fox" im Dezember 1998 eine Rolle. F-14B von VF-32 kamen von der USS Enterprise und F-14D von VF-213 von der USS Carl Vinson aus zum Einsatz, übernahmen wiederum die Luftraumüberwachung, TARPS-Aufklärungsflüge sowie als Bombcat und im Zusammenspiel mit LANTIRN-Behältern Attacken mit Laserlenkbomben auf irakische Militärobjekte.

Ebenfalls in den 1990er-Jahren waren Tomcats bei den „Deny Flight"-Überwachungsflügen über dem Balkan beteiligt und bekämpften während des Kosovo-Krieges 1999 Hunderte jugoslawische Ziele. Hier verwendeten die Flugzeuge von VF-14 und VF-41 rund 350 lasergelenkte sowie andere Bomben und trafen damit 85% der ausgemachten Ziele. Des Weiteren übernahmen sie vom Trägerschiff, der USS Theodore Roosevelt aus etwa 50% aller Fliegerleitmissionen.

Amerikanische Tomcats absolvierten auch Einsätze innerhalb der Operation „Enduring Freedom" über Afghanistan, zuerst ab 30. September 2001 Aufklärungsflüge über dem Süden des von den Taliban kontrollierten Landes. Es folgten Überwachungs- und Begleitschutzeinsätze und am 7. Oktober starteten F-14A und F-14D von den Trägerschiffen Enterprise und Carl Vinson aus zu den ersten, mit Lenkbomben durchgeführten Angriffen auf militärische Ziele. Im November realisierten F-14D von der USS Theodore Roosevelt aus weitere Attacken mit konventionellen Spreng- sowie Lenkbomben der GBU-Serie. Seit 1998 hatte es zudem immer wieder sporadische Angriffe auf irakische Luftabwehrstellungen gegeben, an denen wiederholt F-14B und D beteiligt waren. Das intensivierte sich mit dem erneuten Waffengang gegen Irak 2003, auch als Operation „Iraqi Freedom" bekannt. Hierbei waren fünf Trägerschiffe mit fünf Tomcat-Staffeln beteiligt, je eine mit F-14A und B und der Rest mit F-14D. Eine F-14D warf dann am 11. März 2003 erstmals GPS-gesteuerte JDAM-Bomben GBU-31 ab. Bis Dezember waren es schließlich über 1400 Bomben, die in 1827 Einsätzen von F-14 abgeworfen wurden und hauptsächlich militärischen Punktzielen galten. Später übernahmen die Flugzeuge zunehmend Fliegerleit- sowie Aufklärungsmissionen und markierten Ziele für andere Kampfjets. Während dieser Einsätze stürzte im April eine F-14A von VF-154 wegen Kraftstoffmangel ab. Im Rotationsprinzip lösten sich dann Flugzeugträger und Tomcat-Verbände ab und waren damit weiterhin präsent. Letztmalig brachen F-14D von VF-31 und VF-213 an Bord der USS Theodore Roosevelt im Oktober 2005 in die Konfliktregion auf und beide Staffeln absolvierten während der letzten Einsatzfahrt mit den Schwenkflügelflugzeugen insgesamt 1163 Einsätze. Die letzten Kampfeinsätze realisierten dabei Maschinen von VF-213 im Februar 2006.

Ganz oben ist eine F-14A der Staffel VF-41 dargestellt, wo der Übergang auf den Schwenkflügler 1976 und im Folgejahr eine erste Einsatzfahrt auf der USS Nimitz erfolgte. Das Flugzeug ist mit Sidewinder- sowie AMRAAM-Luftkampfraketen abgebildet, letztere wurde aber nur von der Tomcat erprobt. Mit Sondermarkierungen zum 200. Jahrestag der USA 1976 ist die F-14A von VF-124 darunter ausstaffiert. Als nächstes eine farbenprächtige F-14A von VF-84 mit Raketenbewaffnung inklusive Phoenix unter dem Rumpf. Die vierte Ansicht zeigt eine iranische F-14A in dem jüngeren blau-grauen Tarnanstrich, während ganz unten eine seinerzeit in Khatami stationierte Maschine im älteren Asia-Minor-Schema mit Sidewinder- und Phoenix-Lenkraketen zu sehen ist. (Grafik: Srecko Bradic)

Panavia Tornado

Der Tornado wurde zum Inbegriff eines Mehrzweckkampfflugzeugs und stellt noch immer ein schlagkräftiges Instrument im Bestand mehrerer Luftstreitkräfte dar. Das hat der Kampfjet verschiedenen Modernisierungsprogrammen zu verdanken, in Deutschland sind es die sogenannten ASSTA-Upgrades, die für weitere Jahre einen zeitgemäßen Einsatz gewährleisten. (Foto: Airbus)

Historie

Schon zu Beginn der 1960er-Jahre suchten mehrere NATO-Staaten nach einem neuen Überschallkampfflugzeug, dass am besten mehrere Aufgabenbereiche zugleich abdecken und ausrüstungstechnisch auf dem neuesten Stand sein sollte. Verschiedene Studien in Europa und den USA und zum Teil in Gemeinschaftsarbeit berücksichtigten dabei unterschiedliche Antriebe und Tragwerkskonzepte, Entwürfe mit Hubtriebwerken sowie Schwenkflügeln inbegriffen. Deutschland bspw. hatte in dieser Richtung einige Untersuchungen mit den amerikanischen Herstellern Boeing und Fairchild Republic angestellt, in Großbritannien konnte man letztlich auf die Erfahrungen mit dem AFVG / UKVG-Projekt zurückgreifen und verschiedene Ideen weiterentwickeln. Unter wechselnden Projektnamen hatte MRCA für Multi Role Combat Aircraft dauerhaft Bestand, dass in Gemeinschaftsarbeit von einem multinationalen Konsortium entwickelt und gebaut werden sollte. Zu Anfang waren auch Belgien, Kanada und die Niederlande beteiligt, verließen das Projekt aber mit zunehmenden Kosten. Im März 1969 wurde die gemeinsame Aktiengesellschaft Panavia gegründet und das Unternehmen offiziell in München, Deutschland aufgestellt. Zu diesem Zeitpunkt gehörte die Niederlande noch dazu, bis im Juli der Ausstieg aus dem Projekt bekannt gegeben wurde. So wurde umstrukturiert und die Beteiligung zu je 42,5% auf die Bundesrepublik Deutschland und Großbritannien sowie zu 15% auf Italien neuverteilt. Konzeptionell einigte man sich auf den Entwurf Panavia 200 mit Schwenkflügeln, zwei Strahltriebwerken und einer zweiköpfigen Crew. Das Flugzeug konnte die Tragflügel von 25 bis 67 Grad verstellen und somit verschiedene Geschwindigkeitsbereiche, einschließlich den überschallschnellen Tiefflug, aber auch kurze Start- und Landestrecken abdecken. Hierzu gelangte außerdem eine Schubumkehranlage zum Einbau. Für den Bau der Triebwerke hatte man im September 1969 die Turbo-Union in London, Großbritannien aufgestellt, an der mit jeweils 40% Rolls-Royce sowie MTU und mit 20% Fiat beteiligt waren. Weitere Gesellschaften wurden geformt, z.T. wieder aufgelöst und zum Schluss Hunderte Firmen für die Konstruktion, die Erprobung und den Bau der für das künftige Kampfflugzeug benötigten Komponenten gewonnen. Hier sollte ebenfalls modernste Technologie zum Tragen kommen, die Koordination untereinander und gerader auf internationaler Ebene stellte durchaus eine Herausforderung dar. So wurde für ein europäisches Kampfflugzeug erstmals eine digitale Fly-By-Wire-Steuerung verwendet, die elektrisch Steuerbefehle für alle möglichen Fluglagen übermittelt und bei Ausfall durch ein mechanisches System abgesichert ist. Das Radar- und Feuerleitsystem erlaubt Missionen bei Tag und Nacht und jedem Wetter, präzise Angriffsflüge ohne Sichtkontakt und Tiefflugeinsätze in nur 60 m Flughöhe. Auf diese Weise sollten hauptsächlich gegnerische Land- und Seeziele wie Flugplätze mit ihren Flugzeugen, Pisten, Sheltern und anderen Einrichtungen, Kommando- und Flugabwehrposten sowie Schiffe attackiert werden. Außerdem waren gewisse Fähigkeiten in der Luftverteidigungsrolle, zur Gefechtsfeldabriegelung sowie zur Aufklärung und elektronischen Kampfführung angedacht. Hierzu arbeitete man an der Bereitstellung einer breit gefächerten Sensor- und Waffenpalette. Ähnlich der beinah zeitgleich entstandenen F-14 Tomcat wurden für die Herstellung des MRCA neue Fertigungstechnologien entwickelt. Dazu ge-

In dieser Ansicht erscheinen die Höhenflossen recht großflächig, am Seitenleitwerk sind kleine Stabilisatoren zu erkennen. (Foto: Chris Lofting)

Schwer beladen, u.a. mit Storm-Shadow-Abstandswaffen, unternimmt dieser Jagdbomber GR.1 einen Übungs- und Kalibrierungsflug. Unter dem Bug ist eine Sensorkuppel sichtbar. (Foto: Chris Lofting)

Mehrfach verlegten deutsche Tornados für gemeinsame Übungen ins Ausland, diese Maschine des JaboG 31 startet gerade vom Militärflugplatz Montijo, Portugal. (Foto: Eric Bannwarth)

Mit vollem Nachbrennerschub startet dieser deutsche Tornado IDS, sämtliche Klappen sind ausgefahren und erhöhen den Auftrieb. (Foto: Scott Rathbone)

hörte seinerzeit das Elektronenstrahlschweißverfahren für einige Baugruppen, das beim Bau der Prototypen aber noch nicht verfügbar war und deshalb von Grumman aus den USA für die ersten beiden Versuchsmaschinen übernommen wurde. Grumman nutzte das Elektronenschweißverfahren erstmals beim Bau der F-14 und beschritt dabei wie später auch die deutsche Industrie zukunftsträchtiges Neuland inklusive der Verwendung computergesteuerter Fertigungstechniken (CNC). Deutschland übernahm vor allem die Herstellung des Rumpfmittelstücks einschließlich den aus Titan produzierten Flügelkästen, während die britische Industrie Vorder- und Hinterrumpf samt Leitwerkskomplex und Italien die Tragflügel des Flugzeugs lieferte. Konkret lagen die Fertigungsanteile am Tornado bei 47,6% in Großbritannien, zu 40% in Deutschland sowie zu 12,4% in Italien. Die Endmontage erfolgte in jedem der drei beteiligten Länder separat.

Die Teilefertigung hatte 1970 Fahrt aufgenommen, im Folgejahr liefen auch die vorgesehenen RB.199-Triebwerke auf den Prüfständen. Ein erster Prototyp sollte bis 1973 komplettiert sein und Anfang des darauffolgenden Jahres mit der Flugerprobung beginnen. Während der Prototyp bis zum Spätherbst 1973 im Wesentlichen fertig gestellt war, gab es Schwierigkeiten mit der Cockpitinstrumentierung und den Triebwerken. Diese zeigten Schwingungsprobleme mit anschließenden Schaufelbrüchen und notwendige Änderungen führten zu Verzögerungen. Mit Paul Millet und Nils Meister an Bord konnte der 33minütige Erstflug der ersten Versuchsmaschine P01 schließlich am 14. August 1974 vom deutschen Manching aus absolviert werden, wobei die Flügelstellung konstant 25 Grad betrug. Zwölf Tage später erfolgte beim zweiten Testflug der komplette Schwenkvorgang von 25 bis 67 Grad, am 12. September überschritt der Prototyp Mach 1. Noch im selben Monat wurde ein offizieller Erstflug vor Vertretern aus Politik, Militär und Wirtschaft zelebriert und erstmals für das Flugzeug der Name Tornado vorgeschlagen. Es dauerte allerdings noch bis

April 1976, bis diese Typenbezeichnung offiziell wurde. Mittlerweile waren sechs weitere Versuchsmaschinen in die Flugerprobung involviert. Für diese wurden insgesamt neun Prototypen gebaut, ein weiteres Exemplar diente als statische Bruchzelle am Boden und sechs andere, als Vorserienflugzeuge geltende Tornados unterstützten die umfangreichen Testreihen ab 1977 in der Luft. Während der Erprobung stürzten im Juni 1979 der achte Prototyp in Großbritannien und im April 1980 der vierte in Deutschland ab und führten beide Male zum Tod der zweiköpfigen Besatzung. Insgesamt wurde die Erprobung aber als recht erfolgreich bewertet, die Flugzeuge demonstrierten ausgezeichnete Flugeigenschaften und erreichten später eine hohe Zuverlässigkeit. Das stabile Flugverhalten begünstigte auch in niedrigen Flughöhen hohe Geschwindigkeiten, beachtliche 1480 km/h wurden dabei erreicht. Neu und gewöhnungsbedürftig waren für die Crews der extreme Tief- und Geländefolgeflug mit dem automatischen Tiefflugführungssystem (TFS), analog den Erfahrungen mit derartigen Anlagen bei F-111 und Su-24. Die RB.199-Turbofans erzielten ein gutes Schub-Masse-Verhältnis, einen akzeptablen Verbrauch und große Klappen erleichtern Wartung sowie Triebwerkswechsel. Jedes der beiden Dreiwellen-Aggregate kann das andere bei Ausfall wieder anlassen. Zum Anlassen der Triebwerke sowie einem eigenständigen Bodenprüflauf dient zudem eine steuerbord untergebrachte Gasturbine als Hilfsaggregat, die beim Einsatz von Behelfsflugplätzen unabhängig von Boden- und bodengestützten Prüfgeräten macht. An Bord existieren zwei unabhängige Hydrauliksysteme, zur Erleichterung der Wartungsarbeiten besteht die Außenhaut des Tornados zu 45% bzw. aus 350 Inspektionsklappen und Zugangsdeckeln. Gleichermaßen bemerkenswert war die Integration zahlreicher Waffensysteme und eine Waffenlast, die der von viermotorigen Langstreckenbombern aus dem Zweiten Weltkrieg entspricht. Im Juli 1979 hatten mit einem Tag Unterschied die erste britische und die erste deutsche Serienmaschine ihr feierliches roll-out und starteten am 10. bzw. am 27. des Monats zu ihren ersten Flügen. Im September 1981 flog auch die erste in Italien komplettierte Serienmaschine. Mit der Auslieferung der ersten Serienmaschinen genoss die Bestückung des Tri-National Tornado Training Establishments (TTTE) im britischen Cottesmore hohe Priorität. Die Einrichtung wurde von allen drei Herstellernationen von 1981 bis 1999 betrieben und konzentrierte sich auf eine standardisierte Ausbildung. Die ersten Tornados kamen ab Mitte 1980 nach Cottesmore und mit annähernd 50 Flugzeugen wurden vier Staffeln gebildet. Der erste Umschulungslehrgang begann im Januar 1981 und fünf Jahre später konnten bereits 50.000 Flugstunden bilanziert werden und mehr als 1700 Piloten und Waffensystemoffiziere hatten ihre Abschlussprüfung durchlaufen. Ebenfalls 1981 erreichten die ersten deutschen Serienexemplare auch ihren künftigen Einsatzstandort, wobei es sich um Jagel und dem dort stationierten Marinefliegergeschwader 1 (MFG 1) handelte. Die offizielle Indienststellung erfolgte im Juli 1982, die deutsche Luftwaffe folgte ein Jahr später und stellte ihre ersten Schwenkflügler 1983 beim Jagdbombergeschwader 31 (JaboG 31) auf dem Stützpunkt Nörvenich in Dienst. Die britische Royal Air Force übergab 1980 die ersten Tornados dem TTTE sowie im Folgejahr einer weiteren Umschulungseinheit. Die Tornado Weapon Conversion Unit (TWCU), ab 1984 in No 45 Sqn (Reserve) umbenannt, übernahm vor allem die Ausbildung an den Waffeneinsatzsystemen des Tornado und war auf der RAF-Basis Honington stationiert. Am selben Standort wurde im Juni 1982 mit der No IX (B) Sqn auch die erste operationelle Einheit der britischen Luftwaffe mit dem Jagdbomber aufgestellt. Auf dem

Die deutschen Marineflieger begannen noch vor der Luftwaffe mit dem operationellen Dienst des Schwenkflüglers, das MFG 2 als zweites Einsatzgeschwader ab 1986. Hier eine Maschine des Verbandes auf der Heimatbasis Eggebek und mit HARM-Lenkraketen bewaffnet. (Foto: Eric Bannwarth)

Mit hoher Geschwindigkeit fliegend, ist hier ein Tornado der italienischen Luftwaffe zu sehen. Italien begann im Spätsommer 1982 mit dem operationellen Einsatz des Typs. (Foto: Finmeccanica)

Stützpunkt Ghedi in Norditalien wurde im August 1982 die 154. Gruppo (Staffel) des 6. Stormo (Geschwaders) der erste Einsatzverband der italienischen Luftwaffe. Die Einheit gehört bis heute zur nuklearen Teilhabe der NATO und ist im Stande unter US-Kontrolle Atomwaffen einzusetzen. Analog gestaltet sich heutzutage der Einsatz des Taktischen Luftwaffengeschwaders 33 in Büchel, wo amerikanische B61-Atombomben lagern und deutsche Tornados mit diesen bestückt werden können. Die Zuführung weiterer Serienmaschinen nahm in der Folgezeit ihren Lauf, wurde aber zu Beginn der 1980er-Jahre von Fehlkalkulationen bei der Finanzierung getrübt und nachfolgend in der Bundesrepublik Deutschland bis 1984 mittels Nachtragshaushalt ausgeglichen.

Deutschland kaufte insgesamt 359, Großbritannien 398 und Italien 100 Exemplare. Weitere 120 Tornados nahm der einzige Exportkunde Saudi-Arabien ab. Die Luftwaffe des Landes erhielt auch die letzte neu gebaute Serienmaschine und die Produktion lief im September 1998 aus. Inklusive Prototypen und Vorserienmaschinen waren insgesamt 992 Exemplare entstanden – das bisher größte Programm eines von mehreren Nationen entwickelten Kampfflugzeuges. Innerhalb der Serienversionen gab es einige Unterschiede.

Hauptserienvariante war der Tornado IDS. IDS steht für Interdiction Strike und stellt praktisch den für Eindringeinsätze gedachten Jagdbomber dar. Dieser verfügt im Rumpfbug über Geländefolgeflug- sowie Bodenbilddarstellungsradar, beide miteinander gekoppelt und Angriffsflügen in Bodennähe dienlich. Unterstützt von weiteren Sensoren sind präzise Attacken auf Punktziele möglich, zum anderen war die Flächenbekämpfung etwa von Flugplatzanlagen mit entsprechenden Waffen eine weitere Einsatzoption. Sehr wirkungsvoll war z.B. der von MBB konstruierte Waffenbehälter MW-1, der 672 Minen gegen gepanzerte Ziele sowie Flug- und Fahrzeuge, 224 Startbahnzerstörer oder 4500 Minibomben oder eine Kombination aus diesen Waffen in schneller Folge ausstoßen konnte. Etwa 950 der MW-1-Einwegwaffenbehälter wurden ab 1985 für den Einsatz an deutschen und italienischen Tornados geliefert, letztlich aber schon vor Jahren außer Dienst gestellt. Ähnlich verhält es sich mit der JP233 für britische und saudi-arabische IDS-Maschinen. Zwei dieser Waffencontainer konnten mitgeführt werden, jeder nahm 30 Startbahnbomben sowie 215 Splitterminen auf und stieß diese im Tiefflug aus. Mit dem Abkommen zu Anti-Personen-Minen in Ottawa 1997 wurden sämtliche JP233 in den folgenden zwei Jahren ausgemustert.

Verschiedene Bomben sowie Lenkraketen, auch gegen Panzer und Schiffe, sind weitere, bis heute beständige Bewaffnungsmöglichkeiten und werden durch zwei fest installierte Bordkanonen ergänzt. Während die nukleare Teilhabe weiterhin die Bestückung deutscher und italienischer Tornados mit den entsprechenden Waffen ermöglicht, zählte diese Waffenart bis 1998 zum Einsatzinventar britischer Tornados. Bis dahin konnte die aus eigener Entwicklung stammende und Ende der 1960er-Jahre eingeführte Atombombe WE.177 mitgeführt werden. Von ihr gab es mehrere Versionen mit unterschiedlich starken Gefechtsladungen. Die ab 1983 in Deutschland und innerhalb der RAF Germany in Laarbruch und Brüggen stationierten Tornados nutzten die Variante WE.177C mit rund 200 kT Sprengkraft. In den Hoch-Zeiten des kalten Krieges standen in Deutschland bis zu fünf Tornados mit jeweils zwei dieser Bomben in einer 24-Stunden-Alarmbereitschaft. Mit der Außerdienststellung der WE.177 trennte sich die RAF im Jahr 1998 komplett von ihrem Atombombenarsenal.

Von Anfang an war der Tornado als Mehrzweckkampfflugzeug konzipiert und sollte auch Aufgaben in der Luftverteidigungsrolle oder als Abfangjäger übernehmen können. Besonders die Royal Air Force sah hier Bedarf, um weiträumige Gebiete und die Gewässer rund um die britischen Inseln zu überwachen. Von Regierungsseite kam im März 1976 die Zustimmung zum Bau einer speziell dafür gedachten Ausführung, die als Tornado ADV bzw. Air Defence Variant realisiert wurde. Gut 80% blieben mit der IDS-Version baugleich, der Rumpf wurde zur Aufnahme von vier halbversenkten Luftkampfraketen wie der Skyflash sowie durch die längeren Schubdüsen der modifizierten RB.199-Triebwerke gestreckt. Das erlaubte die Unterbringung zusätzlichen Kraftstoffs, andererseits verlagerte sich auch der Schwerpunkt. Die Pfeilung der starren Tragwerkswurzeln erhöhten die Ingenieure von 60 auf 68 Grad und verringerten den Strömungswiderstand zusätzlich mit dem Verzicht auf die dort zuvor installierten Krügerklappen. Auch der längere und spitzer zulaufende Rumpfbug leistete seinen aerodynamischen Beitrag und nahm das von Marconi hergestellte, bis 185 km weit reichende AI Mk.24 Foxhunter-Radar auf. Es besaß die Fähigkeit, mindestens zwölf Ziele zu verfolgen und zeitgleich nach weiteren zu suchen sowie gegnerischen ECM-Maßnahmen zu widerstehen. Allerdings stiegen die Kosten des Radars erheblich an und die Auslieferung verzögerte sich. Ebenso entsprachen die Leistungen anfangs nicht den Erwartungen und besserten sich wie auch die angepriesene Störresistenz erst mit nachträglichen Modifikationen. Im August 1979 verließ der erste Prototyp des Jagdflugzeugs die Werkhallen im britischen Warton und startete im Oktober desselben Jahres zum Erstflug. Zwei weitere Testmaschinen unterstützten die Flugerprobung ab dem nächsten Jahr und im April 1984 flog schließlich die erste Serienmaschine. Zum Jahresende übernahm die Umschulungsstaffel 229 in Conningsby die ersten Jäger unter der Dienstbezeichnung Tornado F.2. Bedeutung als Jagdflugzeug erlangte erst die nachfolgende F.3-Baureihe, die ab 1987 insgesamt sieben operationellen Verbänden der RAF zugeführt wurde. Auch Saudi-Arabien kaufte diese Version und wegen der Verzögerungen im Eurofighter-Programm leaste Italien zwei Dutzend F.3 von der britischen Luftwaffe. Mit ihren Flugeigenschaften füllten diese Flugzeuge vorwiegend die Rolle des Abfangjägers aus und waren weniger für den „Dogfight“ geeignet. Sie waren auch die ersten Tornados, die außer Dienst gestellt wurden.

In weitaus kleinerer Stückzahl wurden für die Bundeswehr 35 Tornado ECR gebaut, weitere 16 für die italienische Luftwaffe aus IDS-Maschinen umgerüstet. ECR bedeutet Electronic Combat and Reconnaissance, also elektronische Aufklärung und Bekämpfung, wobei in erster Linie Radar- sowie radargestützte Luftabwehranlagen gemeint sind. Diese werden von den in den Tragflächenwurzeln untergebrachten Emitter Locator Systemen (ELS) erkannt und gestört sowie bei Bedarf durch mitgeführte Lenkwaffen vom Typ AGM-88 HARM ange-

Den lokalen Gegebenheiten geschuldet, erhielten die IDS-Tornados der Luftwaffe Saudi-Arabiens diesen Tarnanstrich. Das Land blieb der einzige Exportkunde. (Foto: Alan Cordina)

Für die Version des Abfangjägers ADV gab die britische Regierung im März 1976 grünes Licht, 1979 nahm die erste Maschine ihre Testflüge auf. (Foto: Philip Stevens)

griffen und ausgeschaltet. ECR Tornados können zudem Daten via Link an Bodenstationen oder andere Flugzeuge weitergeben oder zur Zielzuweisung für andere Einheiten genutzt werden. Als spät konzipierte Ausführung wurde der Tornado ECR 1986 bewilligt und flog im August 1988 zum ersten Mal. Die deutsche Luftwaffe nahm die ersten Serienflugzeuge für den regulären Dienst im ersten Quartal 1993 in Empfang.

Mitunter wird der Tornado Reece als eigenständige Version dargestellt, doch handelt es sich um IDS-Jagdbomber mit Aufklärungsbehälter. Die Flugzeuge decken mit diesen Behältern die Aufklärung im optischen sowie infraroten Bereich ab, bleiben aber voll kampftauglich. Das gilt auch für mindestens 100 weitere Exemplare, die ab Herstellerwerk mit Doppelsteuerung ausgestattet und hauptsächlich für Trainingsflüge vorgesehen waren. Als Trainer konfigurierte Tornados gab es sowohl von der IDS- als auch ADV-Baureihe und kamen hauptsächlich ins Inventar des TTTE sowie anderer Umschulungs- und Trainingseinrichtungen. Ein Teil davon diente ab 1996 auf der US-Luftwaffenbasis Holloman, New Mexico, bis dort der Ausbildungsbetrieb für deutsche Tornado-Crews im September 2017 eingestellt wurde. Mit der Auflösung des TTTE in Großbritannien erhöhte sich zum Ende der 1990er-Jahre zunächst erstmal der Bestand der deutschen Tornados in Holloman auf 25 Exemplare und schon im Frühjahr 2000 konnte dort die 10.000. Flugstunde auf dem Schwenkflügler verzeichnet werden. Die Crews hatten hier ausgezeichnete Wetterbedingungen zum Trainieren gefunden und durchliefen sowohl Grund- als auch weiterführende Schulungen. Die Ausbildung auf dem amerikanischen Stützpunkt endete nicht nur aus Kostengründen, sondern auch durch die veränderten Strukturen innerhalb der Bundeswehr und dem damit verbundenen, zahlenmäßig reduzierten Einsatz- und Trainingsbetrieb.

Nach der Einführung des Tornado in den Streitkräften, dem Überwinden einiger „Kinderkrankheiten“ und der hochwertigen Schulung von Piloten, Waffensystemoffizieren sowie dem Bodenpersonal entwickelte sich das Flugzeug zu einem leistungsfähigen und zuverlässigen Einsatzgerät. Mehr als 30 operationelle Staffeln erhielten verschiedene Versionen und vierzehn Jahre nach Dienstbeginn standen bereits 1,5 Millionen Flugstunden auf dem Konto des Schwenkflüglers. Von Anfang an gelangten moderne Geräte zum Einbau, die wirkungsvolle Einsatzmissionen erlaubten. Auch der verwendete Bordcomputer stellte eine nützliche Komponente dar, wenngleich seine anfängliche Leistung mit 64 KB heutzutage zum Schmunzeln verführt. Seine Fähigkeiten, so wie auch anderer Baugruppen, konnte im Laufe der Jahre gesteigert werden und bis heute halten Modernisierungen an. Sie betreffen wie bspw. innerhalb der deutschen ASSTA-Upgrades vor allem die Avionik inklusive GPS und Laserträgheitsnavigation, das Cockpit mit neuen, arbeitsfreundlichen Bildschirmen und darin enthaltenen digitalen Kartenfunktionen oder die Verlinkung mit den eigenen oder verbündeten Streitkräften. Auch lebensverlängernde Maßnahmen für bis zu 8000 Flugstunden werden seit 2021 in die Praxis umgesetzt. Natürlich gehören Anpassungen an neue Sensorbehälter zur Aufklärung, Zielerkennung und -zuweisung sowie neue Waffen dazu. Ab Oktober 1999 begann die Erprobung des Taurus-Marschflugkörpers mit dem erstmaligen Abwurf dieser 350 km weit reichenden Abstandswaffe durch einen deutschen Tornado. Großbritannien setzte dagegen auf den Marschflugkörper Storm Shadow mit vergleichbaren Parametern, stattete seine Tornados zudem mit neuen Hauptrechnern, Infrarotsensoren, GPS sowie weiteren zeitgemäßen Systemen aus. Ab 2002 setzte Italien ebenfalls auf Modernisierungen inklusive Datenvernetzung und Satellitenkommunikation sowie Nachtsichtgläser für die Crew oder präzisionsgelenkte Waffen wie JDAM-Bomben GBU-32. Die Maschinen der Luftwaffe Saudi-Arabiens erhielten mehrmals Upgrades, um jeweils aktuellen Anforderungen zu entsprechen. Hier zählen eine Link 16-Datenvernetzung, neue Bildschirme, Damocles-Zielbehälter oder Waffensysteme wie ASRAAM-Luftkampfraketen und Storm Shadow-Marschflugkörper zu den Kampfwertsteigerungen. Es sind nur einige Beispiele der in den letzten Jahren durchgeführten Aufwertungen. Sie helfen, die Einsatzzeit des Tornado in den derzeitigen Betreibernationen bis mindestens 2025 und womöglich darüber hinaus zu verlängern. Einzig Großbritannien beendete den Dienst mit dem Flugzeug endgültig im März 2019. Mittlerweile waren hier die Multirole-Fähigkeiten des Eurofighters Typhoon als Nachfolger stetig ausgeweitet worden und inzwischen hatte auch die Einführung des Joint Strike Fighters F-35 Lightning II in der RAF begonnen. Für die zurückliegenden Dienstjahre sind zahlreiche Kampfeinsätze unter Beteiligung aller Tornado-Nutzer in den Konflikten der jüngeren Vergangenheit dokumentiert – Golfkrieg 1991, Balkan und Kosovo in den 1990er-Jahren, Irak, Afghanistan, Libyen, Syrien, Jemen. Durch Aktionen des Gegners, vor allem aber im regulären Ausbildungs- und Einsatzbetrieb mussten bei mehr als 170 Vorkommnissen einschließlich Abstürzen, Unfällen und Abschüssen etwa 154 Maschinen abgeschrieben werden.

Produktion und Serienversionen

Die Panavia Aircraft GmbH fertigte insgesamt 992 Flugzeuge vom Typ Tornado, davon entsprachen 977 einer zwischen 1979 und 1998 produzierten Serienkonfiguration und der Rest waren Prototypen sowie Vorserienmaschinen. Die Endmontage erfolgte in Warton, Großbritannien, in Manching, Deutschland sowie in Turin, Italien.

Tornado IDS, Hauptserienvariante als Jagdbomber, Erstflug Serienexemplar 10. Juli 1979, Indienststellung 1981, insgesamt 747 Stück, Geländefolge- und Bodenbildradar, zwei Bordkanonen, hauptsächlich Offensivwaffen gegen Bodenziele und Luftkampfraketen zur Selbstverteidigung, Bezeichnung in Deutschland auch **GS** (German Strike), Dienstbezeichnung in Großbritannien **Tornado GR.1** sowie **GR.1A** für 12 umgerüstete und 16 neugebaute IDS zur Aufklärung und ohne Bordkanonen sowie 21 umgerüstete **GR.1B** zur Bekämpfung von Schiffen, 142 umgerüstete **GR.4** mit GPS, neuen Sensoren und Waffen modernisiert, Dienstbezeichnung in Italien **A-200A** bzw. **A-200C** nach Upgrades

Tornado ADV, 194 Serienmaschinen als Langstreckenabfangjäger, Erstflug Serienausführung 12. April 1984, Indienststellung 1987 in Großbritannien als **Tornado F.2** (18 Stück) und **F.3** (152 Stück), Foxhunter-Radar gegen Luftziele, eine Bordkanone und Luftkampfraketen als Bewaffnung, verlängerter Rumpf mit zusätzlichem Kraftstoff, starre Flügelwurzeln mit größerer Pfeilung, längere Schubdüsen, Außerdienststellung im März 2011

Der Abfangjäger Tornado ADV ist etwas länger, erhielt ein leistungsfähiges Feuerleitradar im Bug und verwendete hauptsächlich Luft-Luft-Lenkraketen als Bewaffnung. Im Bild eine F.3 der No 111 Sqn aus Leuchars. (Foto: Chris Lofting)

Zwei Tornado F.3 werden von einer VC-10K in der Luft betankt. Mittlerweile hat die RAF beide Typen außer Dienst gestellt. (Foto: BAE Systems)

Tornado ECR, Version zur elektronischen Aufklärung und Störung sowie zur Niederhaltung der radargesteuerten Luftabwehr, Erstflug Serienmaschine 26. Oktober 1989, spezielles Elektronikequipment und Anti-Radarlenkraketen als Hauptbewaffnung, keine Bordkanonen, 35 neu gebaute Exemplare für Deutschland und Indienststellung 1993, weitere 16 Umbaumaschinen für Italien mit der Dienstbezeichnung **EA-200B** bzw. **EA-200D** für modernisierte Exemplare

Tornado Trainer, zahlreiche Maschinen wurden ab Werk mit Doppelsteuerung für Schulungsaufgaben ausgeliefert, so 36 **GR.1(T)**, acht **F.2(T)** und 31 **F.3(T)** für Großbritannien, 67 **GT** (German Trainer) für Deutschland, zwölf **TA-200A** und **B** für Italien und 14 IDS- sowie sechs ADV-Trainer für Saudi-Arabien, Erhalt der Waffeneinsatzfähigkeiten

Tornado Reece, IDS-Aufklärerversion mit entsprechenden Behältern, keine Neubauten, 34 dementsprechende Exemplare für Deutschland und sechs für Saudi-Arabien

Einen interessanten Anblick bietet die Unterseite dieses Tornado F.3 der RAF. Gut zu sehen sind die Ausbuchtungen im Rumpf zur halbversenkten Aufnahme von Luftkampfraketen wie der Sparrow. (Foto: Philip Stevens)

Links das vordere, rechts das hintere Cockpit eines Tornado GR.4. (Foto: Gacman67)

Tornado ASSTA, keine Neubauten, mehrere Stufen von Modernisierungsprogrammen für IDS-Tornados mit Verbesserungen vor allem im Sensor- und Cockpitbereich plus lebensverlängernden Maßnahmen und Integration neuer Waffen wie z.B. Taurus-Marschflugkörper, ab 1999 erprobt und bis in die heutige Zeit umgesetzt

Aufbau, Ausstattung und Bewaffnung

Beim Bau des Tornados verwendete Panavia hauptsächlich Werkstoffe aus Aluminiumlegierungen, Titan sowie in geringerem Umfang Stahl und Verbundmaterialien. Die in Schulterdeckeranordnung konzipierten Tragflächen lassen sich in sieben Sekunden stufenlos über hydraulisch betätigte Spindeln und Teflonbeschichtete Schwenkbolzen von 25 bis 67 Grad verstellen, wobei mit 25, 45 und 67 Grad drei Festeinstellungen möglich sind. Bei geringer Flügelpfeilung sind am Rumpf, hinter den Tragflächen pneumatische Abdichtungen in Form von Gummimatten zu sehen, die helfen, beim Schwenkvorgang aerodynamische Verwirbelungen zu vermeiden. An der Vorderkante der beweglichen Tragflächenabschnitte befinden sich ausfahrbare Vorflügel, die im Zusammenspiel mit doppelt geschlitzten Klappen an der Hinterkante einen hohen Auftriebskoeffizienten erzeugen. Des Weiteren gibt es als Störklappen fungierende Spoiler auf der Oberseite, die bei einem Pfeilwinkel unter 45 Grad oder geringen Geschwindigkeiten aktiv werden. Die starre Tragflügelwurzel ist im Allgemeinen um 60

Neben der aufgestellten Bremsklappe sind auch die Lamellen weiter vorn interessant. In diese, optisch Reißverschlüssen nicht unähnlich, fahren die Wurzeln der beweglichen Tragwerkshinterkante ein. (Foto: Heiko Thiesler)

Als GBU-24 Paveway III wird die Mk84-Sprengbombe mit Laserlenkaufsatz bezeichnet. Die gut 1000 kg schwere Bombe ist eine von vielen Bewaffnungsvarianten, gilt dank der Lenkbarkeit und einem Sprengstoffanteil von 429 kg als effektiv. (Foto: Heiko Thiesler)

Mit dem Waffenbehälter MW-1 ließen sich wirkungsvoll Flugplatzanlagen mit ihren Pisten, aber auch andere Flächenziele durch den Ausstoß von großen Mengen verschiedenartiger Submunition bekämpfen. Der MW-1 wurde ausschließlich von deutschen und italienischen Tornados mitgeführt. (Foto: MBB)

Grad, bei der Jägervariante ADV um 68 Grad gepfeilt. Anfangs gab es hier auch Krügerklappen, die später häufig stillgelegt und beim Tornado ADV gar nicht verbaut wurden. Voll bewegliche Pendelruder dienen als Höhenleitwerke und besitzen ebenso wie die Seitenflosse eine beachtliche Größe. Hier gibt es einen kleinen Lufteinlauf in der Wurzel, dessen einströmende Kaltluft die heiße Zapfluft der Triebwerke kühlt und zur Klimatisierung der Druckkabine dient. Weiter oben befinden sich deutlich sichtbare Antennenverkleidungen für den Bordfunk und den Radarwarnempfänger. Nahezu quadratische, seitlich des Rumpfes platzierte und zweidimensional verstellbare Lufteinlässe versorgen die beiden Turbofans, wobei mehrere Baureihen Verwendung fanden. Zu Anfang waren es zwei RB.199-34R Mk101 mit je 66,7 kN Nachbrennerschub, gefolgt von der Baureihe Mk103 mit je 69,6 kN, Mk104 mit je 71,9 und Mk105 mit je 73,5 kN Schubleistung im Nachbrennermodus. Beeindruckend ist die Schubumkehranlage der Triebwerke, wobei nach dem Aufsetzen des Flugzeugs bewegliche Klappen am Rumpfheck die Schubdüsen verschließen und neben einer geringen Pfeilstellung der Tragflächen sowie den ebenfalls am Heck befindlichen, aufstellbaren Bremsklappen zur Verkürzung der Landestrecke beitragen. Auf der rechten Seite ist eine von Klöckner-Humboldt-Deutz produzierte Hilfsgasturbine untergebracht und übernimmt bei Bedarf die bordeigene Stromversorgung oder auch das Anlassen der Triebwerke. Dem Tornado IDS stehen in 14 internen Tanks 5842 l Kraftstoff zur Verfügung, bei den Maschinen der britischen und saudi-arabischen Luftwaffe sind es durch einen zusätzlichen Behälter im Leitwerk insgesamt 6393 Liter. Die ADV-Baureihe verfügte dagegen über 7114 l internen Kraftstoffvorrat. Der lässt sich in der Luft mit einer steuerbord platzierten, abnehmbaren und später einziehbaren Nachtankvorrichtung auffüllen, während am Boden die Einpunktbetankungsmethode angewendet wird. Außerdem können Tornado IDS und ECR extern bis zu vier jeweils 1500 l fassende Zusatztanks mitführen, bei der ADV-Baureihe waren es zwei 1500-l- sowie zwei 2250-l-Zusatztanks. Mit einem Betankungsbehälter Type 28-300 ist die Buddy-Buddy-Betankung von einem Tornado zu einem anderen möglich. Das einziehbare, in Bugradanordung gebaute Fahrwerk besitzt drei Baugruppen, am Bugrad doppelt und an den Hauptstreben jeweils einfach bereift. Zusätzlich gibt es unter dem Heck einen ausklappbaren Fanghaken für die Landung auf kurzen, mit Fanganlagen ausgestatteten Pisten. In der druckbelüfteten Kabine sind Pilot und Waffensystemoffizier tandemartig auf Martin-Baker-Schleudersitzen Mk.10A mit Null-Null-Kapazität untergebracht, später als Mk.10 mod. für die deutschen sowie für die italienischen Maschinen als Mk.10B leicht verbessert. Die dreiteilige Frontscheibe ist vorn gepanzert, das Cockpitdach der Crew lässt sich als Ganzes nach hinten aufklappen. Die Avionik des Tornados gestaltete sich dank digitaler Prozessoren fortschrittlich und genau, mit der Fly-By-Wire-Steuerung konnten ansonsten schwer beherrschbare Manöver geflogen werden. Neben verschiedenen Anzeigegeräten gelangte auch ein HUD zum Einbau, insgesamt wurden die Cockpits im Zuge von Modernisierungen aufgewertet und auch der hinten sitzende Waffensystemoffizier profitierte innerhalb der deutschen ASSTA-Upgrades von einem neuen Arrangement mit insgesamt drei zur Verfügung stehenden Bildschirmen.

Die Avionik des Tornado besteht auszugsweise (in Klammern jeweilige Baureihe) aus:

Terrainfolge (TFR)- und Bodenbildradar GMR (**IDS**, **ECR**),
Puls-Doppler- und Feuerleitradar AI Mk.24 Foxhunter (**ADV**)
Trägheitsnavigationsanlage FIN 1010 (**IDS**), LINS 764GT (**F.3**)
Taktische Navigationshilfe AD2770 (**IDS**)
Dopplergerät Decca Type 72 (**IDS**)
Funkhöhenmesser AD1990 (**IDS / GR.1/4**), AHV 9 (**IDS / GS**, **ECR**)
Radarwarnempfänger ARI.23284, ARI.18241 (**GR.1**)

Gut bestückt zeigt dieser britische GR.1-Tornado seine Außenlasten: ganz unten, linke Tragfläche ein Sky Shadow-Störbehälter, dann ein Mix aus grau lackierten Anti-Radar-Raketen des Typs Alarm sowie den gelb-schwarzen Storm Shadow-Marschflugkörpern und ergänzt um einen BOZ-107-Täuschkörperwerfer rechts oben. (Foto: Chris Lofting)

Freund-Feind-Erkennungsgeräte SSR-3100, ARI.23524 (**IDS**)
Funkkommunikation PTR 1721 (**GR.1**, **A-200**)
Infrarotsensor Vinten 4000 (**GR.1A**), LRMTS (**GR.1A**), SLIR (**GR.1A**), AN/AAD-5 (**ECR**)
Zielgeräte / -behälter Litening II (**IDS** / **GS**), TIALD (**GR.1**), CLDP (**A-200**), Damocles (**GR.4 RSAF**)
Störanlagen / -behälter AN/ALQ-119 (**IDS** / **GS**), Cerberus (**IDS**), AECM 3 (**A-200**), TSPJ (**IDS** / **GS**), ARI.23246 Sky Shadow (**GR.1**), ELS (**ECR**), EL/73 (**A-200**)
Aufklärungsbehälter GP.1 mit Type 690 und Type 900-Kameras (**GR.1** / **1A** / **1B**), RAPTOR (**GR.4**), Reece Pod UW 004 mit zwei KS-153-Kameras und einem IR-Scanner RS-710 (**IDS** / **GS**), Telelens Pod UY 008 mit zwei Kameras und Infrarotscanner (**IDS** /**GS**), ReeceLite mit elektro-optischen und Infrarotsensoren (**IDS** / **GS**)
Zum eigenen Schutz können Täuschkörperwerfer AN/ALE-40, BOL-304, BOZ-101, -102, -107, VICON 78 oder MCP-8F verwendet werden.
Der Tornado IDS verfügt über zwei 27-mm-Kanonen Mauser BK27 mit je 180 Schuss, bei der Baureihe ADV war es eine Kanone BK27 mit 180 Schuss. Extern können an neun Außenlaststationen Zusatztanks, Aufklärungs- und Zielbehälter oder Waffen mitgeführt werden, die Tragflächenpylone sind beweglich ausgelegt und schwenken automatisch in Längsrichtung mit. Tragen die inneren Pylone Zusatztanks können an dem Mehrfachträger zusätzlich zwei Luftkampfraketen montiert werden. Für die Luftkampfraketen mittlerer Reichweite, die für den Tornado ADV bestimmt waren, ist die Rumpfunterseite modifiziert und mit vier Aussparungen zur halbversenkten Aufnahme dieser Lenkwaffen versehen worden. Die Waffenlast insgesamt kann 9000 kg betragen.

Die Bewaffnungsmöglichkeiten bestehen aus:
Atombomben B61 **(IDS)**, WE.177 (**IDS** / **GR.1**, **4**)
Sprengbomben Mk82, 83, 84, BLU-109B, BLU-110, -111, -116
Lasergelenkte Bomben GBU-10, -12, -16, -24, -49 (**IDS**)
GPS-gesteuerte JDAM-Bomben GBU-38, -54
Clusterbomben BL 755, BLG-66
Brandbomben BLU-1B
Waffenbehälter mit Submunition MW-1, JP233

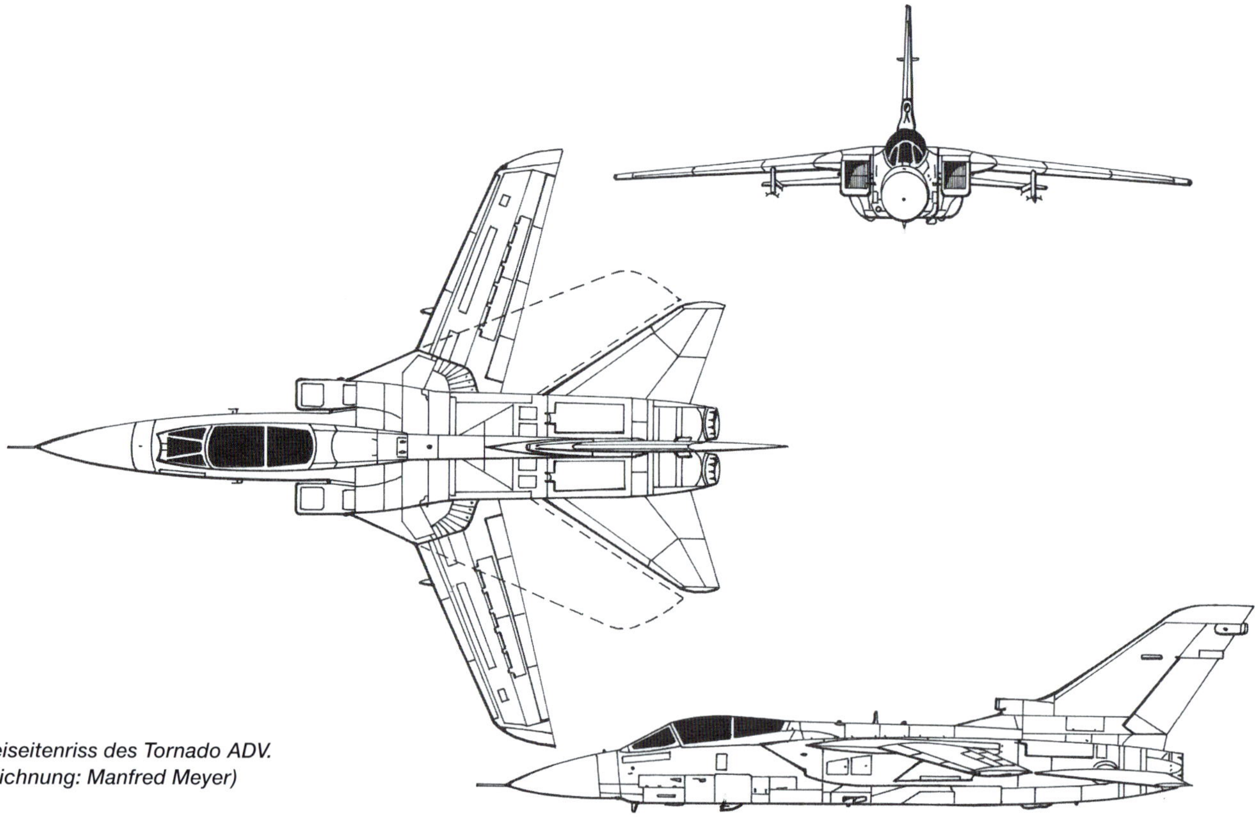

Dreiseitenriss des Tornado ADV.
(Zeichnung: Manfred Meyer)

Typ	**Tornado IDS**	**Tornado ADV**	**Tornado ECR**
Verwendung	Jagdbomber	Abfangjäger	Stör- und SEAD-Flugzeug
Besatzung	2	2	2
Triebwerk	zwei Turbo-Union RB.199-34R Mk.103 mit je 69,6 kN mit Nachbrenner	zwei Turbo-Union RB.199-34R Mk.104 mit je 71,9 kN mit Nachbrenner	zwei Turbo-Union RB.199-34R Mk.105 mit je 73,5 kN mit Nachbrenner
Spannweite (m)	8,60-13,91	8,60-13,91	8,60-13,91
Länge (m)	16,72	18,06	16,72
Höhe (m)	5,70	5,70	5,70
Flügelfläche (m^2)	26,60	26,60	26,60
Leermasse (kg)	14.091	14.500	14.100
Startmasse max. (kg)	27.215	27.986	27.200
Höchstgeschwindigkeit (km/h)	2333	2400	2350
Steiggeschwindigkeit (m/s)	165	180	168
Landegeschwindigkeit (km/h)	215	215	215
Startstrecke (m)	760	760	760
Landestrecke (m)	370	370	370
Dienstgipfelhöhe (m)	15.250	21.300	15.250
Reichweite (km)	1850	4200 mit Zusatztanks	3890 mit Zusatztanks
Bewaffnung	zwei 27-mm-MK sowie bis 9000 kg Bomben, Raketen, Waffenbehälter, Marschflugkörper	eine 27-mm-MK sowie bis zu acht Luftkampfraketen	Anti-Radar-Lenkwaffen und Luftkampfraketen

Behälter LAU-51/A mit 19 ungelenkten 70-mm-Raketen
Luft-Boden-Lenkwaffen AGM-65A, B, D Maverick
Anti-Schiffsraketen AS.34 Kormoran 1 und 2, Sea Eagle
Anti-Radar-Lenkwaffen ALARM, AGM-88B HARM, AGM-88E AARGM
Panzerabwehrlenkraketen Brimstone
Marschflugkörper Storm Shadow, Taurus
Luft-Luft-Lenkraketen AIM-7E Sparrow (**ADV**), AIM-9L Sidewinder, AIM-120 AMRAAM (**ADV**), AIM-132 ASRAAM (**ADV**), Aspide (**ADV**), Skyflash (**ADV**), Iris-T

Nutzer des Tornado

Die RAF-Basis Cottesmore, England wurde bereits 1975 als künftiger Standort des Trinational Tornado Training Establishments (TTTE) ausgewählt und im Juli 1980 trafen hier die ersten britischen Tornados ein. Es folgten deutsche und italienische Maschinen, rund 50 Exemplare wurden für Umschulungsaufgaben bereitgestellt. Zu Spitzenzeiten trainierten hier bis zu 300 Tornado-Crews jährlich und kamen nach erfolgreichem Abschluss zu den operationellen Verbänden. Dabei wurden die ersten Tornados ebenfalls in **Großbritannien** in Dienst gestellt und im Juni 1982 die No IX (B) Sqn in Honington zur überhaupt ersten operationellen Einsatzstaffel des Schwenkflüglers. Noch im selben Jahr demonstrierte man mit einer der Maschinen Langstrecke und absolvierte mit Luftbetankung einen zwölfstündigen Nonstopflug über mehr als 9000 km von Honington aus bis nach Zypern und wieder zurück. Im Oktober 1986 gelangte No IX Squadron nach Brüggen und wurde Teil der RAF Germany. Bereits seit November 1983 waren in der Bundesrepublik Deutschland britische Tornados anzutreffen, zuerst GR.1-Maschinen der No 15 Sqn in Laarbruch und ab November 1984 Flugzeuge der No 31 Sqn in Brüggen. Auf den deutschen Stützpunkten waren in den 1980er-Jahren schließlich acht der insgesamt 11 GR.1-Staffeln der RAF stationiert und unterstanden, mit Atombomben bewaffnet, der 2. Allied Tactical Air Force der NATO. Die Einsatzdoktrin des Militärbündnisses hatte sich passend dazu von „Massiver Vergeltung" zu „Flexibler Antwort" gewandelt und bei einem Angriff des vermeintlichen Gegners (gemeint waren die Armeen des Warschauer Pakts) sollte kombiniert sowie je nach Lage mit strategischen und taktischen Kampfmitteln reagiert werden. Gemäß der dualen Rolle der in Deutschland stationierten Tornados schloss dies konventionelle und nukleare Waffen ein. Die Royal Air Force rüstete elf Staffeln mit Tornado GR.1, zwei mit Aufklärern GR.1A sowie zwei für die maritime Angriffsrolle mit GR.1B aus. Während Abfangjäger Tornado F.2 ab 1984 ausschließlich im Umschulungsverband 229 OCU dienten, erreichte die Baureihe F.3 insgesamt sieben operationelle Staffeln und zuerst im Frühjahr 1987 die No 29 Sqn in Coningsby. Von 1992 bis 2009 waren vier Maschinen der Staffel als Flight Detachment 1435 weit entfernt im Südpazifik auf den

Der Tornado erreicht in allen Höhen Überschallgeschwindigkeit und kann in hohem Tempo Tiefflugattacken ausführen. Dazu sind die Tragflächen voll auf 67 Grad Pfeilung geschwenkt. (Foto: Scott Rathbone)

GR.4 war die Dienstbezeichnung der modernisierten und zugleich letzten Baureihe, die von der RAF als IDS-Jagdbomber eingesetzt wurde. Das betraf seinerzeit 150 Flugzeuge, deren Dienst schließlich im März 2019 endete. (Foto: Chris Lofting)

Falkland-Inseln stationiert und übernahmen dort die Luftraumüberwachung. Zu den Einsatzstaffeln kamen noch mehrere Umschulungs- sowie Testverbände, insgesamt genoss der Tornado in Großbritannien einen hohen Stellenwert und löste dort gleich mehrere Einsatzmuster ab. Die ADV-Jagdflugzeuge stellte die RAF bis März 2011 außer Dienst, die restlichen folgten bis März 2019.

In **Deutschland** wurde das Marinefliegergeschwader 1 in Jagel im Juli 1982 zum ersten operationellen Einsatzverband des Tornados bei der Bundeswehr. Danach begann die Luftwaffe im August 1983 beim JaboG 31 in Nörvenich mit dem Dienst der IDS-Variante und insgesamt wurden acht Einsatzgeschwa-

Insgesamt 170 Exemplare nahm die britische Luftwaffe vom Tornado ADV ab und sicherte mit diesen Abfangjägern von 1987 bis 2011 den eigenen Luftraum ab, auch überregional etwa auf den Falkland-Inseln. (Foto: Philip Stevens)

Ein Tornado F.3 setzt zur Landung an. Zu Dienstbeginn gab es einige Schwierigkeiten und Verzögerungen mit dem Radar, weshalb ersatzweise kurzzeitig Beton für den erforderlichen Masseausgleich in der Bugspitze verwendet wurde! (Foto: Chris Lofting)

Die 41. Test- und Entwicklungsstaffel nutzte diesen Tornado GR.4, hier mit Litening-Zielbehälter, Zusatztanks und ECM-Gondel Sky Shadow. Zum 95. Jubiläum der Einheit gab es 2011 diesen Sonderanstrich. (Foto: Alexander Golz)

der zuzüglich Trainingseinrichtungen zum Betreiber. Zu letzteren zählte auch das Ausbildungsgeschwader des German Training Command auf der Holloman AFB in New Mexico. Deutschland beschaffte insgesamt 359 Exemplare, von denen später 35 der ECR-Version entsprachen, der Rest waren IDS-Maschinen und wiederum 112 davon für die Marine bestimmt. Die Beendigung des Kalten Krieges löste vielfach Reduzierungen aus, die mit der Deaktivierung von operationellen Verbänden einher gingen. Als erstes betraf es die beiden Staffeln des MFG 1 im Dezember 1993. Das Geschwader hatte anfangs zu großen Teilen die Truppenerprobung übernommen und die deutschen Marineflieger konnten dank des Waffensystems Tornado ihre Fähigkeiten ausbauen sowie zuvor vermisste Einsatzoptionen umsetzen. Zehn Jahre später verabschiedete sich im Juni 2003 das JaboG 34 in Memmingen in den Ruhestand, im August 2005 folgte das JaboG 38 in Jever. Der Verband hatte in den 1980er-Jahren die Waffenausbildung am Tornado, vergleichbar mit der britischen TWCU in Honington, übernommen. Die zweite Staffel des JaboG 38 war seinerzeit auch Erstempfänger des Tornado ECR, übergab diese Flugzeuge 1994 aber dem JaboG 32 in Lechfeld. Hier sollten fortan alle ECR-Maschinen konzentriert werden und im Juli 1995 verlegte ein Kontingent mit acht Maschinen nach Piacenza, Italien. Sie absolvierten im September desselben Jahres von dort aus die ersten echten Einsätze deutscher Tornados über Bosnien. Nachdem im Dezember 2005 auch das MFG 2 und im Juni 2010 das JaboG 31 aufgelöst worden waren, betraf es im März 2013 schließlich auch das JaboG 32. Ebenfalls 2013 wurde aus dem JaboG 33 in Büchel das Taktische Luftwaffengeschwader 33 und aus dem früheren Aufklärungsgeschwader 51 in Jagel das TaktLwG 51. Bei zuerst genannter Einheit dienen etwa 45 Tornado IDS, die bei Bedarf mit vor Ort gebunkerten Atombomben bestückt und die nukleare Teilhabe der NATO ausfüllen können. Beim TaktLwG 51 gibt es noch mindestens drei Dutzend Tornados. Die meisten Einsatzflugzeuge dienen hier in der Reece- sowie ECR-Variante der Aufklärung und elektronischen Kampfführung und haben auch schon mehrfach überregionale Aufträge etwa über Afghanistan und Syrien ausgeführt. Eine vierte Staffel wurde 2017 ins Leben gerufen und deckt den nationalen Trainingsbedarf mit dem Tornado ab, nachdem im selben Jahr für das deutsche Ausbildungsgeschwader in Holloman der Einsatz endete.

In Deutschland soll der Dienst des Tornado keinesfalls vor 2025 enden, was auch auf die Luftwaffe **Italiens** zutrifft. Hier hatte die Einführung des Schwenkflüglers mit der Lieferung an die in Pratice di Mare beheimatete 311. Testeinheit 1981 begonnen, sich über die Ausstattung des TTTE mit etwa sieben Maschinen erstreckt und zum operationellen Dienstbeginn beim 6. Geschwader in Ghedi ab Ende August 1982 geführt. Heutzutage gibt es noch drei Tornado-Staffeln innerhalb des Geschwaders, eine davon gehört zur nuklearen Teilhabe und eine fliegt

seit 1998 die ECR-Ausführung. Zuletzt genannte gehörte früher zum 50. Geschwader in Piacenza. Ab Oktober 1984 galt zudem im 36. Geschwader in Gioia del Colle der Tornado IDS als einsatzklar und im Juli 1997 war die Ausrüstung des 36. und 53. Geschwaders mit dem ADV-Jäger komplett. Geleast von der RAF, hielt der Einsatz der 24 Jagdflugzeuge bis 2004 an. Italien hatte 99 Serienmaschinen in der IDS-Konfiguration bezogen, eine weitere Vorserienmaschine auf diesen Serien- sowie insgesamt 16 Exemplare auf den ECR-Standard umgerüstet.
Obwohl interessierte Gespräche bspw. in Japan, Kanada, Südkorea und der Türkei geführt wurden, Kaufabsichten aus Jordanien, Malaysia sowie Oman bekundet wurden, entwickelte sich einzig **Saudi-Arabien** zum Exportkunden des Tornado. Insgesamt 120 Exemplare konnten verkauft werden, 24 davon waren ADV-Abfangjäger. Im Oktober 1985 begann die Ausbildung der saudi-arabischen Crews im TTTE und im Frühjahr 1986 die Auslieferung, wobei die ersten IDS-Tornados der 7. Luftwaffenstaffel in Dhahran übergeben wurden. 1989 folgten die ersten Jagdflugzeuge ins Inventar, mit denen man im Einsatz aber nicht besonders zufrieden war und deshalb die Ausmusterung bis 2006 vollzog. IDS-Jagdbomber stehen weiterhin im Dienst und profitierten von einigen Aufwertungen, zum anderen operieren sechs Reece-Maschinen als Aufklärer.

Einsatzverbände (Auswahl)
Großbritannien
No 2, 5, IX, 11, 12, 13, 14, XV, 16, 17, 20, 23, 25, 27, 29, 31, 43, 111, 617 Sqn
Deutschland
AG 51 / TaktLwG 51, JaboG 31, 32, 33 / TaktLwG 33, JaboG 34, 38, MFG 1, 2
Italien
6., 36., 50. 53. Stormo
Saudi-Arabien
7th, 29th, 34th, 66th, 75th, 83rd Sqn

Das JaboG 33, aus dem 2013 das TaktLwG 33 wurde, setzte diesen Tornado IDS von Büchel aus ein. Das Flugzeug trägt noch den dunklen Norm-83-Tarnanstrich. (Foto: Eric Bannwarth)

Für die deutsche Bundeswehr war der Tornado von Entwicklungsbeginn an ein wichtiges Muster, nicht weniger als 359 Exemplare wurden für Luftwaffe und Marine gekauft. Die Maschine ganz vorn hat ihre Bremsklappen aufgestellt. (Foto: Eric Bannwarth)

Tornado kopfüber. Wenn auch nicht so wendig wie einige der fast zeitgleich entstandenen und bis heute eingesetzten Jagdflugzeuge, so verfügte der Tornado trotz dessen über ausgezeichnete Flugeigenschaften. Hier ein Exemplar des TaktLwG 51. (Foto: Alexander Golz)

Kampfeinsätze

In einem realen Konflikt musste sich der Tornado als erstes im Golfkrieg 1991 bewähren, es dürfte zugleich der bedeutendste in der Einsatzlaufbahn des Kampfjets gewesen sein. Maschinen aus Großbritannien, Italien und Saudi-Arabien flogen bei einem Klarstand von 85% insgesamt 3250 Einsätze. Die RAF hatte aus dem Bestand von sechs Einsatzstaffeln 36 Jagdbomber GR.1, acht Aufklärer GR.1A sowie 18 F.3-Jäger an den Konfliktherd gebracht und in Bahrein sowie Saudi-Arabien stationiert. Von Anbeginn der Operation „Desert Storm" attackierten Tornado GR.1 irakische Flugplätze, setzten dabei rund 100 JP233-Behälter gegen Startbahnen ein und zerstörten Flugzeugshelter mit lasergelenkten Bomben. Hierbei wurden sie zunächst von Kampfflugzeugen des Typs Buccaneer unterstützt, um die Ziele für die Tornados zu markieren. Später erhielten sechs der GR.1-Maschinen mit dem TIALD selbst Laserzielmarkierer für den Einsatz von Lenkbomben, warfen außerdem über 4200 ungelenkte Bomben auf Industrie- und Kraftwerksanlagen, Bunker, Brücken sowie Depots ab und

Vorrübergehend setzte auch die italienische Luftwaffe die Jägerversion ADV ein, leaste hierzu 24 Tornado F.3 von der britischen Royal Air Force. (Foto: Rob Schleiffert)

Saudi-Arabien als einziger Exportabnehmer betrieb ab 1989 auch eine Flotte von später insgesamt 24 ADV-Jagdflugzeugen, hier mit Sidewinder- und Sparrow-Raketen bewaffnet. (Foto: Panavia)

verschossen 123 ALARM-Raketen auf die irakische Luftabwehr. Viele der zu Anfang geführten Angriffe fanden im Tiefflug statt und führten zu hohen Verlusten, mindestens sechs Tornados wurden dabei abgeschossen. Währenddessen flogen die F.3 vor allem Begleitschutz für Patrouillenflugzeuge der britischen Royal Navy und für angreifende Verbände der anti-irakischen Koalition oder sicherten den Luftraum an den nördlichen Grenzverläufen Saudi-Arabiens. Saudi-Arabien selbst schickte je zwei Staffeln IDS- und ADV-Tornados in den Krieg, die Angriffe bis tief in irakisches Territorium unternahmen oder im Luftraum patrouillierten. Eine Maschine wurde dabei abgeschossen, analog einer italienischen. Hier kamen acht IDS-Tornados von Abu Dhabi aus zum Kampfeinsatz und warfen über 550 Sprengbomben ab und nutzten zudem von Deutschland ausgeliehene MW-1-Behälter.

Auch über dem Balkan waren Tornados über viele Jahre präsent, sechs britische F.3 überwachten zwischen 1993 und 1996 innerhalb der Operation „Deny Flight“ die Flugverbotszone über Bosnien und weitere Maschinen aus Deutschland und Italien flogen unterstützende Missionen, meist zur Aufklärung. Für die Operation „Allied Force“ 1999 brachte Deutschland neben einigen IDS- auch sechs ECR-Tornados auf die italienische Basis Piacenza und griff letztendlich aktiv in die Kampfhandlungen ein, indem rund 240 HARM-Lenkwaffen in über 500 Einsätzen auf serbische Luftabwehrstellungen gefeuert wurden. Weitere 115 HARM verschossen italienische Tornados und warfen zudem zahlreiche Bomben einschließlich 29 lasergelenkte GBU-16 auf serbische Positionen. Die italienische Luftwaffe hatte während des Konflikts über 20 Tornados der Varianten ADV, IDS und ECR eingesetzt, das britische Kontingent fiel diesmal etwas kleiner aus. Zunächst starteten GR.1-Maschinen ab April 1999 von der RAF-Basis Brüggen aus zu ihren Einsätzen, bombardierten serbische Ziele und kamen mit Luftbetankung auf siebenstündige Einsätze. Erst Ende Mai verlegten zehn GR.1 sowie zwei GR.4 nach Korsika und hatten somit einen kürzeren Zielanflug, bis zum Juni kamen die Flugzeuge auf über 150 Kampfeinsätze.

Zwischenzeitlich beteiligten sich wiederum britische Maschinen an der Überwachung der südlichen Flugverbotszone über dem Irak und zwölf GR.1 belegten im Dezember 1998 irakische Punktziele während der Operation „Desert Fox“ mit Laserlenkbomben. Im erneuten Waffengang gegen Irak 2003 griff die RAF mit verbesserten GR.4-Flugzeugen ein und stationierte etwa 30 Exemplare in Katar und Kuwait. Innerhalb eines Monats hatten sie gut 600 gelenkte Bomben abgeworfen und setzten erstmals Storm Shadow-Marschflugkörper ein. Eines der Flugzeuge wurde allerdings Opfer von „friendly fire“ und von einer amerikanischen Luftabwehrrakete abgeschossen. Britische Tornados waren weiterhin gefragt und die RAF kommandierte zwischen 2009 und 2014 GR.4-Maschinen nach Kandahar, Afghanistan ab, als erstes die No 31 Sqn. In der Folgezeit wurden die Staffeln alle vier Monate ausgetauscht, insgesamt fünf Einheiten waren am Engagement innerhalb der Operation „Herrick“ beteiligt und absolvierten über 33.500 Flugstunden über dem Krisenherd. Bei den Einsätzen fanden zahlreiche lasergelenkte Bomben, RAPTOR-Aufklärungsbehälter sowie erst-

Während der Operation „Desert Storm" 1991 erhielten vor allem einige britische Typen wie Jaguar und Tornado den sogenannten Desert Pink-Farbanstrich. (Foto: Alexander Golz)

mals Brimstone-Lenkraketen Verwendung. Ab März 2011 flogen GR.4 auch über Libyen Einsätze. Der erste erfolgte mit vier Flugzeugen der No IX Sqn vom britischen Stützpunkt Marham aus und erstreckte sich mit Luftbetankung über 4800 km, um insgesamt acht Storm Shadow auf libysche Kommando- und Kontrollposten abzufeuern. Weitere Angriffe mit diesen Marschflugkörpern fanden durch Maschinen der No 13 Sqn im März, August und September 2011 statt. Für die Kampfhandlungen waren bis zu 16 GR.4 in Gioia del Colle, Italien stationiert. Schließlich waren sechs GR.4 der No 2 Sqn an der Bekämpfung des IS beteiligt und verlegten hierzu im September 2014 nach Akrotiri, Zypern. Noch zum Monatsende erfolgten die ersten Kampfeinsätze über dem Irak, ab Ende 2015 auch über Syrien. Verwendet wurden wiederum RAPTOR- sowie Litening III-Behälter zur Aufklärung und zur Zielbeleuchtung von Lenkwaffen wie Paveway IV-Bomben und Brimstone-Raketen.
Italienische Tornados hatten in der jüngeren Vergangenheit ebenfalls über Afghanistan ab 2008 sowie Libyen ab 2011 Einsätze geflogen, starteten hierbei Storm Shadow-Marschflugkörper, warfen Lenkbomben oder nutzten vielfach den Reece-Lite-Pod zur Aufklärung. Dieser wurde auch erfolgreich von deutschen Tornado-Crews genutzt, um ab 2007 die International Security Assistance Force (ISAF) in Afghanistan zu unterstützen. Hier wurde das Mandat mehrmals durch den Bundestag verlängert und endete nach etwa 4500 Einsatzflügen mit der Rückführung der sechs Maschinen nach Deutschland Ende November 2010. Gleichfalls leisteten deutsche Tornados in den letzten Jahren wertvolle Arbeit über Syrien und Irak und fotografierten Positionen des IS in rund 2500 Einsätzen. Hierzu operierten sie mit Unterbrechung von Januar 2016 bis März 2019 von Incirlik in der Türkei sowie von Al-Azraq in Jordanien aus mit einem Kontingent, das üblicherweise aus vier, manchmal aus sechs Tornados bestand. Das Personal wurde dabei regelmäßig getauscht und während der Einsätze zur Ausdehnung der Flugdauer regelmäßig Kraftstoff von Tankflugzeugen übernommen.
Die Luftwaffe Saudi-Arabiens griff in den zurückliegenden Jahren massiv in den Konflikt im benachbarten Jemen ein und verwendete zur Bekämpfung der Huthi-Streitkräfte auch Tornado IDS der 7th, 75th und 83rd Squadron. Sie besaßen den aufgewerteten GR.4-Standard und operierten von Dhahran aus. Unter Zuhilfenahme des Damocles-Zielbehälters erfolgten zahlreiche Abwürfe von Lenkbomben der Typen GBU-12 und GBU-49, ebenso kamen vielfach Aufklärungs- und Störbehälter sowie Täuschkörperwerfer zum Einsatz. Eine Maschine wurde im Januar 2018 als Verlust gemeldet, offiziell wegen einer Fehlfunktion der Sauerstoffzuführung im Cockpit, Huthis reklamierten dagegen einen Abschuss.

Obere Grafik zeigt einen Tornado F.3 des No 111 Sqn, der zum 75. Staffeljubiläum diesen Sonderanstrich erhielt. Eine Sonderbemalung zeigt auch der Tornado GR.1A darunter, der vom TTTE geflogen und in diesem dunklem Farbschema 1995 passend zum RIAT präsentiert wurde. Unter dem Cockpit das TTTE-Wappen, an der Leitwerksspitze die Flaggen der drei Herstellernationen. Als dritte Ansicht ein italienischer Tornado IDS in sandfarbenem Tarnanstrich. Als viertes ein italienischer A-200 der 155. Staffel des 50. Geschwaders, der mit einem ausgefallenen Farbschema zur NATO-Übung „Elite 2008“ beeindruckte und auf das 70jährige Bestehen des Geschwaders verweisen sollte. Zuletzt ein Tornado IDS in den üblichen Tarnfarben der saudi-arabischen Luftwaffe. (Grafik: Srecko Bradic)

Als erstes Profilbild ein Tornado ECR des TaktLwG 51 mit TSPJ-Störsender, HARM- und Sidewinder-Raketen für den „Counter Daesh"-Einsatz über Syrien. Entsprechender Button am Lufteinlass, Staffelwappen am Leitwerk. (Grafik: Srecko Bradic). Als zweites ein IDS des JaboG 34 mit Mk84-Bomben, Raketen, Zusatztanks und Täuschkörperwerfer. Norm 83C-Anstrich, Staffelwappen am Lufteinlass. Darunter ein Tornado Reece des AG 51 mit Trilens-Aufklärungspod unter dem Rumpf, Sidewinder hinter Zusatztank und TSPJ-Störsender ganz vorn. Die vierte Ansicht stellt einen Tornado IDS des MFG 1 mit Betankungsbehälter dar. Zweifarbener Tarnanstrich, Staffelwappen am Leitwerk. Ganz unten Tornado IDS des MFG 2 im späteren Norm 87D-Farbschema, mit Störbehälter, Zusatztank und Sidewinder unter dem Tragwerk, Kormoran- sowie HARM-Lenkwaffen unter dem Rumpf, aufgestellte Betankungssonde und verschlossenen Düsen für Schubumkehr, Staffelwappen am Leitwerk. (vier Grafiken: Manfred Meyer)

Boeing B-1 Lancer

Vom Außenseiter entwickelte sich die Lancer zum Rückgrat der strategischen Bomberflotte und fliegt heute gleichberechtigt neben der inzwischen legendären B-52. (Foto: USAF)

Historie

Die B-1 Lancer besitzt eine wechselhafte, zugleich umstrittene Entwicklungs- und Einsatzgeschichte. Anforderungen und Definitionen für den zu bauenden Bomber änderten sich mehrmals, es folgten Herstellung und Erprobung von Prototypen, der Abbruch des Programms und die Wiederaufnahme in modifizierter Form, die Indienststellung mit mangelhaften Eigenschaften, andererseits die Aufstellung von zahlreichen Weltrekorden und die Fortentwicklung in ein äußerst leistungsfähiges, präzises Waffensystem.

In den 1960er-Jahren keimten in US-Militärkreisen zunehmend Ideen zum Aufbau einer strategischen, auf Nuklearwaffen gestützten Triade. Die sollte aus landbasierten Interkontinentalraketen, U-Boot-gestützten ballistischen Raketen sowie Langstreckenbombern als Trägermittel bestehen. Es war auch (noch) die Zeit, in der bemannte Kampfflugzeuge für überflüssig gehalten wurden und man auf Raketen in unterschiedlichsten Konfigurationen setzte. Sollte man weiterhin auf bemannte Langstreckenbomber angewiesen sein, erkannte man aber andererseits die Notwendigkeit, im Dienst befindliche Einsatzmuster irgendwann abzulösen. Boeings B-47 befand sich gerade in dieser Phase, der Serienbau der einzigartigen B-52 hatte 1962 geendet und sollte ebenfalls Ersatz finden. Die Convair B-58 als Neuzugang beim Strategic Air Command stellte allenfalls eine Ergänzung dar, das Programm der Mach 3 schnellen XB-70 würde nie Serienreife erlangen. So wurden

Dieses Foto zeigt den dritten Prototyp der B-1A mit einem sandfarbenen Tarnanstrich. Auffällig ist der lange Rückentunnel des Flugzeugs, in dem versuchsweise eine Wanderfeldröhre ECM-Signale verstärken sollte. (Foto: US DoD)

seit Anfang der 1960er-Jahre verschiedene Studien durchgeführt, um ein leistungsfähiges, modernes Ablösemuster für die B-52 zu finden. An dieser Stelle sei vermerkt, dass dieses Vorhaben nie gelang, die B-52 sich stattdessen noch immer im regulären Dienst befindet und nach aktuellen Plänen auch noch für weitere Jahre bis etwa 2040 eingesetzt werden soll.

Was die Studien betrifft, so wurde 1969 das Advanced Manned Strategic Aircraft, kurz AMSA, ausgewählt, aber schon bald von geänderten Anforderungen inklusive Eindringeinsätzen in mittleren und niedrigen Flughöhen, eingeholt. Die im November 1969 herausgegebene Ausschreibung führte sieben Monate später zum Sieg von North American Rockwell. Das Unternehmen war 1967 durch Zusammenschluss von North American und Rockwell entstanden, weshalb bis heute die B-1 gelegentlich als North American-Produkt angesehen wird. Schon 1973 wurde daraus Rockwell International, seit 1996 gehört der Hersteller zu Boeing. 1970 jedenfalls hatte Rockwells Division in Los Angeles den Auftrag zu Entwicklung, Bau und Erprobung von fünf fliegenden Prototypen plus zwei Bruchzellen, zeitgleich General Electric die Order über 40 der neuen F101-Triebwerke erhalten. Später wurden die Bestellungen auf drei fliegende Prototypen sowie 27 Triebwerke zusammengestrichen, aber immerhin eine Serienproduktion von 244 Exemplaren mit Auslieferungsbeginn 1975 in Aussicht gestellt. 1971 war zunächst eine Attrappe des künftigen Bombers gebaut und von der USAF im Oktober inspiziert worden. Nachfolgend wurde 297 Änderungswünsche angemeldet, die meisten davon ließen sich nach Herstellerangaben schnell umsetzen. Die ersten von später mehr als 22.000 Teststunden im Windkanal hatten begonnen, ebenso wie der Bau eines Prototyps ab März 1972. Auffallendstes Merkmal waren natürlich die Schwenkflügel, die ihren Pfeilwinkel von 15 bis 67,5

Nochmals der dritte B-1A-Prototyp, diesmal in Weiß. Im Juli 1977 startete das Flugzeug erstmalig eine AGM-69-Kurzstreckenlenkrakete über dem Testgelände White Sands, New Mexico. (Foto: USAF)

Zur Jahresmitte 1985 trafen die ersten B-1B-Serienmaschinen auf der Dyess Air Force Base ein und wurden in das 96. Bombergeschwader eingegliedert. (Foto: Alexander Golz)

Grad variieren konnten. Während das feierliche roll-out des Versuchsmusters noch im Oktober 1974 stattfand, wurde die Flugerprobung zwei Monate später am 23. Dezember aufgenommen. Der 78minütige Flug führte für weitere Versuche zur Edwards Air Force Base, an Bord befanden sich Charles Bock Jr. als Pilot, Emil Sturmthal als Kopilot sowie Richard Abrams als Bordingenieur. Der Schwenkvorgang der Tragflächen wurde beim zweiten Testflug im Januar 1975 überprüft, während des sechsten Fluges im April erreichte der Prototyp erstmalig Überschallgeschwindigkeit und übernahm außerdem zum ersten Mal während des Fluges Kraftstoff von einem KC-135-Tanker.

Die Flugerprobung ging mit der dritten Versuchsmaschine weiter, die noch vor der zweiten am 1. April 1976 zu ihrem Erstflug startete. Zum Monatsende gab es eine weitere Premiere, als ein Prototyp mit zweifacher Schallgeschwindigkeit flog. Die zweite Versuchsmaschine wiederum erhob sich im Mai 1976 zum ersten Mal in die Luft und startete im nächsten Monat erstmals eine AGM-69 SRAM. Das selbe Flugzeug erreichte im Oktober 1978 mit Mach 2,22 die überhaupt höchste Geschwindigkeit aller B-1. Noch im Juli 1976 war zudem ein zusätzlicher, vierter Prototyp bestellt worden und begann mit den Testflügen im Februar 1979. Dritter und vierter Prototyp unternahmen zahlreiche Avionik- und Waffentests, insgesamt wurden mit den B-1A 45 Atombombenabwürfe mit B61-Dummies simuliert. Inzwischen äußerte man seitens der USAF aber immer wieder Zweifel an der Notwendigkeit eines solchen Flugzeugs, die gesamtwirtschaftliche Situation, inbegriffen der von 40 auf 70 Millionen US-Dollar gestiegene Stückpreis nährten diese zusätzlich. So beendete die damalige US-Regierung unter Jimmy Carter im Juni 1977 das B-1A-Programm, genehmigte allerdings weitere Erprobungsflüge. Dritter und vierter Prototyp absolvierten zusätzliche Testreihen, die insbesondere Radar- und ECM-Equipment betrafen und bis Ende April 1981 andauerten. Bereits 1978 hatte es andererseits Anfragen des US-Verteidigungsministeriums gegeben, die B-52 diesmal als Marschflugkörperträger zu ersetzen. In Folge lotete man das Potenzial der B-1A als sogenanntes Long Range Combat Aircraft (LRCA) aus. Hier kam von der US-Luftwaffe eine entsprechende Empfehlung, dagegen erhielt General Dynamics für die vorgeschlagene FB-111H eine Absage wegen derer vergleichsweise geringen Reichweite und Zuladung. Im Januar 1981 wurde Ronald Reagan neuer US-Präsident, zahlreiche Rüstungsprojekte erlebten fortan einen gewaltigen Aufwind und heizten das Wettrüsten während des Kalten Krieges weiter an. So gab er im Oktober 1981 grünes Licht für das LRCA, nun B-1B genannt, und dem damit verbundenen Bau von 100 Serienflugzeugen. Im Januar 1982 folgte die Vertragsunterzeichnung zwischen US-Luftwaffe und Rockwell und somit praktisch dem bis dahin teuersten Luftrüstungsprogramm. Zum Schluss kostete ein Bomber mehr als 280 Millionen Dollar. Der Vertrag beinhaltete außerdem den Umbau der zweiten und vierten B-1A in B-1B-Versuchflugzeuge, die dann ab Frühjahr 1983 für weitere Testreihen bereitstanden. Während des Erprobungsprogramms traten am 29. August 1984 beim zweiten Prototyp Fehler bei der Kraftstoffverteilung auf, als die Flügel ihre Pfeilstellung und damit die Schwerpunktlage veränderten und letztlich den Absturz herbeiführten. Noch im selben Jahr flog am 18. Oktober auch die erste echte B-1B und damit zugleich erste Serienmaschine zum ersten Mal.

Obwohl B-1A und B-1B zu etwa 85% übereinstimmten, gab es doch wesentliche Neuerungen. Die B-1B geriet insgesamt schwerer, verschiedene Baugruppen wurden verstärkt. Die maximale Abflugmasse stieg gegenüber der B-1A mit maximal 179.000 kg auf 216.000 kg an. Das schloss eine gewaltige Waffenzuladung von theoretisch 60.000 kg ein, die intern und extern transportiert werden und bspw. aus 38 Kurzstreckenmarschflugkörpern AGM-69 oder 32 Atombomben des Typs B83 oder 172 konventionellen 227-kg-Sprenbomben Mk82 bestehen konnte. Hierzu gab es die Möglichkeit, bei sechs der acht externen Aufhängepunkte mit Doppelträgern die Anzahl der Abwurfwaffen zu erhöhen. Schlussendlich wurden nur zwei B-1B mit Außenlaststationen erprobt und auf eine externe Mitführung von Außenlasten auch mit der dadurch verbundenen größeren Radarrückstrahlfläche verzichtet. In diesem Zusammenhang wurden auch verschiedene andere Bereiche des Bombers überarbeitet, die dazu führten, dass die Radarsignatur frontal angeblich nur noch ein Hundertstel der weithin bekannten B-52 beträgt (bei B-1A waren es etwa ein Dreißigstel der B-52). Hierzu wurden die Lufteinlässe der nunmehr schubstärkeren Triebwerke ohne den zuvor komplizierten Verstellmechanismus gebaut und mit S-förmigen Einlaufkanälen ausgestattet. Das hatte auch zur Folge, dass die Höchstgeschwindigkeit der B-1B maximal Mach 1,25 betrug, im Tiefflug bis zu 60 m Flughöhe konnte im subsonischen Tempo geflogen werden. Die als Rettungskapsel ausgelegte Kabine der vierköpfigen Crew wurde jetzt mit vier einzelnen Schleudersitzen versehen, das Fahrwerk aufgrund der höheren Massen robuster ausgelegt, es wurden weitere aerodynamische Ver-

Trotz einiger Vorzüge vollzog sich der Dienstantritt der B-1B etwas holprig und es galt verschiedene Schwachstellen zu beseitigen. Auch die Verfügbarkeitsrate betrug lange Zeit unter 50%. (Foto: USAF)

Mit der Verschmelzung von Rumpf und Tragwerk wurde eine hohe aerodynamische Güte erzielt, zudem konnte der Radarquerschnitt für ein solch großes Flugzeug geringgehalten werden. Diese Maschine gehört zur 37. BS mit Ellsworth als Heimatbasis. (Foto: USAF)

feinerungen realisiert und letztlich die Systeme der Bordelektronik umfangreicher gestaltet. Vorgesehene Aufgabenbereiche der B-1B waren in erster Linie atomare Erst- oder Vergeltungsschläge gegen wichtige militärische und infrastrukturelle Ziele, ferner die Unterstützung eigener oder verbündeter Streitkräfte, das Anlegen von Minensperren auf dem Meer oder auch die direkte Bekämpfung von Flottenverbänden und einzelnen Schiffen.

Die ersten B-1B lieferte Rockwell Ende Juni 1985 an das 96. Bombergeschwader auf der Dyess Air Force Base in Texas, wo im Oktober des darauffolgenden Jahres eine anfängliche Einsatzbereitschaft vermeldet wurde. Die 29 Exemplare teilte die USAF auf die 4018. Combat Crew Training Squadron sowie die 337. Bomb Squadron auf, wobei erstgenannte Einheit noch 1986 deaktiviert und durch die 338. Strategic Bombardement Training Squadron ersetzt wurde. Diese fungierte praktisch bis Oktober 1993 als Umschulungsstaffel, als sie in der 337th Bomb Sqn aufging. Drei weitere Geschwader erhielten 1987 und 1988 den Schwenkflügelbomber, die Ausrüstung der USAF war damit komplett und am 1. März 1990 wurde offiziell der Zusatzname Lancer vergeben. Weitaus populärer geriet allerdings Bone, abgeleitet von der in Englisch ausgeschriebenen Typenbezeichnung B-One. Die Einführung der B-1B in den regulären Dienst enttäuschte und offenbarte verschiedene Schwachstellen. Mit hoher Zuladung war die Reichweite unzureichend und das Flugzeug erreichte Flughöhen, die kaum mehr als 7000 m betrugen. Der Kraftstoffverbrauch fiel höher als erwartet aus, im Nachbrennerbetrieb war der gesamte interne Vorrat in 40 min erschöpft. Zudem gab es undichte Nähte an den Kraftstofftanks, Bordrechner generierten Falschmeldungen und limitierten die Zuverlässigkeit des Geländefolgeradars. Den meisten Ärger verursach-

Zwei Lancer der 337. Test- und Entwicklungsstaffel üben das Nachtanken in der Luft, ein unverzichtbarer Bestandteil bei strategischen Einsätzen. (Foto: USAF)

te die äußerst komplexe Verteidigungselektronik. Das AN/ALQ-161 besteht aus über 100 separaten Baugruppen und Subsystemen, die an verschiedenen Stellen des Flugzeugs, u.a. im Heckkonus oder in den Tragflächenwurzeln untergebracht wurden und aus einer Vielzahl von Warnempfängern, Störsendern und phasengesteuerten Antennen, Datenübertragungssystemen und Digitalrechnern besteht. Die tonnenschwere Ausrüstung ist sehr wartungsintensiv, besitzt einen hohen Energiebedarf und durch ihre Komplexität eine gewisse Anfälligkeit. Das erforderte bis in die jüngere Vergangenheit Nacharbeiten und Modifikationen. Arbeitet das System effektiv, kann es auf kurze, mittlere und große Entfernungen Radare und Abwehrwaffen erfassen, stören oder täuschen. Hierzu können vollautomatisch Täuschkörper und Schleppköder ausgestoßen werden. Zuletzt genannte können Radarquerschnitt und Flugeigenschaften des Bombers imitieren und übertreffen sowie entsprechende elektromagnetische Signale aussenden, sodass radargesteuerte Luftabwehrraketen vom eigentlichen Bomber abgelenkt werden und den Köder als das interessantere Ziel angreifen.

Probleme bereitete zu Dienstbeginn auch die Ersatzteilversorgung und in den Jahren 1987/88 pendelte die Verfügbarkeitsrate der B-1B in einem Bereich von lediglich 28 bis 46%, was wiederum zahlreiche Kritiker auf den Plan rief. 1992 wurde aus dem Strategic Air Command (SAC) der USAF das Air Combat Command (ACC) und ließ einige Umstrukturierungen folgen. So ersetzte das 7. Bombergeschwader auf der Dyess AFB das 96. BW und im Juli 1994 kamen die ersten zehn B-1B zur Nationalgarde auf die McConnell AFB in Kansas. Mitte der 1990er-Jahre betrug der Klarstand des Schwenkflügelbombers 55%, was noch immer als unzureichend galt. Mit dem Operational Readiness Asessment Programm wurden zusätzliche Finanzen und Ersatzteile zur Verfügung gestellt, auch um die Alarmbereitschaft mit dem Flugzeug zu erhöhen. Innerhalb von sechs Monaten konnte die Verfügbarkeitsrate zumindest zeitweise auf bis zu 86% erhöht werden, zum anderen wurde die Einsatzrolle der B-1B ab 1995 ausschließlich auf konventionelle Waffen fixiert und weitere Anpassungen in mehreren Blocks vollzogen. Diese Maßnahmen wurden innerhalb des Conventional Mission Upgrade Program (CMUP) mit 2,3 Milliarden Dollar finanziert und betrafen u.a. die Integrierung von Präzisionswaffen, eine verbesserte Navigationsanlage mit GPS oder Upgrades im Radar- und ECM-Bereich. Einen nachhaltigen Eindruck hinterließen zwei B-1B im Juni 1995. Die beiden Maschinen flogen von der Dyess AFB aus ostwärts Richtung Europa, bombardierten Übungsziele in einem dafür vorgesehenen Gebiet in Italien, flogen weiter über die Arabische Halbinsel und den Indischen Ozean, um weitere Übungsziele in Japan zu attackieren und setzten danach ihren Flug weiter ostwärts Richtung Nordamerika fort und warfen hier zum dritten Mal Bomben auf Übungsziele, diesmal im US-Bundesstaat Utah ab. Während des über 32.000 km langen und mehr als 36 h andauernden Übungseinsatzes mussten die beiden Bomber sechsmal in der Luft betankt werden und stellten gleich mehrere Rekorde auf. Im Dezember 1998 flogen sechs Lancer ihre ersten reellen Angriffe, die innerhalb der Operation „Desert Fox“ irakischen Zielen galten und mit Mk82-Sprengbomben durchgeführt wurden. Schon im nächsten Jahr erzielten die Bomber bei den NATO-Einsätzen gegen das ehemalige Jugoslawien eine größere Bedeutung und demonstrierten einen bemerkenswerten Klarstand von 91%. Doch sank dieser schon bald wieder ab. Zur Jahrtausendwende hatte das Air Combat Command 93 Lancer in seinem Bestand, etwa 80 davon galten als einsatzbereit. Im Jahr 2002 beschloss man die Reduzierung der B-1B-Flotte auf 64 Exemplare, womit die beiden existierenden Verbände der Nationalgarde aufgegeben

Ein Flugzeug wie die B-1 soll bei Bedarf weltweit eingesetzt werden können und muss somit auch die klimatischen Verhältnisse verkraften, ob Regenwetter (Foto: Manfred Röhl)

oder selbst überraschende Schneeeinlagen mit Minusgraden. (Foto: Corey Hook / USAF)

wurden. Die meisten der abgezogenen Flugzeuge wurden fürs Erste im Aerospace Maintenance and Regeneration Center auf der Davis-Monthan AFB, Arizona konserviert, um sie bei Bedarf wieder flugtüchtig zu machen. Das betraf zwischen 2002 und 2012 mindestens 17 vormalige Einsatzexemplare, andere dienten als Ersatzteilspender.

Weiterhin genossen Modernisierungen und Anpassungen sowie der Ausbau der Fähigkeiten für Präzisionsangriffe eine hohe Priorität. Über der White Sands Missile Range in New Mexico testete 2006 eine B-1B erstmals eine Abstandswaffe vom Typ AGM-158 JASSM-ER, 2007 gelangte der Sniper-Zielbehälter ins Arsenal des Bombers und wurde zeitnah auch über Afghanistan verwendet.

Boeing entwickelte als Upgrade das Integrated Battle Station-Programm (IBS), das zusammen mit der Sustainment Block-16-Modernisierung mit 1,25 Milliarden Dollar Umfang einen hohen Stellenwert sowohl für den Hersteller als auch für die US-Luftwaffe besaß und ab November 2012 in die Praxis umgesetzt wurde. Die SB-16A-Software erzielte hierbei Verbesserungen beim Navigations- und Kommunikationsbetrieb, dem Einsatz von Radar, Waffen und Anzeigegeräten. Die in der Kabine hinter den Piloten sitzenden Systemoffiziere verfügten nun über insgesamt sechs arbeitsfreundliche Displays, eine Vollvernetzung bzw. Verlinkung mit anderen Flugzeugen sowie land- und seegestützten Kampfverbänden sowie ein Central Integrated Test System (CITS), das fortlaufend Bordsysteme auf ihre Funktionstüchtigkeit, Genauigkeit und ihren Wartungsbedarf überprüfte. Entsprechende Ergebnisse waren für die Bombercrew und die Techniker am Boden abrufbar. Außerdem wurden neue Computer eingebaut und die Feuerleitanlage modifiziert, die Arbeiten bis September 2020 abgeschlossen. Erstempfänger der Modifikationen waren seinerzeit B-1B des 7. Bombergeschwaders in Dyess und sie erreichten damit Ende 2015 eine anfängliche Einsatzbereitschaft. Im selben Jahr ging die Bomberflotte am 1. Oktober vom ACC in den Bestand des 2009 neu aufgestellten Air Force Global Strike Command auf und Lancer dienten fortan in einer Reserve- sowie acht operationellen Staffeln.

Die B-1B hatte sich zum Rückgrat der strategischen Bomberflotte der USAF entwickelt, ihre Leistungsstärke und Zuverlässigkeit konnte erheblich verbessert und Einsätze mit hoher Präzision ausgeführt werden. Zugleich war sie ein kostenintensives Flugzeug, für eine Flugstunde ergaben sich 39 h Wartungsaufwand am Boden. Häufig fiel die Verfügbarkeitsrate in den Einsatzverbänden niedrig aus und mehrmals kam es zu Flugverboten. Nach Triebwerksbrand und wiederholten Problemen mit den Schleudersitzen erfolgte bspw. im Juni 2018 oder im März 2019 ein erneutes Grounding aller Lancer, zugleich näherten sich die meisten Einsatzflugzeuge ihrer strukturellen Lebenslaufzeit von etwa 10.000 Flugstunden. In Folge dessen wurden die B-1B in größeren Höhen geflogen, die jährliche Flugstundenzahl reduziert und lebensverlängernde Maßnahmen in Aussicht gestellt. Im Februar 2021 begann die USAF damit, die am meisten beanspruchten Exemplare temporär einzulagern und die Einsatzflotte auf 45 Bomber zu verringern. Bis dahin waren insgesamt zehn Lancer als Totalverluste zu beklagen, die durch Abstürze und Landeunfälle verursacht wurden.

Aktuell ist der Einsatz der B-1B bis mindestens 2032 geplant, natürlich stehen Einsatzbereitschaft und eine Anpassung an zeitgemäße Gefechtsbedingungen an. Inzwischen ist auch die AGM-158C als Long Range Anti Ship Missile (LRASM) zur Bekämpfung von Schiffen aus bis zu 900 km Entfernung in die Bewaffnung eingeführt und angeblich soll auch die Hyperschallrakete AGM-183 als sogenannte Air Launched Rapid Response Weapon (ARRW) Einzug in das Arsenal des Bombers halten. Des Weiteren denkt man an die Reaktivierung der externen Waffenstationen sowie an den Ersatz des AN/APQ-164-Radars durch ein neues von Northrop entwickeltes Gerät mit aktiver elektronischer Strahlschenkung nach.

Produktion und Serienversionen

Rockwell International fertigte neben den vier **B-1A**-Prototypen ab 1983 insgesamt 100 Serienmaschinen B-1B. Die letzte verließ im Januar 1988 die Endmontage im kalifornischen Palmdale, Los Angeles und nach der Übernahme des Unternehmens durch die Boeing Company im Jahr 1996 fielen weitere Verpflichtungen in deren Aufgabenbereich.

B-1B, einzige Serienversion, Erstflug 18. Oktober 1984, Dienstantritt mit IOC im Oktober 1986, nicht verstellbare Lufteinläufe und damit max. M 1,25 möglich, interne Waffenlasten und hierbei konventionelle Ausrichtung seit 1995, Verwendung von Stealth-Technologien, separate Schleudersitze für die Crew, Einsatz derzeit bis mindestens 2032 vorgesehen

Aufbau, Ausstattung und Bewaffnung

Aluminium- und Titanlegierungen sowie glasfaserverstärkte Kunststoffe und auch Stahl wurden vornehmlich zum Bau der B-1B eingesetzt. Das Tragwerk ist tief angesetzt, wobei der starre Ansatz leicht bogenförmig verläuft, mit stromliniengünstigen Verkleidungen eine Einheit mit dem Rumpf herstellt und auch zur Aufnahme der großen, kugelförmigen Schwenklager und der Schwenkbolzen dient. Der Schwenkbereich der durch Hydraulikmotoren und Schraubspindeln bewegten Tragflächen beträgt 15 bis 67,5 Grad, Zwischenstellungen sind bei Pfeilwinkeln von 25, 45 sowie 55 Grad möglich. Über die gesamte Spannweite der beweglichen Tragflächenabschnitte gibt es an jeder Vorderkante sieben ausfahrbare Vorflügelsegmente, hinzu kommen je vier Segmente Spaltklappen und auf der Oberseite jeweils vier Spoiler, die im Flug auch als Luftbremsen genutzt werden können. Das voll bewegliche Höhenleitwerk ist im unteren Drittel der geschwungenen Seitenflosse platziert, außerdem gibt es am Rumpfbug ebenfalls voll bewegliche Steuerflächen. Bei Tiefflugeinsätzen werden diese je nach den Werten, die Beschleunigungsmessgeräte liefern, automatisch bewegt und gleichen damit Böen und Stöße aus. Unter den mächtigen Tragwerkswurzeln sind vier Turbofantriebwerke General Electric F101-GE-102 zu zwei Paaren und mit nicht verstellbaren Lufteinlässen montiert. In beiden Triebwerksgondeln gibt es je ein von Garrett gebautes Hilfsaggregat zum Anlassen der Triebwerke. Zur Verringerung der Reaktionszeit bei einem Alarm wurde ein Schalter am Bugfahrwerk und damit in unmittelbarer Nähe zum Einstieg in das Flugzeug installiert, der vom ersten Besatzungsmitglied, dass den Bomber erreichte, betätigt wurde und damit über das Hilfsaggregat das Anlassen der Triebwerke einleitete. Die Triebwerke selbst leisten im Nachbrennerbetrieb jeweils 136,9 kN Schub und damit jeweils 3,4 kN mehr als die F101-GE-100 der B-1A-Prototypen. Intern nimmt die B-1B in sieben Tanks insgesamt 112.634 l Kraftstoff auf. Ein extra Management Subsystem regelt das Verteilen des Kraftstoffs in den Tanks sobald sich der Schwerpunkt durch das Schwenken der Tragflächen verändert. Es besteht die Möglichkeit, die drei Waffenschächte mit einem jeweils 11.500 l fassenden Zusatztank zu bestücken, theoretisch sind die (nicht genutzten) externen Pylone zur Aufnahme von sechs weiteren Zusatztanks mit je 3500 l Fassungsvermögen fähig. Zwei vierrädrige Hauptfahrwerksgruppen sowie eine doppelt bereifte Bugradstrebe zeichnen das einziehbare Fahrwerk des Bombers aus. Der spitze Rumpfbug nimmt vor allem Navigations- und Angriffsavionik auf, gefolgt von der ausfahrbaren Nachtankvorrichtung vor dem Cockpit. Etwas erhöht schließt sich die druckbelüftete Besatzungskabine an. Hier sitzen vorne links Pilot und rechts Kopilot, links dahinter der Defensive Systems Operator (DSO) und rechts hinten der Offensive Systems Operator (OSO). Aktuell ist das vordere

Über eine teleskopartig ausziehbare Leiter gelangt die Crew ins Cockpit des Schwenkflügelbombers. (Foto: Philip Stevens)

Vorderes Cockpit der B-1B nach Modernisierungen. (Foto: Philip Stevens)

Ebenfalls modernisiert die Station des Defensive System Operator, links und des Offensive System Operator, rechts. (Foto: Philip Stevens)

Cockpit mit vier Farbbildschirmen ausgestattet, während das der Systemoffiziere insgesamt sechs Multifunktionsdisplays aufweist. Alle vier verfügen über Weber-Schleudersitze ACES II mit Null-Null-Kapazität. Etwas weiter hinten gibt es auf der erhöhten Rumpfoberseite acht verschließbare Ausstoßöffnungen für Täuschkörperwerfer im Kaliber 76 mm, wobei hier jeweils bis zu zwölf der 1,5 kg schweren und damit möglicherweise die weltweit größten thermischen Fackelladungen zum

In der Frontalansicht sind gut das Fahrwerk und die Lufteinläufe in den Triebwerksgondeln zu sehen. In ihnen befinden sich S-förmige Leitbleche, die allerdings keine hohe Überschallgeschwindigkeit erlauben. (Foto: Philip Stevens)

Beim Zurückschwenken verschwindet ein Teil des beweglichen Tragflügels in der starren Wurzel, ansonsten dichten Gummimanschetten diesen Bereich ab. (Foto: Heiko Thiesler)

Einsatz gelangen können. Zahlreiche Antennen, Sensoren und Receiver sind an der Außenhaut des Flugzeugs zu erkennen und gewährleisten eine 360-Grad-Abdeckung, hier kommen Materialien und Anstriche zur Verringerung des Radarquerschnitts zur Anwendung.

Die Avionik der B-1B gehört bis heute zu den umfangreichsten überhaupt, die in Militärflugzeugen zum Einbau gelangte. Allein das elektronische Verteidigungssystem bestand schon zu Anfang aus 107 Subelementen und wurde bis heute mehrmals verbessert. Auszugsweise gehören zur Avionik:

Mehrzwecknavigations- und Feuerleitradar AN/APQ-164
Trägheitsnavigationsanlage AN/ASN-131
Radarhöhenmesser AN/APN-224
Taktische Navigationshilfe AN/ARN-118
Dopplergerät AN/APN-218, AN/APN-230
Radarwarnempfänger AN/ALR-56
Raketenwarnempfänger AN/ALQ-153
Freund-Feind-Erkennungsgerät AN/APX-101A

Funkkommunikation AN/ARC-171, AN/ARC-190
Satellitenkommunikation AN/ASC-19
Avionik Management System AN/ASQ-184
Zielgeräte / -behälter Sniper
Stör- und elektronische Verteidigungsanlagen AN/ALQ-161
Zum eigenen Schutz können Täuschkörperwerfer AN/ALE-49 sowie AN/ALE-50 und -55-Schleppköder verwendet werden. Die Lancer besitzt keine fest installierte Bordbewaffnung. Waffen finden in drei Rumpfschächten Platz, wobei der mittlere im Jahr 2019 erstmals probeweise vergrößert wurde, um mehr oder voluminösere Waffen aufzunehmen. Ansonsten können Bomben in drehbaren Kassetten und Marschflugkörper in rotierenden Startern mitgeführt werden. Acht externe Stationen, sechs davon als Doppelträger, waren ursprünglich ebenfalls zur Mitnahme von Waffen konzipiert, aber bisher nicht serienmäßig verwendet worden. Mit den Außenlastträgern beträgt die maximale Waffenlast 60.000 kg, intern können dagegen maximal 34.020 kg mitgeführt werden.

Die Bewaffnungsmöglichkeiten bestehen aus:
Atombomben B28, B43, B61, B83
Sprengbomben Mk82, 84
GPS-gesteuerte Lenkbomben GBU-31, -38, -54
Minen Mk36, 62, 65
Clusterbomben CBU-87, -89, -97
Waffendispenser CBU-103, -104, -105 WCMD
Anti-Schiff-Lenkwaffen AGM-154C LRASM
Luft-Boden-Marschflugkörper AGM-154A JSOW, AGM-158A JASSM, AGM-158B JASSM-ER, AGM-183 ARRW

Unter dem Rumpf dieser B-1B ist ein Sniper-Zielbehälter angehängt. Mit seinen Sensoren lassen sich bei jedem Wetter und auch bei Nacht Ziele problemlos finden und markieren, der Auffassungswinkel beträgt dabei +35 bis -155 Grad. (Foto: Heiko Thiesler)

Atomare Marschflugkörper AGM-69A SRAM, AGM-86B

Nutzer der B-1B
Auf der Dyess Air Force Base in Texas empfing das 96th Bomb Wing am 29. Juni 1985 die ersten von 29 Lancer und teilte die Flugzeuge nachfolgend auf die 4018. Trainings- sowie die 337. Bomberstaffel auf. Im Oktober 1986 wurde eine anfängliche Einsatzbereitschaft mit dem Schwenkflügler erreicht, im selben Jahr ersetzte die USAF die 4018. durch die 338. Umschulungsstaffel. Im Januar 1987 begann die Zuführung von insgesamt 35 B-1B an die 28th Bomb Wing auf der Ellsworth

Als Bewaffnung für die B-1 wird eine Abstandswaffe AGM-158A zum Flugzeug transportiert, wobei Trag- und Leitwerksflächen nicht ausgeklappt sind. Sie wiegt gut 1000 kg und wird über Trägheitsnavigation sowie GPS ins Ziel gelenkt. (Foto: USAF)

GPS-gesteuerte Munition wie diese JDAM-Bomben GBU-31 spielen inzwischen eine wichtige Rolle im Arsenal der B-1B. (Foto: Michael B. Keller / USAF)

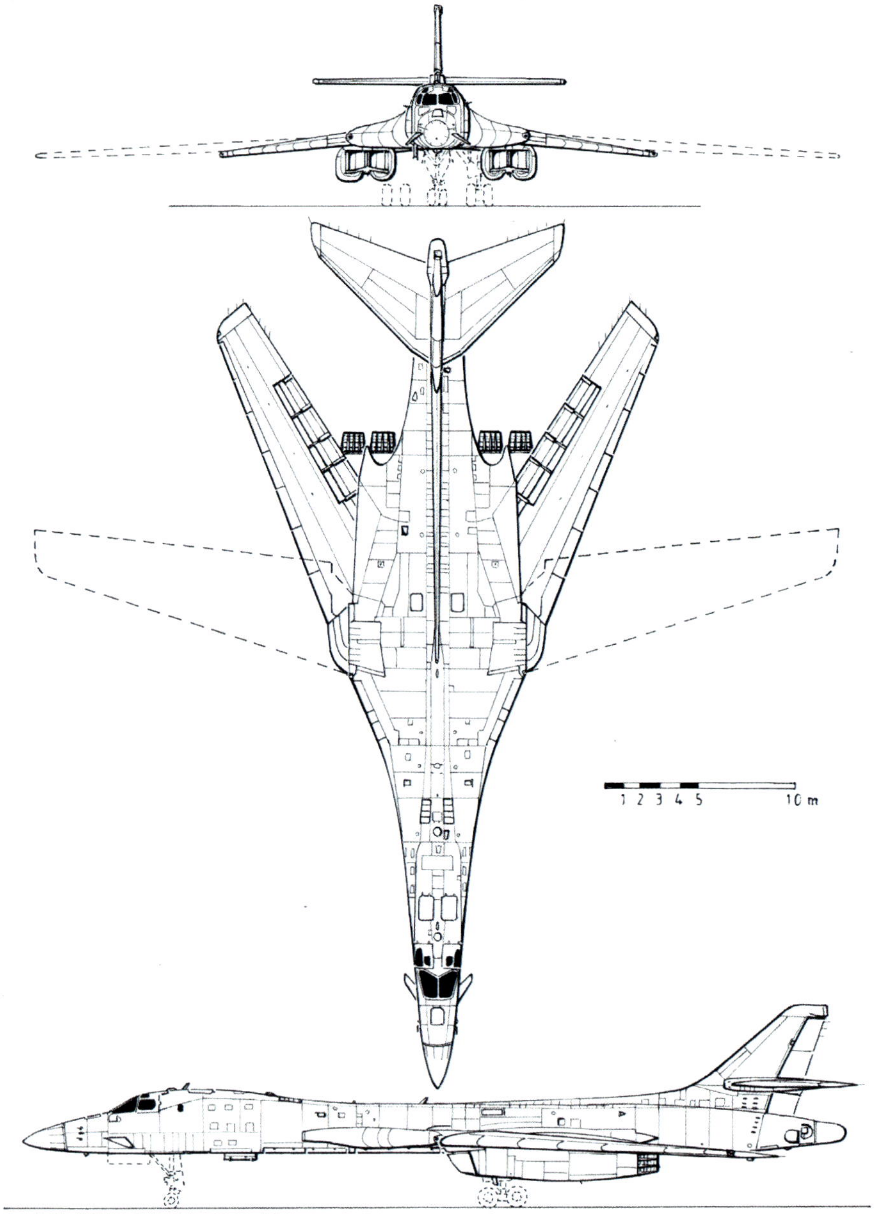

Dreiseitenriss der B-1B. (Zeichnung: Manfred Meyer)

Typ	B-1B
Verwendung	Strategischer Bomber
Besatzung	4
Triebwerk	vier General Electric F101-GE-102 mit je 136,92 kN mit Nachbrenner
Spannweite (m)	23,84-41,67
Länge (m)	44,81
Höhe (m)	10,36
Flügelfläche (m²)	181,16
Leermasse (kg)	87.088
Startmasse max. (kg)	216.634
Höchstgeschwindigkeit (km/h)	1330
Steiggeschwindigkeit (m/s)	83
Landegeschwindigkeit (km/h)	250
Startstrecke (m)	1700
Landestrecke (m)	1500
Dienstgipfelhöhe (m)	15.240
Reichweite (km)	11.995
Bewaffnung	bis 34.020 kg Bomben, Waffendispender, Marschflugkörper

Einsatzstaffeln (Auswahl)
USA
BS 9, 13, 28, 34, 37, 46, 77, 127, 128, 337, 338

AFB in South Dakota und die Eingliederung des Musters in die 37th und 77th Bomb Sqn. Die 319th Bomb Wing auf der Grand Forks AFB in North Dakota wurde mit der 46. Bomberstaffel ab August 1987 zum nächsten Empfänger und 1988 die 384th Bomb Wing am Standort McConnell, Kansas zum vorerst letzten Einsatzgeschwader, dass 25 brandneue B-1B der zugehörigen 28. Bomberstaffel übergab. Die Crews dieser Staffel trainierten in Dyess und überzeugten ab 1989 bei verschiedenen Wettbewerben innerhalb des SAC mit einem hohen Ausbildungsstand und kassierten dafür mehrere Auszeichnungen.

Das 1992 gegründete Air Combat Command teilte zwei Jahre später die 28th BS der Dyess AFB zu und löste das 384. Geschwader auf. Gleichfalls wurde dort die 337th Bomb Sqn deaktiviert. In den Jahren 2000 bis 2005 hingegen stellte die 13th Bomb Sqn dann wieder einen Zuwachs an B-1B in Dyess dar. Die US Air National Guard nutzte den Bomber in je einem Verband auf der McConnell sowie der Robins AFB ab 1994 bzw. 1996, bis beide im Jahr 2002 im Zuge von Reduzierungen ihre Maschinen abgeben mussten.
Heutzutage verteilen sich die Lancer auf das 7. Bomb Wing

Eine B-1B beim Abwurf von Mk82-Bomben. In dieser Variante verfügt die 251 kg schwere Waffe über eine fallschirmartige Baugruppe am Heck, die den Fall verzögert und den Bomber bei Tiefflugeinsätzen nicht in deren Wirkungskreis geraten lässt. (Foto: USAF)

mit der 9. und 28. Bomb Sqn in Dyess, wobei letztere das Training übernimmt. Außerdem sind Maschinen des Typs Teil der 337. TES, einer Entwicklungsstaffel am selben Standort. Mit den Bomb Squadrons 34 und 37 gibt es zwei weitere operationelle Einsatzstaffeln innerhalb des 28. Bomb Wing in Ellsworth und auf der kalifornischen Edwards AFB wird die B-1B zudem von der 419. FLTS zu Testzwecken genutzt. Festgelegte Stationierungen der B-1-Bomber im Ausland gibt es nicht, wohl aber regelmäßig Verlegungen, gerade auch in Krisen- und Kriegszeiten nach Diego Garcia, Guam, Großbritannien, Japan, Katar und Oman.

Kampfeinsätze

Die Lancer-Flotte hatte immer wieder mit geringen Klarständen zu kämpfen, wohl auch einer der Gründe, warum die B-1B nicht im Golfkrieg 1991 eingesetzt wurde. Zum anderen lag damals der Haupteinsatzzweck des Bombers in der nuklearen Abschreckung und zudem war das Aufgebot an Kampfflugzeugen, die an den Konfliktherd beordert wurden, für die entsprechenden Bombenangriffe mehr als ausreichend. So erhielt die B-1B ihre Feuertaufe innerhalb der Operation „Desert Fox“ im Dezember 1998. In sechs Einsätzen bei Nacht galten die ausgeführten Bombardements irakischen Militäranlagen. Hierzu starteten die sechs zur 9th und 37th BS gehörenden Flugzeuge von Oman aus ihre Missionen, erstmals am 17. Dezember, und verwendeten etwa 250 Mk82-Sprengbomben.

Umfangreicher fielen die Einsätze im nächsten Jahr bei der Operation „Allied Force“ über dem ehemaligen Jugoslawien aus. B-1B der 37th und 77th BS erreichten dabei einen hohen Klarstand von 91% und starteten, beginnend am 1. April 1999, vom britischen Fairford aus zu über 100 Einsätzen. Sie dauerten sieben bis acht Stunden an und wurden bei Nacht geflogen. Diesmal fielen mehr als 5000 Mk82-Sprengbomben auf jugoslawische Industrie- und Flugplatzanlagen, Truppen und Fahrzeuge. Das bedeutete, dass die B-1B zwar nur zwei Prozent der von der NATO durchgeführten Kampfeinsätze absolvierten, dabei aber 20% aller eingesetzten Waffen abwarfen.

Während der Operation „Enduring Freedom“ begannen B-1B am 7. Oktober 2001 von Katar, später auch von Diego Garcia aus ihre Bombenangriffe auf infrastrukturelle Ziele der Taliban, aber auch zur Unterstützung der eigenen oder verbündeten Bodentruppen. Allein in den ersten sechs Monaten des Engagements wurden knapp 3900 JDAM-Bomben eingesetzt, später folgten auch die Verwendung der Wind Corrected Munition Dispenser (WMCD) und ab 2007 erstmals der Einsatz des Sniper-Zielbehälters. Dabei erhielten die Bombercrews häufig erst während des Anfluges ihre Zieldaten über Link zugespielt, luden die erforderlichen Parameter in die Waffen und führten dann den Angriff durch. Die Sniper-Pods konnten auch kleine und bewegliche Ziele erkennen, halfen vielfach bei der Identifizierung von Zielen und konnten ausgemachte Informationen in Echtzeit an bodengestützte Einheiten weitergeben. Für gemeinsame Aktionen verbesserte sich damit zugleich die Einsatzkoordination. Typische Einsätze konnten zehn bis

Die Tragflächen dieser B-1B befinden sich in der geringsten Pfeilstellung. Gut zu sehen auch die beiden Triebwerksgondeln oder die kleinen Steuerflächen am Bug. (Foto: Michael B. Keller / USAF)

Auch wenn die USAF die Zahl der Einsatzmaschinen nochmals reduziert hat, bleibt die B-1B für weitere Jahre ein wichtiges Flugzeug. Aktuell soll der Bomber bis mindestens 2032 im Dienst stehen. (Foto: Ryan Grossklag / USAF)

In der Draufsicht bietet die B-1 ebenfalls ein interessantes Bild und verrät einiges von Konzeption und Größe des Flugzeugs. (Foto: Alexander Golz)

15 h beanspruchen und erforderten Nachtankmanöver. Die Verfügbarkeitsrate der Bomber betrug respektable 79% und bis Februar 2012 hatten sie insgesamt 10.000 Einsätze geflogen. Schon im Dezember 2001 war eine Lancer auf dem Flug nach Afghanistan aus nicht völlig geklärten Umständen in den Indischen Ozean gestürzt, eine andere in Katar stationierte Maschine wurde im April 2008 bei einem Landeunfall zerstört. Zwischenzeitlich waren elf B-1B auch beim neuen Krieg gegen Irak beteiligt und absolvierten zwischen März und Mai 2003 fünf Prozent aller Angriffsflüge, warfen aber zugleich 40% aller luftgestützten Kampfmittel ab. Die Flüge schlossen im April direkte Angriffe mit GBU-31-Bomben auf die Hauptstadt Bagdad und dort befindliche Regierungseinrichtungen ein. Die 28th BW schickte am 27. März 2011 innerhalb der Operation „Odyssey Dawn" vier Lancer von Ellsworth aus zu Kampfeinsätzen nach Libyen. Mit Luftbetankung wurden hierbei zehnstündige Flüge durchgeführt, Ziele weit im Landesinnern angegriffen und dabei eine Trefferquote von bis zu 98% demonstriert. Danach erfolgte eine temporäre Stationierung der Maschinen bis zum Monatsende auf der Al Udeid-Air

Diese B-1B-Bomber der 37th BS befinden sich auf der Ellsworth AFB, South Dakota. Am Vorderrumpf der Flugzeuge gibt es neben dem Staffelwappen jeweils individuelle artworks.(Foto: Philip Stevens)

Schöne Ansicht einer Lancer auf der Ellsworth AFB, in der das Flugzeug mit klaren Linien überzeugt. Der Anstrich trägt zur Verminderung der Radarsignatur bei. (Foto: Philip Stevens)

Base in Katar. Die 9. BS wurde 2014 nach Katar verlegt und flog ab August von dort aus Kampfeinsätze bei der Operation „Inherent Resolve". Die Attacken richteten sich hauptsächlich gegen Fahrzeuge, Bunker und Öl verarbeitende Anlagen des IS in Syrien und Irak. Objekte der syrischen Armee wiederum wurden im März 2018 von zwei B-1B der 34th Bomb Sqn mit 19 AGM-158-Abstandwaffen belegt, in etwa zeitgleich mit Marschflugkörperangriffen der US Navy.
Die häufigen und anspruchsvollen Einsätze gerade über Afghanistan von 2001 bis 2016 erforderten zeitweilig die Wiederinbetriebnahme bereits konservierter B-1-Bomber und die

Aus unterirdischen Depots wie hier auf der Dyess AFB in Texas werden die B-1B mit Kraftstoff, Hydraulikflüssigkeiten oder Sauerstoff versorgt und die Bordelektronik gekühlt. (Foto: Alexander Golz)

Mit hoher Geschwindigkeit und in nur 150 m Höhe passiert diese Lancer den Bighorn Mountain in Wyoming. Man sieht die kugelförmigen Schwenklager am Übergang vom starren zum beweglichen Teil der Tragflächen. (Foto: Philip Stevens)

erneute Zuführung in den regulären Einsatzbetrieb. Eine mangelhafte logistische Unterstützung inklusive der Ersatzteilversorgung drückte häufig die Verfügbarkeitsrate des Flugzeugs. Andererseits hatte die Lancer ihre Fähigkeit zu Präzisionsangriffen unter Beweis gestellt und erfüllte die ihr gestellten Aufgaben mit großer Zuverlässigkeit. Hierzu trugen natürlich die durchgeführten Upgrade-Programme, die Einführung des Sniper-Zielbehälters sowie neue Lenkwaffen bei. Die B-1 als einstiger Bestandteil der US-amerikanischen nuklearen Abschreckung hatte sich zu einem leistungsstarken Mehrzweckbomber mit konventionellen Mitteln entwickelt und soll diese Rolle bis zur Einführung eines neuen Musters (B-21) ausfüllen.

In der obersten der drei Seitenansichten ist der vierte B-1A-Prototyp in einem Mehrfarbentarnschema abgebildet. Der Bug hat noch eine andere Form und es gibt den auffälligen Rückentunnel. Das Flugzeug absolvierte bis April 1981 insgesamt 70 Testflüge, dann wurde daraus ein B-1B-Prototyp. Als zweites eine B-1B in dem frühen Tarnschema der 1980er-Jahre. Diese Maschine war die vorletzte des dritten Bauloses und dient auf der Dyess AFB. Die letzte im neueren Einheitsfarbton mit Anteilen eines radarabsorbierenden Anstrichs und stationiert auf der Ellsworth AFB. Geschwaderwappen hinter dem Cockpit und Emblem des ACC über der taktischen Kennung. (Grafik: Srecko Bradic)

Tupolew Tu-160 Blackjack

Die Tu-160 ist ein gewaltiges Flugzeug, das nicht nur eine hohe Leistungsfähigkeit besitzt, sondern gleichermaßen Russlands Status als Atommacht mit strategischen Trägermitteln untermauert. (Foto: Vadim Savitzky / Russian MOD)

Historie

Die Tu-160 gilt derzeit als größtes und schwerstes Kampfflugzeug weltweit. Trotz einer geringen verfügbaren Stückzahl ist das gewaltige Flugzeug als Lenkwaffenträger ein schlagkräftiges Instrument innerhalb der russischen Triade nuklearer Abschreckung. Mit Auswahl des amerikanischen AMSA-Projektes als strategischer Atombomber wurde auch in der damaligen Sowjetunion dieses Thema aufgegriffen und der Ministerrat erließ im November 1967 eine entsprechende Weisung zur Konstruktion eines neuen Kampfflugzeugs mit interkontinentaler Reichweite. Hierzu sollten auch neue Lenkraketen als Ch-45 und Ch-2000 entwickelt werden und später Einzug ins Inventar des zu bauenden Bombers halten.

In der Sowjetunion und überhaupt im ehemaligen Ostblock war es nicht selbstverständlich für ein zu entwickelndes Flugzeug eine Ausschreibung und schon gar nicht unter Einbeziehung der Öffentlichkeit zu starten und hierbei mehrere Hersteller oder passender, unterschiedliche Konstruktionsbüros einzubeziehen. Der optimale Weg sah vor, Beschaffungsmaßnahmen von Militärtechnik unter den Warschauer Vertragsstaaten gemeinsam abzustimmen und wenn möglich, standardisierte Waffensysteme in die jeweiligen Armeen einzuführen. Dies gelang bei vielen Waffensystemen besser als innerhalb der NATO, doch spielte im Osten zweifelsohne die Vormachtstellung der Sowjetunion und der Entwicklungsstand des dort vorhandenen militärisch-industriellen Komplexes eine entscheidende Rolle. Das Programm der Tu-160 startete tatsächlich mit einem Wettbewerb, denn diesmal erhielten gleich drei Konstruktionsbüros den Auftrag zur Entwicklung eines Bombers / Lenkwaffenträgers für strategische Reichweiten. Es handelte sich um die Konstruktionsbüros Mjassischtschew, Suchoi und Tupolew. Letztgenanntes OKB verfügte über die meiste, praktisch eine jahrzehntelange Erfahrung in der Konzeption und dem Bau von mittleren bis hin zu schweren Bombenflugzeugen, doch waren die Kapazitäten durch die zeitgleich durchgeführten Arbeiten an anderen Projekten ein-

Die Serienfertigung der Tu-160 erfolgte in Kasan, auch künftige Exemplare sollen von hier kommen. Bei diesem in der Überholung befindlichem Exemplar, dass den Namen des Tu-160-Chefkonstrukteurs Valentin Bliesnjuk trägt, sind die inneren Klappen als Grenzschichtzäune aufgestellt. (Foto: Tupolew)

schließlich dem sowjetischen Überschallverkehrsflugzeug Tu-144 oder auch dem Schwenkflügelbomber Tu-22M begrenzt. Suchoi war ebenfalls schwer beschäftigt, in erster Linie mit neuen taktischen Kampfflugzeugen wie der Su-17 sowie den späteren Su-24 und Su-27. Hinzu kam das Bomberprojekt T-4, auch als Su-100 bekannt, dass wesentlich durch den Bau der amerikanischen XB-70 beeinflusst und angeschoben wurde. Mjassischtschew war als eigenständiges OKB 1960 geschlossen und dessen Namensgeber und zugleich Leiter zum Chef des ZAGI ernannt worden. 1967 übernahm er wieder die Leitung eines Konstruktionsbüros, allerdings mangelte es hier in vieler Hinsicht an technologischen und letztlich räumlichen Möglichkeiten zum Bau eines den Anforderungen entsprechenden Versuchsmusters. Doch bei allen drei wurden zumindest etliche Studien angefertigt und wiederum mehrere davon enthielten Schwenkflügel. Die T-4MS von Suchoi wirkte mit einem als riesigen Auftriebskörper gestalteten Rumpf sowie einem Schwenkflügeltragwerk recht futuristisch, hatte mit der ursprünglichen T-4 eigentlich gar nichts mehr gemeinsam und wurde offenbar vom Militär favorisiert. Mjassischtschews Entwurf M-18 als eines von mehreren Konzepten kam der späteren Tu-160 schon sehr nahe und wurde als recht ausgewogen bewertet. Doch für beide Mitbewerber kam das undankbare Aus im Jahr 1972. Per Ministerratsbeschluss sollten Mjassistschew und Suchoi ihre Unterlagen dem OKB Tupolew übergeben, damit dort die Entwicklung des neuen Bombers zu Ende geführt wird. Tatsächlich fand vor allem das M-18-Design Berücksichtigung und wurde zum „Erzeugnis 70“, der späteren Tu-160, fortentwickelt.

Hunderte Ingenieure, Institute und Herstellerbetriebe, insbesondere das ZAGI, waren letztlich an der Konzeption des Schwenkflügelbombers beteiligt. Im Juni 1974 kam der endgültige Auftrag für die mit vier Triebwerken vorgesehene Tu-160 und wurde nochmals im Dezember 1975 mit einzelnen Spezifikationen konkretisiert. Als Lenkwaffenträger sollte das Flugzeug möglichst außerhalb der gegnerischen Luftabwehr wichtige militärische und infrastrukturelle Ziele angreifen, aus großer und bei Bedarf auch in niedriger Flughöhe sowie im schallnahen Bereich den Zielanflug ausführen. Im wirtschaftlichen Marschflug war eine interkontinentale Reichweite vorgesehen, die Möglichkeit zur Luftbetankung ermöglichte eine Ausdehnung der Flugdauer. Moderne Bordsysteme zur Navigation, Zielerfassung und elektronischen Abwehr gehörten zum Gesamtkonzept, die Entwicklung der ursprünglich als Hauptbewaffnung geplanten Marschflugkörper Ch-45 und Ch-2000 wurde allerdings abgebrochen und als Alternative die Lenkwaffe Ch-55 im Konstruktionsbüro Raduga konzipiert. Sie ist knapp sechs Meter lang, erzielt eine Reichweite von gut 2500 km und kann einen Atomsprengkopf mit 200 kT Sprengkraft tragen. Aufgrund der vergleichbaren Aufgabenstellung ähnelte die Tu-160 im Habitus letztendlich sehr der B-1, sie geriet aber noch um einiges größer, aber keinesfalls grobschlächtiger. Im Gegenteil, angeblich fällt die Radarsignatur sogar noch geringer als bei der Lancer aus. Auch die Tu-160 verwendet in manchen Bereichen radarabsorbierende Anstriche etwa in den Lufteinlässen, die gesamte aerodynamische Formgebung, die regelrechte Verschmelzung von Rumpf und Tragwerk tragen in erheblichem Maße zu einem verminderten Radarquerschnitt bei. Das sogenannte blended wing-body-Layout sorgt für einen hohen Auftrieb und erlaubt die Unterbringung einer gewaltigen Menge Kraftstoff. Die großflächigen, bogenförmigen Tragwerksansätze gehen in die von 20 bis 65 Grad verstellbaren Tragflächen als Hauptmerkmal des Flugzeugs über. Sie dienen bekanntermaßen der Optimierung der Eigenschaften in unterschiedlichen Flugregimes sowie der Start- und Landecharakteristiken. Letztgenannter Vorgang wird zusätzlich durch drei auszustoßende, jeweils 35 m^2 große Bremsschirme verkürzt.

Der Entwurf der Tu-160 war 1977 vollendet, und um möglichst schnell auf das amerikanische B-1-Programm reagieren zu können, liefen im Herstellerwerk in Kasan bereits die Vorbereitungen zur Serienproduktion und damit noch vor dem Erstflug des Prototyps an. Hierzu musste der Betrieb modernisiert und ausgebaut werden, es entstanden neue Bereiche, in denen effiziente Fertigungstechnologien wie Elektronenstrahl- und Vakuumschweißen u.a. auch für die 3000 kg schweren Flügelkästen integriert wurden. Den Prototyp baute Tupolew

Eine unlackierte Maschine offenbart die unterschiedlichen Baugruppen und Materialien, ferner die Verschmelzung von Rumpf und Tragwerk in bemerkenswerten Dimensionen. (Foto: Rob Schleiffert)

in Moskau, transportierte ihn nachfolgend zum nahe gelegenen Testzentrum Shukowski und komplettierte ihn dort im Januar 1981. Für große Aufmerksamkeit sorgte schon bald das Auftauchen eines unscharfen Fotos dieser Maschine, das anfangs als Satellitenaufnahme deklariert, aber später einem Fluggast eines startenden Passagierflugzeugs zugeschrieben wurde. Der Prototyp war dabei neben zwei Tu-144 abgestellt und erlaubte schon einige Rückschlüsse auf seine Dimensionen. Da das Erprobungszentrum im Westen auch als Ramenskoje bekannt ist, erhielt die Tu-160 den vorläufigen Meldenamen „Ram-P“, während später der einprägsame NATO-Code Blackjack vergeben wurde. Schließlich startete der Prototyp 70-01 mit Boris Weremej als Pilot, Sergej Agapow als Kopilot sowie den beiden Navigatoren Michail Kozel und Anatoli Jerijomenko am 18. Dezember 1981 zu seinem 27minütigen Erstflug. Nach einer statischen Bruchzelle (70-02) folgte ein zweiter fliegender Prototyp ab dem 6. Oktober 1984 in die Flugerprobung. Diese Maschine erhielt als erste die ausfahrbare Nachtankvorrichtung sowie eine Vielzahl der vorgesehenen Einsatzsysteme. Noch im selben Monat flog auch die erste, in Kasan gefertigte Serienmaschine am 10. Oktober zum ersten Mal und im nächsten Jahr wurden zwei weitere Serienexemplare eingeflogen. Ebenfalls 1985 flog der erste Prototyp im Februar erstmalig mit Überschallgeschwindigkeit. Die ersten beiden Serienflugzeuge wurden von Kasan nach Shukowski geflogen und ins Testflugprogramm einbezogen. Sie waren komplett weiß lackiert und verhalfen der Tu-160 zum inoffiziellen Beinamen „Weißer Schwan“. Zwei weitere (Vor)Serienmaschinen unterstützten ebenfalls die Erprobung, wobei auch Flüge mit deaktivierter Fly-By-Wire-Steuerung sowie Landungen mit zurück geschwenkten Tragflächen realisiert wurden. Einen Rückschlag erhielt das Programm im März 1987, als die zweite Serienmaschine wegen Triebwerksbrand abstürzte, die Besatzung sich glücklicherweise aus dem Flugzeug katapul-

Die Tu-160-Flotte ist auf der Luftwaffenbasis Engels im 121. GwTBAP zusammengefasst, der zu sehende Bomber gehört zu den jüngeren und trat dort im Frühjahr 2008 den Dienst an. (Foto: Tupolew)

Start einer Tu-160, wobei die gelbe Farbgebung der Triebwerksabgase auffällt. Die stammt von einem dem Kraftstoff beigemischten, ausschließlich in Aserbaidschan produzierten Fluid. (Foto: Alex Beltyukov / russianplanes.net)

tieren konnte und überlebte. Andere Versuchsreihen fanden zudem im Erprobungszentrum der Luftwaffe in Achtubinsk statt, die staatlichen Tests liefen bis 1989. Bis dahin hatte die Tu-160 auch fünf Ch-55-Marschflugkörper abgefeuert, die seit 1984 als dienstklar galten. Außerdem hatte der Schwenkflügler Geschwindigkeiten von bis zu 2200 km/h erreicht, im Dienst führten die strukturellen Integritätsanforderungen zu einer Begrenzung auf 2000 km/h.

In der Zwischenzeit gelangten die ersten Serienexemplare im April 1987 zum 184. Schweren Bombenfliegerregiment nach Priluki, wo man noch im selben Jahr eine anfängliche Einsatzbereitschaft bekannt gab. Auch startete eine Tu-160 des 184. TBAP im Juli 1987 erstmals die weiterentwickelte Ch-55SM, die mit zusätzlichen, aerodynamisch angepassten Tanks die Reichweite auf 3000 km steigern konnte. Zum Jahresende waren am Standort zehn Tu-160 vorhanden, Crews und auch Fluglehrer trainierte die sowjetische Luftwaffe auf der Tu-134UBL. Bei den Crews und vor allem den Piloten war die Tu-160 schnell beliebt, sie ließ leicht steuern und verfügte über gute und stabile Flugeigenschaften, gerade auch im langsamen Flugregime oder im Steigflug. Andererseits beklagten sie sich über eine gewisse Unbequemlichkeit, da die K-36-Schleudersitze eigentlich für taktische Kampfflugzeuge entworfen wurden und für Langstreckenflüge eher ungeeignet erschienen. Immerhin erhielten die Sitze in der Tu-160 dank zusätzlicher Kissen später eine Massagefunktion. Es gab aber noch weitere Defizite, mit denen sich die Bomberbesatzungen und die Techniker am Boden auseinandersetzen mussten. Dazu gehörten Fehlfunktionen und Ausfälle bei der Bordelek-

Mit zurückgeschwenkten Tragflächen kann die Tu-160 hohe Überschallgeschwindigkeiten erreichen. Beachtenswert ist der mächtige Rumpfquerschnitt, die teilweise zu sehenden Schwenklager sowie die aufgestellten Grenzschichtzäune für eine zusätzliche Stabilität. (Foto: Jewgeni Kazennow)

trik, den Triebwerken, den digitalen Triebwerkskontrollen oder auch den Verstellmechanismen an den Triebwerkseinlässen, Probleme mit der Hydraulik und dem Fahrwerk sowie an bestimmten Zellenbereichen wie bspw. am Leitwerk und den dort verwendeten Wabenstrukturen. Häufig erwies sich das mehrfache Vorhandensein verschiedener Systeme als praktisch, zum anderen konnten viele Mängel schnell erkannt und behoben werden. Eine Verbesserung stellte die Verdreifachung der Lebensdauer der NK-32-Triebwerke von anfangs 250 auf später 750 h dar. Trotzdem waren insgesamt bis zu 64 h Wartung am Boden für eine Flugstunde erforderlich, der Bomber benötigte hierzu ein umfangreiches Equipment. Ungünstig war zudem das anfängliche Fehlen von Handbüchern für das Bodenpersonal, letztlich waren viele Nacharbeiten an den Systemen und den Arbeitsabläufen notwendig. Zugleich gab es Modifikationen etwa am Fahrwerk sowie dem Hydrauliksystem, die Spannweite des Höhenleitwerks reduzierte Tupolew von 17,6 auf 13,6 m. Es wurden Einsatzverfahren in der Luft ausgelotet und so auch Flüge von bis zu zwölf Stunden zur Regelmäßigkeit. Dagegen war die im August 1988 demonstrierte Offenheit der sowjetischen Streitkräfte etwas Außergewöhnliches, als dem damaligen US-Verteidigungsminister Frank Carlucci eine Tu-160 aus unmittelbarer Nähe und sogar der Cockpitbereich des Bombers gezeigt wurde. Als seit langer Zeit im

Mit mäßig gepfeiltem Tragwerk kann die Tu-160 auf eine große Reichweite setzen, der starre Teil verläuft an der Vorderkante spitzbogenförmig. (Foto: MPD via Muchin)

August 1989 wieder ein Tag der Luftflotte in Moskau-Tuschino stattfand, demonstrierte die Sowjetunion neben anderen Einsatzgeräten die gewaltige Tu-160 erstmals der Öffentlichkeit. Im Oktober und November desselben Jahres sowie im Mai 1990 absolvierte die Tu-160 mehrere Rekordflüge und stellte dabei insgesamt 76 Weltrekorde auf. Noch heute gelten 44 davon, sie betreffen hauptsächlich Rekordleistungen in den Bereichen Geschwindigkeit und Zuladung. Hierzu zählten bspw. eine Geschwindigkeit von 1731,4 km/h auf einer geschlossenen 1000-km-Kreisbahn und mit 30.000 kg Last an Bord oder auch 1017,8 km/h über 5000 km und ebenfalls mit 30.000 kg Nutzlast an Bord.

Im Jahr 1991 hatte das 184. GwTBAP insgesamt 21 Tu-160 in zwei Staffeln, eine dritte flog Trainer vom Typ Tu-134UBL und im Februar 1992 erhielt außerdem das 1096. TBAP auf dem russischen Stützpunkt Engels-2 neugebaute Maschinen. So wurden zu Sowjetzeiten 25 Tu-160 ausgeliefert. Mit dem politischen Wandel in Osteuropa, der letztlich auch zur Auflösung der Sowjetunion führte und erhebliche Budgetkürzungen mit sich brachte, geriet das Programm des Schwenkflügelbombers oder auch die Fertigung der dazugehörigen Triebwerke ins Stocken, ebenso die Ausbildung. Als aus den Sowjetrepubliken eigenständige Staaten wurden, befanden sich die meisten Tu-160 in der Ukraine. Hier sanken schon bald die Flugstundenzahlen sowie die Häufigkeit von Übungsflügen ab. Verfügbare Kraftstoffmengen, Ersatzteile, aber auch die Anzahl von qualifizierten Besatzungen und Bodenpersonal verringerten sich ebenfalls und rechtfertigten den Einsatz des ohnehin teuren Bombers kaum noch. Zum anderen passten sie nicht zur damals anvisierten Einsatzdoktrin der Ukraine ohne Nuklearwaffen und dazugehörige Trägermittel auszukommen und das START I-Abkommen zur Begrenzung strategischer Waffen bis 2001 zu erfüllen. Verhandlungen zum Verkauf der Bomber an Russland begannen 1993, erstreckten sich über mehrere Jahre und konnten aufgrund unterschiedlicher Preisvorstellungen keine Einigung erzielen. So begann die Ukraine mit Hilfe der USA im November 1998 mit der Verschrottung einer ersten Tu-160. Die meisten dieser Flugzeuge hatten wenige, z.T. unter 100 Flugstunden in ihrer Einsatzzeit absolviert. Geplant war, insgesamt 16 Tu-160 aus ukrainischen Beständen zu ver-

Die zur Konzeptionsphase angedachten Tiefflugeinsätze mit hoher Unterschallgeschwindigkeit fanden letztlich keine praktische Umsetzung, die strukturelle Belastung bei solchen Flügen ist enorm. (Foto: Juri Kiseljow)

schrotten und drei als Plattformen für Satellitenstarts zu verwenden. Diese drei sollten an das US-Unternehmen Orbital Network Services Corporation für zusammen 20 Millionen Dollar verkauft werden, während man ursprünglich 75 Mill. US$ pro Flugzeug von Russland verlangte. Letztlich kam dieses Geschäft doch nicht zustande und Russland und die Ukraine unterzeichneten im Oktober 1999 einen Vertrag zur Überstellung von acht einsatzfähigen Tu-160 sowie ferner von drei Langstreckenbombern Tu-95MS und insgesamt 575 Marschflugkörpern an Russland. Die Bezahlung erfolgte über russische Gaslieferungen, die Rückführung der Maschinen begann im November 1999 und endete im Februar 2000. Die meisten der acht Tu-160 waren mehrere Jahre nicht geflogen, verschiedene, noch vorhandene Ersatzteile waren bereits in der Ukraine abgelaufen, mussten durch neue aus Russland ersetzt und eingebaut werden, um die Bomber überhaupt erst flugtüchtig und die Überführung möglich zu machen. Sie wurden zuerst zur Luftwaffenbasis Engels-2 geflogen und nachfolgend in Ka-

Eine Tu-160 nimmt Fahrt auf, beide Triebwerksgondeln besitzen keilförmige, verstellbare Lufteinlässe für jeweils zwei Turbofans. (Foto: Juri Kiseljow)

Die Stückzahl der Tu-160 fiel nicht nur aufgrund der politischen Entwicklungen, sondern auch aus Kostengründen gering aus. Hier lösen zwei Tu-160 ihre Formation. (Foto: Juri Kiseljow)

san überholt, danach erfolgte die Eingliederung in das 121. GwTBAP, dass am 1. Dezember 1994 aus dem 1096. TBAP hervorgegangen war. Die russische Luftwaffe bildete im Regiment zwei Bomberstaffeln mit seinerzeit 15 Tu-160, während zehn ukrainische Maschinen abgewrackt und eine ins Luftwaffenmuseum Poltawa überführt wurden.

In den 1990er-Jahren präsentierte Russland die Tu-160 regelmäßig zum Luft- und Raumfahrtsalon in Moskau, dem sogenannten MAKS, 1995 wurde das riesige Flugzeug auch in Le Bourget, Paris im static display gezeigt. Dort präsentierte man den Bomber als Tu-160SK und zusammen mit einem Raketen-Dummy unter dem Rumpf, der als kommerzieller Träger mit dem Burlak-System Kleinsatelliten ins All bringen sollte. Angedacht war, die 25.000 kg schwere Burlak-Trägerrakete zwischen 9000 und 13.000 m Höhe auszuklinken und von da an mit deren eigenem Antrieb und ohne den Bomber eine Satellitennutzlast von bis zu 850 kg in den Weltraum zu befördern. Involviert waren neben Tupolew auch das russische Verteidigungs- und Außenhandelsministerium, wo man Kontakte nach Deutschland, zur DASA sowie zum Unternehmen OHB System knüpfte und eine mögliche Kooperation auslotete. Letztlich wurde die vielbeachtete Idee, auch in modifizierter Form nicht verwirklicht. Ebenso blieben andere Varianten des Bombers Reißbrettstudien und verbesserte Triebwerke unter der Typenbezeichnung NK-74 ein Projekt.

Im Jahr 2002 hatten die russische Luftwaffe und der Herstellerbetrieb in Kasan einen Vertrag zur Modernisierung von 15 Tu-160 über umgerechnet etwa 125 Mill. US$ unterzeichnet. Dieser nahm noch im selben Jahr Gestalt an und die letzte dieser Maschinen wurde 2015 zurückgegeben und wieder in Dienst gestellt. Das Upgrade beinhaltete Überholungen an bis zu 40% der Baugruppen einschließlich Navigationssystem und Waffenkontrollanlage sowie die Einrüstung neuer Sechsfachstarter für die neuen, gleichfalls größeren Marschflugkör-

per Ch-101 und Ch-102 mit konventionellem bzw. nuklearem Gefechtskopf.
Die Tu-160 genoss von Beginn an einen hohen Stellenwert in Russland und wurde stets sorgsam eingesetzt, doch wegen Fehlfunktionen an der Entlüftung der Kraftstofftanks stürzte im September 2003 ein zweites Exemplar ab und riss die vierköpfige Besatzung in den Tod. Nachfolgend blieben alle Maschinen bis November am Boden, danach erfolgte zunächst ein eingeschränkter Einsatzbetrieb bis Mitte Januar 2004. Noch im selben Jahr führte das 121. GwTBAP die Ch-555 in die Bewaffnung des Bombers als eine Ableitung der Ch-55SM mit konventionellem 400-kg-Sprengkopf ein. Angeblich sollen die meisten davon durch den Umbau vorhandener Lenkraketen entstanden sein. Schließlich erfolgte am 30. Dezember 2005 die offizielle Indienststellung der Tu-160 in die russische Luftwaffe, während man die die vorangegangenen Jahre als Einsatzerprobung einstufte.
Im September 2007 warf eine Tu-160 zum ersten Mal eine AWPBM oder auch „Papa Wsech Bomb" („Vater aller Bomben") genannte thermobarische Waffe zu Versuchszwecken ab. Hierbei nutzt diese Bombe den in der Luft enthaltenen Sauerstoff zur Verbrennung, um gleichzeitig die zuvor verteilten Flüssigkeiten und Feststoffe mit einer Explosion zu entzünden. Die Wirkung ist mit Druckwelle, Hitze und Feuer verheerend, bei einem Sprengstoffanteil von 7100 kg wird eine Explosionskraft von vergleichsweise 44 Tonnen TNT erzeugt – aktuell die stärkste Sprengbombe weltweit. Schon im Vormonat absolvierten Tu-160 erstmals seit 1992 wieder Langstreckenpatrouillenflüge, teils mit Begleitschutzjägern und Frühwarnflugzeugen. Meist fanden diese Einsätze über internationalen Gewässern statt und genossen natürlich eine große Aufmerksamkeit im Westen. Die großen Schwenkflügler wurden regelmäßig von Kampfflugzeugen der NATO beschattet und fotografiert, 2008 ging es für zwei Maschinen mit 13 h Flugzeit sogar bis nach Venezuela. Auch in späteren Jahren demonstrierte die russische Luftwaffe mehrmals Langstrecke und schickte Tu-160 in den Jahren 2013 und 2018 wiederum nach Venezuela sowie 2019 nach Südafrika. Außerdem übergab KAPO je ein neu gebautes Exemplar in den Jahren 2000, 2008 und 2017 an die russische Luftwaffe, womit ein Status von 15 bis 16 einsatzfähigen Flugzeugen aufrechterhalten werden konnte.
Mittlerweile waren zudem neue Upgrades für den Bomber ausgearbeitet worden, die hauptsächlich die Avionik samt Radar und Navigationsanlagen sowie den Cockpitbereich betrafen. Unter der vorläufigen Bezeichnung Tu-160M1 gelangte nur ein Teil der vorgesehenen neuen Geräte im Herstellerbetrieb KAPO zum Einbau, stellte praktisch die erste Stufe einer umfänglichen Modernisierung dar. Eine erste derart ausgestattete Maschine flog im November 2014 zum ersten Mal und wurde im nächsten Monat von der russischen Luftwaffe in Empfang genommen, weitere folgten. Für eine noch komplexere Kampfwertsteigerung sollten andere zeitgemäße Systeme zum Einbau gelangen. Schon seit einiger Zeit angekündigt, wurde diese Hoffnung durch den roll-out einer neu komplettierten Tu-160 im November 2017 untermauert. Diese Maschine flog im Januar 2018 erstmalig und testete nachfolgend Systemkomponenten der neuen Version Tu-160M2. Gleichzeitig wurden am Boden Maschinen, Anlagen, Testgeräte und offensichtlich künftige Produktionsabläufe auf den Neustart des Schwenkflüglers vorbereitet. Mindestens 50 Tu-160M2 halten die russischen Militärs für wünschenswert, die in den kommenden Jahrzehnten Teil der Luft- und Weltraumstreitkräfte werden und zugleich die Zeit bis zur Einführung eines völlig neuen Musters überbrücken sollen. Das technische Design der Tu-160M2-Systeme war bereits 2014 abgeschlossen, im gleichen Jahr wurde auch der Triebwerkshersteller beauftragt, nach 25 Jahren Unterbrechung die Produktion des NK-32 in modifizierter Form neu zu starten. Nunmehr NK-32-2 genannt, kann es aufgrund andersartiger Metalllegierungen höhere Temperaturen verkraften und soll außerdem weniger Ausfälle sowie einen geringeren Wartungsaufwand generieren. Neue Bestandteile sind außerdem modernisierte Avionikbaugruppen inklusive Radar, Datenvernetzung und Kommunikationsanlagen, ein Glascockpit sowie weiterentwickelte Marschflugkörper als Bewaffnung. Im Januar 2022 machte die erste neu gebaute Tu-160M2 ihren Erstflug, Berichten zufolge sind fürs Erste zehn neue Maschinen bestellt, deren Stückpreis angeblich mehr als 218 Millionen Dollar beträgt. Meistens werden die aufgewerteten Tu-160M1 und M2 zusammenhängend als Tu-160M bezeichnet. Das ASCC der NATO wählte für den Bomber Blackjack als Meldenamen.

Vorderes Cockpit der Tu-160. (Foto: Juri Kiseljow)

Ein Werksfoto zeigt eine Tu-160 mit Marschflugkörpern des Typs Ch-101 / 102 in der vorderen sowie kleineren Ch-55SM in der zweiten Reihe. Diese Lenkraketen stellen die Hauptbewaffnung des Schwenkflüglers dar, wobei insgesamt zwölf davon intern mitgeführt werden können. (Foto: UAC)

Produktion und Serienversionen

In den Moskauer Werkstätten von Tupolew fertigte man neben einer Bruchzelle die ersten zwei fliegenden Prototypen der Tu-160. Der Serienbau lief im Herstellerwerk Nr. 22 in Kasan benannt nach S.P. Gorbunow (KAPO) ab 1983 und führte zu einem Ausstoß von 32 Serienflugzeugen. Eine Wiederaufnahme der Produktion ist vorgesehen, eine erste neu gebaute Tu-160M2 wurde 2022 eingeflogen und bei Bereitstellung der nötigen Finanzen sind bis zu drei neue Exemplare pro Jahr geplant.

Tu-160, Serienausführung als strategischer Bomber / Lenkwaffenträger, Erstflug 10. Oktober 1984, Indienststellung im April 1987, offiziell im Dezember 2005, Triebwerke NK-32 (auch NK-32-1 oder NK-321), interne Waffenlasten und hauptsächlich auf Marschflugkörper ausgerichtet, Einsatz bis mindestens 2040 vorgesehen

Tu-160M1, keine neuen Flugzeuge, sondern Teilmodernisierungen an vorhandenen Tu-160 als Stufe 1, Erstflug 16. November 2014, Übergabe an russische Luftwaffe ab Dezember 2014, neue Navigationssysteme und Marschflugkörper

Tu-160M2, zunächst als Stufe 2-Upgrade erprobt, inzwischen neue Serienvariante, Erstflug 12. Januar 2022, wunschgemäß 50 Exemplare für russische Luftwaffe, Triebwerke NK-32-2, neue Radar-, Navigations-, Kommunikations- und Feuerleitsysteme, Bordrechner und ECM-Geräte, digitalisiertes Cockpit

Aufbau, Ausstattung und Bewaffnung

Vorwiegend Aluminium- und Titanlegierungen werden zum Bau der Tu-160 verwendet, ergänzt um Stahl sowie einem kleinen Prozentsatz Verbundwerkstoffe. Tragwerk und Rumpf des Flugzeugs verschmelzen großflächig miteinander und bilden einen hohen Auftriebskoeffizienten sowie die Möglichkeit zur Unterbringung von Kraftstoff. Der mächtige, starre Tragflächenansatz verläuft an der Wurzel bogenförmig und besitzt dort eine maximale Pfeilung von 72 Grad, er nimmt zudem Schwenkbolzen und -lager auf. Die beweglichen Abschnitte des Tragwerks können von 20 bis 65 Grad geschwenkt werden, fixierbare Positionen bei 20, 35 sowie 65 Grad sind möglich. An den schwenkbaren Tragflächen gibt es vorn ausfahrbare, vierteilige Vorflügel, auf jeder Oberseite dreiteilige Spoiler sowie an der Hinterkante Doppelspaltklappen. Besonders interessant sind hierbei die inneren Klappensektionen, die sich bei voll zurück geschwenkten Tragflächen zwischen starren und beweglichen Abschnitt aufrichten und einen mächtigen Grenzschichtzaun bilden. Das Höhenleitwerk der Tu-160 funktioniert als voll bewegliches Pendelruder, ab diesem aufwärts ist auch die mit einem Vorkiel versehene Seitenflosse vollkommen beweglich und kann bis zu 20 Grad links / rechts ausschlagen. Unter dem starren Tragwerkssegment befindet sich auf jeder Seite eine Gondel mit verstellbaren Lufteinlässen für jeweils zwei Mantelstromtriebwerke NK-32, ab der Tu-160M2 sind es modifizierte NK-32-2. Für Start und Landung haben die Lufteinlässe an der Außenwand jeweils fünf Öffnungen für eine zusätzliche Luftversorgung, während bei Wartungsarbeiten die Triebwerke aus den Gondeln gezogen werden können. Zum Starten der Triebwerke gibt es ein Hilfsaggregat von Aerosila, dass auch für die Klimaanlage und die Versorgung verschiedener Systeme am Boden zuständig ist. Nicht offiziell bestätigt ist ein interner Kraftstoffvorrat von insgesamt 147.998 l für eine interkontinentale Reichweite, untergebracht in 13 Integraltanks. Die Konstruktion des Bombers insgesamt ist sehr ausgewogen und erzeugt einen geringen Luftwiderstand, die meisten Antennen schließen bündig mit der Außenhaut ab. Der Rumpf beginnt mit einem spitzen Bug und nimmt Avionik sowie auf der Oberseite eine ausfahrbare Nachtankvorrichtung zur Vergrößerung der Flugweite auf. Die klimatisierte Kabine für die vierköpfige Besatzung folgt mit dem Piloten vorne links und dem Kopiloten rechts daneben, dahinter gibt es links den Waffensystemoffizier sowie rechts den Navigator. Sie sind jeweils mit Swesda K-36LM-Schleudersitzen mit Null-Null-Fähigkeit ausgestattet und erreichen das Cockpit von unten über eine Teleskopleiter. Im Gegensatz zur B-1 handelt es sich hierbei nicht um eine bordeigene Leiter. Bislang war die Cockpitinstrumentierung eher klassisch, in der Tu-160M2 weichen Uhren- und Zeigerinstrumente digitalisierten Anzeigen und Bildschirmen. Im Rumpf gibt es zwei Waffenschächte, die vor allem drehbare Gestelle zum Transport und dem Abschuss

Die Landestrecke der Tu-160 kann mit drei Bremsschirmen verkürzt werden, entscheidend ist die Landemasse, die normal 140.000 kg beträgt. (Foto: Juri Kiseljow)

von zwölf bis 24 Marschflugkörpern aufnehmen. Im hinteren Rumpfabschnitt befindet sich der größte Teil der ECM-Anlagen, zum anderen sind im Heck drei Bremsschirme verstaut und werden zur Verkürzung der Landestrecke ausgestoßen. Die beiden Hauptfahrwerke besitzen je sechs Räder, aufgeteilt auf drei zweirädrige Gruppen, hinzu kommt ein zweifach bereiftes Bugrad und allesamt einziehbar gestaltet. Die Tu-160 verfügt über vier separate Hydrauliksysteme sowie eine vierfach redundante Fly-By-Wire-Steuerung, es gibt ein automatisches Flugkontrollsystem sowie schon damals auf der Höhe der Zeit eine umfangreiche Avionik mit über 100 Digitalrechnern. Hinzu kommen auszugsweise (in Klammern jeweilige Baureihe):

Navigations- und Feuerleitanlage Obsor-K mit Poisk-Mehrzweckradar (**Tu-160**), NW1-70 Nowella-Radar (**Tu-160M**)
Geländefolgeradar Sopka
Satelliten- und Trägheitsnavigationsanlage K-042K (**Tu-160**), K-042KM (**Tu-160M**), ANS-2009M (**Tu-160M**), BINS-SP-1 (**Tu-160M**)
Funkhöhenmesser A-034, UW-2T-1, UWO-M1
Dopplergerät DISS-7 (**Tu-160**), DISS-021-70 (**Tu-160M**)
Automatisches Flugkontrollsystem ABSU-200 (**Tu-160**), ABSU-200MT (**Tu-160M**)
Warnempfänger Baikal, NE-4B
Infrarot- und Raketenwarnempfänger Ogonjok
Radarwarnempfänger Kiparis
Freund-Feind-Erkennung SRO-1P
Funkkommunikation S-505-70
TV-Zielsystem OPB-15T
Störanlagen AG-56, SPS-171, SPS-172

Im Heck verfügt die Tu-160 über 24 APP-50-Täuschkörperwerfer zum eigenen Schutz, die meistens mit jeweils drei Täuschkörpern bestückt sind.

Als ein Novum im sowjetischen Bomberbau ist die Tu-160

Sieht man genau hin, kann man im unteren, rechten Bildrand die Nachtanksonde eines Tankers erkennen, die über Moskau fotografierte Tu-160 hat bereits den Nachtankstutzen ausgeklappt. (Foto: Alex Beltyukov / russianplanes.net)

nicht mit einer fest installierten Abwehrbewaffnung ausgerüstet worden. Zum Mitführen der Bewaffnung gibt es zwei Rumpfschächte, die eine Last von insgesamt 40.000 kg, manchen Quellen zufolge bis zu 45.000 kg aufnehmen können. Die Bestückung mit Bomben wurde erprobt, ist im Dienst aber unüblich. Stattdessen gibt es in jedem Bombenschacht und je nach Größe der Lenkwaffe einen oder zwei hydraulisch betriebene Sechsfachstarter für Marschflugkörper. Hier wurde die Ch-15S angepasst, im regulären Einsatz aber nicht verwendet.

Die Bewaffnungsmöglichkeiten bestehen aus:
Sprengbomben FAB-1500
Lasergelenkte Bomben KAB-500L, KAB-1500L,
TV-gelenkte Gleitbomben UPAB-1500
Konventionelle und atomare Marschflugkörper Ch-15S, Ch-55, Ch-55SM, Ch-555, Ch-101, Ch-102

Nutzer der Tu-160

Die in der Ukraine liegende Luftwaffenbasis Priluki wurde noch zu Zeiten der **Sowjetunion** als künftiger Standort für die Tu-160 ausgewählt und dementsprechend ausgebaut bzw. modernisiert. Dazu gehörten Pisten von 3000 m Länge. Die Tu-160 konnte mit 900 m Starbahnlänge auskommen, wenn das Startgewicht maximal 150.000 kg betrug, benötigte aber 2200 m bei maximaler Zuladung. In Priluki war das zur 201. Schweren Bomberdivision gehörende 184. GwTBAP zu Hause und erhielt im April 1987 die ersten beiden Tu-160. Sie waren an den staatlichen Abnahmetests beteiligt und noch im selben Jahr wurde eine anfängliche Einsatzbereitschaft mit dem Bomber vermeldet. Zu Sowjetzeiten wurden 25 dieser Flugzeuge gebaut und die meisten davon befanden sich zum Zeitpunkt der Auflösung des Riesenreiches in der **Ukraine**, in Priluki. Mit Erklärung der Eigenstaatlichkeit wurden auch sämtliche militärischen Einheiten im Land der ukrainischen Kontrolle unterstellt, doch war die Tu-160 als Waffensystem von Anfang an eigentlich viel zu teuer und passte auch nicht in die künf-

Typ	Tu-160
Verwendung	Strategischer Bomber
Besatzung	4
Triebwerk	vier Kusnetzow NK-32 mit je 245,18 kN mit Nachbrenner
Spannweite (m)	35,60-55,70
Länge (m)	54,10
Höhe (m)	13,10
Flügelfläche (m²)	232-293,15
Leermasse (kg)	117.000
Startmasse max. (kg)	275.000
Höchstgeschwindigkeit (km/h)	2200
Steiggeschwindigkeit (m/s)	70
Landegeschwindigkeit (km/h)	270
Startstrecke (m)	1600
Landestrecke (m)	2200
Dienstgipfelhöhe (m)	14.000
Reichweite (km)	13.950
Bewaffnung	bis zu 40.000 kg Bomben, Marschflugkörper

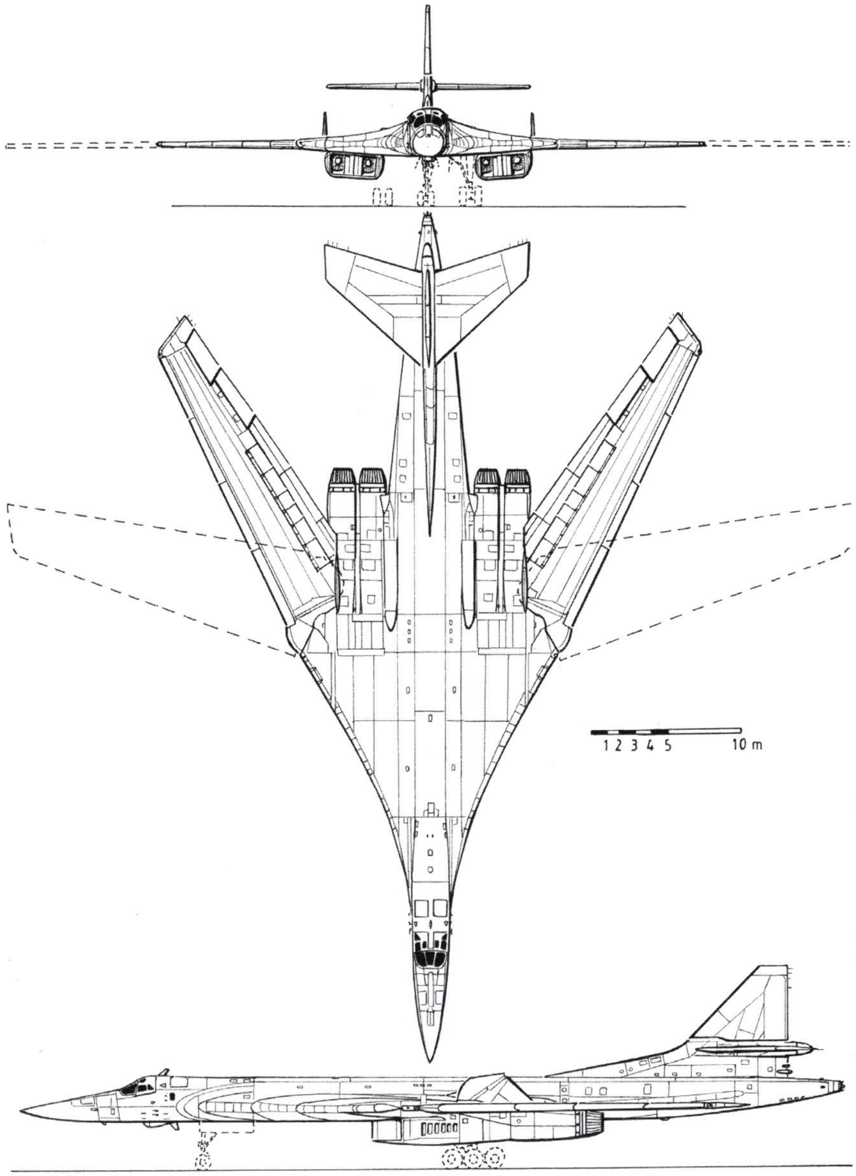

Dreiseitenriss der Tu-160. (Zeichnung: Manfred Meyer)

tige Einsatzdoktrin. Schnell mangelte es an Ressourcen und qualifiziertem Personal und der Bomber wurde allenfalls noch zu Präsentationszwecken oder an Feiertagen vorgeflogen. So wurde die Tu-160 in der Ukraine offiziell 1997 außer Dienst gestellt, etwas später erfolgte das Abwracken von zehn Exemplaren, acht andere gingen für Gaslieferungen nach **Russland**. In Russland kamen die ersten Einsatzmaschinen zum 1096. TBAP mit dem Standort Engels als Heimatbasis. Auch hier musste einiges ausgebaut sowie erforderliches Equipment für den Einsatzbetrieb bereitgestellt werden. Der wurde letztlich behutsam angegangen und durchgeführt, um die teuren Flugzeuge nicht zu beschädigen oder zu verlieren. So kam es im regulären Dienst auch nicht zu Tiefflugeinsätzen im subsonischen Bereich, die ursprünglich Teil der Einsatzanforderungen waren. Bis 1994 waren sechs Tu-160 Bestandteil des 1096. TBAP, das zum Jahresende zum 121. GwTBAP wurde. In den nächsten Jahren wurde die Anzahl der Tu-160 erhöht, durch die ukrainischen Maschinen, ferner durch ein vom Tupolew OKB genutztes Exemplar sowie Neubauten. So pegelten sich etwa 16 einsatzbereite Bomber in zwei Staffeln des 121. Bomberregiments ein, eine dritte Staffel war mit Tu-134UBL-Trainingsflugzeugen ausgerüstet. Mit mehr zur Verfügung stehenden Flugzeugen stieg die Anzahl von Übungsflügen, später auch die der Langstreckenpatrouillen sowie die Teilnahme an Manövern und der Abschuss von Marschflugkörpern an. In den Jahren 2009 und 2010 beeindruckten Tu-160 mit Nonstopflügen von extrem langer Dauer von 21 bis zuletzt 24 h 22 min und mit mehr als 18.000 km zurückgelegter Strecke. Zwei Tu-160 stellten im September einen weiteren Weltrekord auf, als sie in annähernd 25 h mehr als 20.000 km zurücklegten und dabei weiträumig neutrale Gewässer über dem Arktischen und Pazifischen Ozean überflogen.

Im Rahmen der Reformen der russischen Luftstreitkräfte im Jahr 2010 wurde das Tu-160-Regiment Teil der 6950. GwAB, später allerdings verschiedene Neuerungen wieder in die zuvor verwendeten Strukturen überführt und der übergeordnete Verband zur 22. Schweren Gardebombenfliegerdivision. Bis heute gehört das 121. GwTBAP dazu und fliegt noch immer den weltweit größten Schwenkflügler.

Einsatzverbände (Auswahl)
Sowjetunion
184. GwTBAP
Russland
1096. TBAP / 121. GwTBAP
Ukraine
184. GwTBAP

Kampfeinsätze

Nachdem sich der sogenannte Islamische Staat (IS) zu einem Anschlag auf einen russischen Airbus A321 über Ägypten und mit 224 Todesopfern in Folge bekannte, intensivierte Russland seine militärischen Aktivitäten gegen diese Terrororganisation in Syrien. Das schloss den Einsatz der Tu-160 ein, die am 17. November 2015 einen ersten Angriff und damit den ersten Kampfeinsatz überhaupt flog. Insgesamt waren es zehn Tu-160-Einsätze vom 17. bis 20. November, in denen die Bomber 48 Ch-101 sowie 16 Ch-555-Marschflugkörper auf Ziele in Syrien verschossen. Bei neun der Einsätze flogen die Tu-160 vom Stützpunkt Engels aus über das Kaspische Meer und starteten die Lenkraketen über iranischem Hoheitsgebiet. Außergewöhnlich war der Einsatz am 20. November, als zwei Tu-160 von Olenegorsk aus starteten, nachfolgend Norwegen und Großbritannien umrundeten, vom Atlantik kommend den Flug über das Mittelmeer fortsetzten und von dort aus acht Ch-555 auf IS-Positionen in Syrien abfeuerten. Der weitere Verlauf führte über Syrien, Iran, Irak und das Kaspische Meer, endete schließlich nach rund 13.000 km auf der Heimatbasis des 121. GwTBAP in Engels. Im Ukraine-Krieg 2022 waren offenbar schon frühzeitig Tu-160 beteiligt, im April sollen sie wiederum mit Marschflugkörpern militärische und infrastrukturelle Ziele der Stadt Winniyzja, zugleich Standort des ukrainischen Luftwaffenkommandos seit 1992, angegriffen haben.

Der Rumpf-Tragflächenübergang erscheint in dieser Aufnahme besonders riesig, dort können große Mengen an Kraftstoff untergebracht werden. (Foto: Juri Kiseljow)

Mit etwa 270 km/h setzt diese Tu-160 zur Landung an, die beiden Hauptfahrwerke verfügen über jeweils sechs Räder, an der Bugstrebe sind es zwei. (Foto: UAC)

Vor allem in Russland wird die Tu-160 auch „Weißer Schwan“ genannt, in dieser Aufnahme lässt sich das aufgrund der gewaltigen Spannweite bei 20 Grad Flügelpfeilung in gewisser Hinsicht nachvollziehen. (Foto: UAC)

Schöne Studie einer Tu-160. Sie trägt den Namen „Wassili Senko“, eines sowjetischen Oberst der Luftstreitkräfte. 1921 in der Ukraine geboren, kam er später hauptsächlich während des Zweiten Weltkrieges als Navigator an Bord verschiedener Flugzeuge zu Ehren und setzte diese Tätigkeit bis 1965 fort. (Foto: Juri Kiseljow)

Das Profilbild ganz oben zeigt den ersten Tu-160-Prototyp als „Erzeugnis 70-01“, der im Dezember 1981 mit der Flugerprobung begann. Einige Zellenbereiche, insbesondere am Bug, besitzen noch eine andere Form, die Farben sind Naturmetall. Das zweite ist eine Tu-160 der vormals sowjetischen Luftwaffe, die 1992 in den Bestand der Ukraine übergegangen war. Der ehemalige Sowjetstern wurde schlicht mit einem Fünfeck übermalt, rote „17“ an der Leitwerksspitze, am Vorderrumpf ist der Name der ukrainischen Bomberbasis Priluki in altslawisch aufgetragen, daneben das Stadtwappen. Das Flugzeug wurde später nach Russland transferiert. Zum Schluss eine Tu-160 der russischen Luftwaffe, die den Eigennamen „Ilja Muromez“ trägt. Es handelt sich dabei um einen mit übermenschlichen Kräften ausgestatteten russischen Recken und Volkshelden aus dem Mittelalter. Dazu die russischen Nationalfarben und Insignien am Leitwerk. (Grafik: Srecko Bradic)

Abkürzungen

Ab – **A**ir **B**ase (engl. Luftwaffenbasis), auch Awiazionnaja Basa (russ. Fliegerbasis, Stützpunktverband)

ABIP – **A**wiazionnaja **B**ombardirowotschnij **I**strebitelnij **P**olk – (russ.) Jagdbomberregiment, auch APIB – Awiazionnaja Polk Istrebitelnij Bombardirowotschnij

ACC – **A**ir **C**ombat **C**ommand – Luftkampfkommando der US-Luftwaffe, 1992 durch Zusammenführung von SAC und TAC entstanden

ADV – **A**ir **D**efence **V**ariant – Jägervariante des Kampfflugzeugs Tornado

AFB – **A**ir **F**orce **B**ase – Luftwaffenbasis

AFVG – **A**nglo **F**rench **V**ariable **G**eometry – Englisch-Französisches Projekt eines Schwenkflügelflugzeugs

ARRW – **A**ir-launched **R**apid **R**esponse **W**eapon – Luftgestützte schnelle Vergeltungswaffe, AGM-183

AMRAAM – **A**dvanced **M**edium **R**ange **A**ir-to-**A**ir **M**issile – Fortschrittliche Luftkampfrakete für mittlere Reichweite, AIM-120

AMSA – **A**dvanced **M**anned **S**trategic **A**ircraft – Fortschrittliches Bemanntes Strategisches Flugzeug, spätere Rockwell B-1

ASCC – **A**ir **S**tandards **C**o-ordinating **C**omitee – Ausschuss zur Standardisierung von Luftfahrzeugen

ASRAAM – **A**dvanced **S**hort **R**ange **A**ir-to-**A**ir **M**issile – Fortschrittliche Luftkampfrakete für kurze Entfernungen, AIM-132

ASSTA – **A**vionics **S**ystem **S**oftware **T**ornado **A**da – Avionik / Software-Modernisierung in der Programmiersprache Ada, angewendet beim Tornado

Bac – **B**ritish **A**ircraft **C**orporation – britischer Flugzeughersteller, ab 1977 BAe Systems

BAP – **B**ombardirowotschnij **A**wiazionnaja **P**olk – (russ.) Bombenfliegeregiment

BLT – **B**aza **L**otnictwa **T**aktycznego – (poln.) Taktischer Luftwaffenstützpunkt / Geschwader

BRAB – **B**omber and **R**econnaissance **A**ir **B**ase, Bomben- und Aufklärungsbasis / -regiment, Belarus

BrTA – **Br**igada **T**aktitschnoi **A**viazii – (ukr.) Taktische Luftwaffenbrigade

BS – **B**omb **S**quadron - Bomberstaffel

Cento – **Cen**tral **T**reaty **O**rganisation – Militärbündnis von Großbritannien, Irak (bis 1959), Iran, Pakistan, Türkei 1955-1979

CNC	– **C**omputerized **N**umerical **C**ontrol – rechnergestützte numerisch gesteuerte Werkzeugmaschinen
CVW	– **C**arrier **A**ir **W**ing – Flugzeugträgergeschwader, US Navy
DASA	– **D**eutsche **A**ero**s**pace **A**ktiengesellschaft, später Daimler-Benz Aerospace Aktiengesellschaft, dann Daimler-Chrysler Aerospace, seit 2000 Teil der EADS
EAP	– **E**scadron d'**A**ppui et **P**enetration – Jagdbomberstaffel, algerische Luftwaffe
EC	– **E**squadrilha de **C**aca – (port.) Jagdgeschwader
ECM	– **E**lectronic **C**ounter **M**easures – Elektronische Gegenmaßnahmen, elektronische Kampfführung
ECR	– **E**lectronic **C**ombat and **R**econnaissance – Variante des Tornado für elektronische Aufklärung und Kampfführung
ELINT	– **El**ectronic **Int**elligence – Elektronische Aufklärung
ELT	– **E**skadra **L**otnictwa **T**aktycznego - (poln.) Taktische Fliegerstaffel
ERGE	– **E**scadre de **R**econnaissance et de **G**uerre **E**lectronique – Aufklärungs- und elektronisches Kampfgeschwader, algerische Luftwaffe
FBW	– **F**ly-**B**y-**W**ire – Fliegen per Draht, elektronische Übermittlung von Steuerbefehlen
FLTS	– **Fl**y **T**est **S**quadron, US Air Force
GAB	– **G**uard **A**ir **B**ase – Gardeluftwaffenbasis / -stützpunktverband
GBU	– **G**uided **B**omb **U**nit – Serie von Sprengbomben mit Lenkaufsatz
GwABIP	– **Gw**ardija **A**wiazionnij **B**ombardirowtschikow **I**strebitelej **P**olk – (russ.) Gardejagdbomberfliegerregiment
GwBAP	– **Gw**ardija **B**ombardirowotschnij **A**wiazionnij **P**olk – (russ.) Gardebombenfliegerregiment
GwIAP	– **Gw**ardija **I**strebitelnij **A**wiazionnij **P**olk – (russ.) Gardejagdfliegerregiment
GwMSchAP	– **Gw**ardija **M**orskaja **Sch**turmowaja **A**wiazionnij **P**olk – (russ.) Garde-Marineschlachtfliegerregiment
GwOMSchAP	– **Gw**ardija **O**tdelnij **M**orskaja **Sch**turmowaja **A**wiazionnij **P**olk – (russ. Selbstständiges Garde-Marineschlachtfliegerregiment
GwORAP	– **Gw**ardija **O**tdelnij **R**aswediwatelnij **A**wiazionnij **P**olk – (russ.) Selbstständiges Gardeaufklärungsregiment
GwSAP	– **Gw**ardija **S**meshannij **A**wiazionnij **P**olk – (russ.) Gemischtes Gardefliegerregiment
GwSIAP	– **Gw**ardija **S**meshannij **I**spitalno **A**wiazionnij **P**olk – (russ.) Gemischtes Gardeerprobungsregiment
GwTBAP	– **Gw**ardija **T**jascholi **B**ombardirowotschnij **A**wiazionnij **P**olk – (russ.) Schweres Gardebombenfliegerregiment
GPS	– **G**lobal **P**ositioning **S**ystem – Globales Positionsbestimmungssystem

HAL	–	**H**industan **A**eronautics **L**imited – indischer Flugzeughersteller
HARM	–	**H**igh-speed **A**nti-**R**adiation **M**issile, Hochgeschwindigkeits-Anti-Radar-Rakete
HOTAS	–	**H**ands **O**n **T**hrottle **A**nd **S**tick – Hände an Schubhebel und Steuerknüppel, alle wichtigen Bedienfunktionen sind an Steuerknüppel und Schubregler zusammengefasst
HRE	–	**H**arcaszati **Re**pülo **E**zred – (ung.) Jagdgeschwader
HUD	–	**H**ead-**U**p-**D**isplay – Frontscheibensichtgerät
IAP	–	**I**strebitelnij **A**wiazionnij **P**olk – (russ.) Jagdfliegerregiment
IAPO	–	**I**rkutskoje **A**wiazionnoje **P**roiswodstwennoje **O**bjedinenje (russ.) Luftfahrt-Produktionsvereinigung in Irkutsk, auch Flugzeugwerk Irkutsk, Herstellerwerk MiG-23UB, MiG-27
IBAP	–	**I**nstruktorskij **B**ombardirowotschnij **A**wiazionnij **P**olk – (russ.) Bombenfliegerausbildungsregiment
IDS	–	**I**nter**d**iction **S**trike – Abriegelung / Angriff, Jagdbombervariante des Tornado
IIABIP	–	**I**ssledowatelskij **I**nstruktorskij **A**wiazionnij **B**ombardirowotschnij **I**strebitelej **P**olk – (russ.) Erprobungs- und Ausbildungsjagdbomberregiment
IIBAP	–	**I**ssledowateskij **I**nstruktorskij **B**ombardirowotschnij **A**wiazionnij **P**olk – (russ.) Bombenfliegererprobungs- und Ausbildungsregiment
IIMRAP	–	**I**ssledowateskij **I**nstruktorskij **M**orskoj **A**wiazionnij **P**olk – (russ.) Marinefliegererprobungs- und Ausbildungsregiment
IISAP	–	**I**ssledowateskij **I**nstruktorskij **S**meshannij **A**wiazionnij **P**olk – (russ.) Gemischtes Erprobungs- und Ausbildungsregiment
INF	–	**I**ntermediate Range **N**uclear **F**orces Treaty – Vertrag über nukleare Mittelstreckensysteme
IOC	–	**I**nitial **O**peration **C**apability – Anfängliche (Eingeschränkte) Einsatzbereitschaft
IRGC	–	**I**ranian **R**evolutionary **G**uard **C**orps – Armee der Wächter der Islamischen Revolution, Iranische Revolutionsgarde, Paramilitärische Streitkräfte des Iran
JaboG / JBG	–	**J**agd**b**omber**g**eschwader
JASSM / JASSM-ER	–	**J**oint **A**ir-to-**S**urface **S**tand-off **M**issile **/** **J**oint **A**ir-to-**S**urface **S**tand-off **M**issile-**E**xtended **R**ange – Gemeinsam von USAF und US Navy entwickelte Luft-Boden-Marschflugkörper / Luft-Boden-Marschflugkörper mit vergrößerter Reichweite, AGM-158
JDAM	–	**J**oint **D**irect **A**ttack **M**unition – Gemeinsam von USAF und US Navy entwickelte Präzisionsangriffswaffen bzw. GPS-gesteuerte Lenkbomben z.B. GBU-31, 32, 38, 54
KAPO	–	**K**asanskoje **A**wiazionnoje **P**roiswodstwennoje **O**bjedineje (russ.) Luftfahrtproduktionsvereinigung in Kasan, auch Flugzeugwerk Kasan, Herstellerwerk Tu-22M, Tu-160

KnAAPO / KnAAZ – **K**omsomolsk-**na**-**A**mur **A**wiazonnoje **P**roiswodstwennoje **O**bjedineje / **K**omsomolsk-**na**-**A**mur **A**wiazionnoje **Z**awod – Luftfahrtproduktionsvereinigung in Komsomolsk am Amur, Herstellerwerk Su-17

LANTIRN – **L**ow **A**ltitude **N**avigation and **T**argeting **I**nfra **R**ed for **N**ight – Infrarot-Navigations- und Zielsystem für Tief- und Nachtflugeinsätze, AN/AAQ-13, 14, 20

LERX – **L**eading **E**dge **R**oot **E**xtension – verlängerte Tragflächenwurzel

LRASM – **L**ong **R**ange **A**nti **S**hip **M**issile – Langstrecken-Anti-Schiffsrakete, AGM-154

LRCA – **L**ong **R**ange **C**ombat **A**ircraft – Langstreckenkampfflugzeug, spätere B-1

MAPO – **M**oskowskoje **A**wiazionnoje **P**roiswodstwennoje **O**bejdineje – Luftfahrtproduktionsvereinigung Moskau, Herstellerwerk MiG-23

MBB – **M**esserschmitt-**B**ölkow-**B**lohm – deutscher Flugzeughersteller, später Teil der DASA und EADS

MFG – **M**arine**f**lieger**g**eschwader

MK – **M**aschinen**k**anone

MRAP – **M**orskoj **R**aketonosnij **A**wiazionnaja **P**olk – Marine-Raketenträgerregiment

MRCA – **M**ulti **R**ole **C**ombat **A**ircraft – Mehrzweckkampfflugzeug

MTU – **M**otoren- und **T**urbinen-**U**nion, deutscher Triebwerkshersteller

NACA – **N**ational **A**dvisory **C**omitee of **A**eronautics – Nationaler Beratungsausschuss für Luftfahrtangelegenheiten, bis 1958 Vorläufer der NASA

NAPO – **N**owosibirskoje **A**wiazionnoje **P**roiswodstwennoje **O**bejdineje – (russ.) Luftfahrtproduktionsvereinigung Nowosibirsk, Herstellerwerk Su-24

NARP – **N**ikolayev **A**ircraft **R**epair **P**lant – Flugzeugreparaturbetrieb Nikolayev, Ukraine

NAS – **N**aval **A**ir **S**tation – Marinefliegerbasis, US Navy

NASA – **N**ational **A**eronautics and **S**pace **A**dministration – Nationale Luft- und Raumfahrtbehörde der USA

NATO – **N**orth **A**tlantic **T**reaty **O**rganisation, Militärbündnis seit 1949, Bundesrepublik Deutschland seit 1955 Mitglied

NPO – **N**auchno **P**roiswodstwennoje **O**bejdineje – (russ.) Wissenschaftliche Produktionsvereinigung

OAPRB – **O**tdelnij **A**wiazionnij **P**olk **R**adioelektronoi **B**orby – (russ.) Selbstständiges Fliegerregiment für elektronische Kampfführung

OBAP – **O**tdelnij **B**ombardirowotschnij **A**wiazionnij **P**olk – (russ.) Selbstständiges Bombenfliegerregiment

ODRAP – **O**tdelnij **D**alnij **R**aswediwatelnij **A**wiazionnij **P**olk – (russ.) Selbstständiges Fernaufklärungsregiment

OGRAP – **O**tdelnij **G**wardeskij **R**aswediwatelnij **A**wiazionnij **P**olk (russ. / ukr.) Selbstständiges Gardeaufklärungsregiment

OIAP	–	**O**tdelnij **I**strebitelnij **A**wiazionnij **P**olk – (russ.) Selbstständiges Jagdfliegerregiment
OKB	–	**O**pitno **K**onstrukturski **B**juro – (russ.) Versuchskonstruktionsbüro
OMRAP	–	**O**tdelnij **M**orskoj **R**aketonosnij **A**wiazionnij **P**olk – (russ.) Selbstständiges Marine-Raketenträgerregiment
OMSchAP	–	**O**tdelnij **M**orskoj **Sch**turmowaja **A**wiazionnij **P**olk – (russ.) Selbstständiges Marine-Schlachtfliegerregiment
ORAE	–	**O**tdelnij **R**aswediwatelnij **A**wiozionnij **E**skadriilja – (russ.) Selbstständige Aufklärungsstaffel
ORAP	–	**O**tdelnij **R**aswediwatelnij **A**wiazionnij **P**olk – (russ.) Selbstständiges Aufklärungsregiment
OSAP	–	**O**tdelnij **S**meshannij **A**wiazionnij **P**olk – (russ.) Selbstständiges Gemischtes Fliegerregiment
PLBR	–	**P**ulk **L**otniczy **B**ombowo **R**ozpoznawczy – (poln.) Bomben- und Aufklärungsgeschwader
PLM	–	**P**ulk **L**otnictwa **M**ysliwskiego - (poln.) Jagdfliegerregiment
PzLP	–	**P**ru**z**kumni **L**etecky **P**luk – (tschech.) Aufklärungsregiment
RAAF	–	**R**oyal **A**ustralian **A**ir **F**orce – Luftwaffe Australiens
RAF	–	**R**oyal **A**ir **F**orce – Königliche Luftwaffe Großbritanniens
RAPTOR	–	**R**econnaissance **A**irborne **P**od **Tor**nado, Aufklärungsbehälter für den Tornado
RIAT	–	**R**oyal **I**nternational **A**ir **T**attoo, größte Militärflugshow weltweit, erstmals 1971 und meistens auf der britischen Luftwaffenbasis Fairford
SAC	–	**S**trategic **A**ir **C**ommand – Strategisches Luftkommando der US Air Force, ging 1992 im ACC auf
SALT II	–	**S**trategic **A**rms **L**imitation **T**alks – Gespräche zur Begrenzung strategischer Waffen, (II. Runde)
SAP	–	**S**meshannij **A**wiazionnij **P**olk – (russ.) Gemischtes Fliegerregiment
SBoLK	–	**S**tihaci **Bo**mbardovaci **L**etecky **K**ridlo – (tschech.) Jagdbombergeschwader
SBoLP	–	**S**tihaci **Bo**mbardovaci **L**etecky **P**luk – (tschech.) Jagdbomberregiment
SEAD	–	**S**uppression of **E**nemy **A**ir **D**efense – Unterdrückung der gegnerischen Luftabwehr
SLAR	–	**S**ide **L**ooking **A**irborne **R**adar – luftgestütztes Seitensichtradar
SLP	–	**S**tihaci **L**etecky **P**luk - (tschech.) Jagdfliegerregiment
SLt	–	**S**tihaci **L**e**t**ka – (tschech.) Jagdstaffel
SNECMA	–	**S**ociete **N**ationale d'**E**tudes et de **C**onstructions de **M**oteurs d'**A**viation – Nationale Gesellschaft für Entwicklung und Bau von Flugzeugmotoren, französischer Triebwerkshersteller, seit 2016 Safran Aircraft Engines

SRAM	–	**S**hort **R**ange **A**ttack **M**issile – Kurzstreckenangriffsrakete, AGM-69
START	–	**St**rategic **A**rms **R**eduction **T**reaty – Vertrag zur Reduzierung strategischer Waffen
TAC	–	**T**actical **A**ir **C**ommand – Taktisches Luftkommando der US Air Force, ging 1992 im ACC auf
TACAN	–	**Tac**tical **A**ir **N**avigation – taktische Flugnavigation, Navigationshilfe
TaktLwG	–	**Takt**isches **L**uft**w**affen **G**eschwader – deutsche Luftwaffe
TARPS	–	**T**actical **A**irborne **R**econnaissance **P**od **S**ystem – taktischer luftgestützter Aufklärungsbehälter
TBAP	–	**T**jascholi **B**ombardirowotschnij **A**wiazionnij **P**olk – (russ.) schweres Bombenfliegerregiment
TES	–	**T**est and **E**valuation **S**quadron – Test- und Entwicklungsstaffel, US Air Force
TFS	–	**T**actical **F**ighter **S**quadron – taktische Jagdstaffel
TFW	–	**T**actical **F**ighter **W**ing – taktisches Jagdgeschwader
TFX	–	**T**actical **F**ighter **E**xperimental – taktisches Versuchskampfflugzeug, seinerzeit F-111
TPzLt	–	**T**akticka a **P**ru**z**kumni **L**e**t**ka – (tschech.) Taktische Kampf- und Aufklärungsstaffel
TTTE	–	**T**ri-National **T**ornado **T**raining **E**stablishement – Trainingseinrichtung für alle Tornado-Nutzer, von 1981 bis 1999 im britischen Cottesmore von den Herstellernationen betrieben
TWCU	–	**T**ornado **W**eapon **C**onversion **U**nit – Ausbildungsverband zur Schulung an den Waffeneinsatzsystemen des Tornado im britischen Honington
UAC	–	**U**nited **A**ircraft **C**orporation – eigentlich russisch OAK für Objedinjonnaja Awiastroitelnaja Korporazija, 2006 als Dachverband der russischen Flugzeughersteller
UAP	–	**U**tschebnij **A**wiazionnij **P**olk – (russ.) Ausbildungsfliegerregiment
UIAP	–	**U**tschebnij **I**strebitelnij **A**wiazionnij **P**olk – (russ.) Jagdfliegerausbildungsregiment
UKVG	–	**U K V**ariable **G**eometry – britisches Nachfolgeprojekt des AFVG
UNITA	–	**U**niao **N**acional para a **I**ndepencia **T**otal de **A**ngola – Nationale Union für die totale Unabhängigkeit Angolas, Rebellenbewegung, später Partei
USAF	–	**U**nited **S**tates **A**ir **F**orce – Luftwaffe der USA
USAFE	–	**U**nited **S**tates **A**ir **F**orce **E**urope – US Air Force in Europa, der alle in Europa stationierten taktischen Fliegerkräfte unterstellt sind
USS	–	**U**nited **S**tates **S**hip – Bezeichnung von Schiffen der US-Streitkräfte
UTBAP	–	**U**tschebnij **T**jscholi **B**ombardirowotschnij **A**wiazionnij **P**olk – (russ.) Schweres Bombenfliegerausbildungsregiment

U-UAPO – **U**lan-**U**de **A**wiozionoje **P**roiswodstwennoje **O**bjedineje – (russ.) Luftfahrtproduktionsvereinigung in Ulan-Ude, Herstellerwerk MiG-27M

VDI – **V**ertical **D**isplay **U**nit – Vertikale Sichtanzeige

VF – **F**ighter Squadron oder **F**ighter Aircraft – Kampfstaffel oder Kampfflugzeug bei der US Navy, wobei das **V** ursprünglich für **v**ehicle stand und zur Bezeichnung von Tragflächenflugzeugen, schwerer als Luft im Juli 1944 eingeführt wurde

VFX – **F**ighter E**x**perimental – Versuchsjagdflugzeug der US Navy, seinerzeit F-14

WCMD – **W**ind **C**orrected **M**unition **D**ispenser – Streubombenbehälter aus US-Produktion, die mit ihren Steuerflächen selbstständig durch starke Windböen verursachte Zielabweichungen ausgleichen können

WTD 61 – **W**ehrtechnische **T**echnische **D**ienststelle **61** – Luftfahrterprobungsanstalt in der Bundesrepublik Deutschland in Manching, Bayern

WVS – **W**arschauer **V**ertrags**s**taaten, Warschauer Pakt – Militärbündnis von Albanien (bis 1968), Bulgarien, DDR, Polen, Rumänien, Sowjetunion, Tschechoslowakei, Ungarn 1955-1991

ZAGI – **Z**entralnij **A**ero-**G**ydrodynamistscheskij **I**nstitut – (russ.) Zentrales Aero- und Hydrodynamisches Institut, Forschungszentrum für Aero- und Hydrodynamik